DANBAIMEI
ZAI YOUJIHECHENG ZHONG DE
YINGYONG

蛋白酶
在有机合成中的应用

谢宗波　乐长高　姜国芳　著

化学工业出版社
·北京·

《蛋白酶在有机合成中的应用》是作者多年来在蛋白酶催化有机合成反应领域的研究成果，全书围绕酶的"非专一性"研究进行介绍。全书共分为三篇，第一篇为生物催化与酶"非专一性"研究的概况，第二篇为 α-糜蛋白酶在有机合成中的应用，第三篇为其他蛋白酶在有机合成中的应用。

《蛋白酶在有机合成中的应用》内容丰富、素材翔实、条理清晰，可作为高等学校化学及相关专业学生的参考书，对从事生物催化应用研究的科研工作者也具有重要的参考价值。

图书在版编目（CIP）数据

蛋白酶在有机合成中的应用/谢宗波，乐长高，姜国芳著. —北京：化学工业出版社，2019.12

ISBN 978-7-122-35467-9

Ⅰ.①蛋… Ⅱ.①谢…②乐…③姜… Ⅲ.①蛋白酶-催化-应用-有机合成 Ⅳ.①O621.3

中国版本图书馆 CIP 数据核字（2019）第 246610 号

责任编辑：马泽林　杜进祥　　　　装帧设计：韩　飞

责任校对：宋　玮

出版发行：化学工业出版社（北京市东城区青年湖南街 13 号　邮政编码 100011）

印　　装：涿州市般润文化传播有限公司

710mm×1000mm　1/16　印张 11　字数 211 千字　2019 年 12 月北京第 1 版第 1 次印刷

购书咨询：010-64518888　　　　售后服务：010-64518899

网　　址：http://www.cip.com.cn

凡购买本书，如有缺损质量问题，本社销售中心负责调换。

定　　价：68.00 元

前言

生物催化是将酶或微生物应用于合成化学中，将天然的催化剂用于酶本身尚未涉及的新领域中。在绿色化学背景下，生物催化具有很多引人注目的优势：生物催化常在温度、压力和 pH 都相对温和的条件下进行；生物催化剂是可再生资源，而且可生物降解；具有优异的化学、区域及立体选择性，从而避免了在传统合成过程中所需的保护及去保护环节。生物催化是绿色化学的重要研究内容，是实现化学绿色化的重要途径，已成为化学催化的有益补充和最佳替代技术，也是生物技术的有力工具，对人类健康、商品供应、环境保护及可持续的燃料生产都有着深远的影响。

长期以来，研究者特别强调酶催化的高度“专一性”，而忽视另一面，即“非专一性”，又叫“多功能性”“混乱性”（Promiscuity），或“非天然催化活性”（Non-natural Catalytic Activity）。近二十年来，酶的“非专一性”已引起学者们特别的关注；尤其是水解酶普遍存在“非专一性”，即一种酶具有催化多种反应的能力。如蛋白酶所催化的传统反应为蛋白质或多肽的水解，但还可以催化羟醛缩合、曼尼希等多种其他类型的反应。酶的“非专一性”已经成为生物催化的重要研究领域及合成化学中的有用工具。水解酶因稳定性好、催化效率高、廉价易得、无需辅助因子等优点成为了酶“非专一性”研究的主要对象，其中脂肪酶和蛋白酶的研究备受关注。

《蛋白酶在有机合成中的应用》是作者所在课题组近 10 年来在酶的“非专一性”领域研究的总结，重点在于蛋白酶的“非专一性”及其在有机合成中的应用。夏文俭、孙大召、张士国、梁萌、张岁红、刘联胜、艾锋、付磊涵和卢粤等研究生为本书提供了大量实验数据；在本书的编写过程中，我们参考了大量文献资料，并在每章末的参考文献中列出；本书的出版得到了东华理工大学江西省一流学科（化学学科）和江西省一流专业（应用化学专业）给予的经费支持，也得到了课题组的其他老师和研究生的帮助，在此一并表示感谢。

由于著者水平有限，编写时间仓促，疏漏之处敬请批评指正。

著者

2019 年 8 月于南昌

目 录

第三篇　其他蛋白酶在有机合成中的应用

附　录

第一篇

生物催化与酶的“非专一性”

第一章

绿色化学与生物催化

一、绿色化学

绿色化学又称为可持续发展化学、环境友好化学、清洁化学等，其核心就是利用化学原理从源头减少或消除化学污染[1]。

化学在为人类创造财富的同时，也给人类带来了危难。传统化学工业给环境带来的污染已十分严重，并威胁着人类的生存。严峻的现实迫使世界各国必须寻找一条不破坏环境、不危害人类生存的可持续发展道路。“绿色化学”的概念形成于 20 世纪 90 年代初期，并立即得到了全世界的广泛响应，曾被誉为“新化学的婴儿”；在美国、英国和意大利等国家的引领下，数百个关于绿色化学的计划及政府性举措在世界范围内创立；1995 年美国政府设立了“美国总统绿色化学挑战奖”，奖励利用化学原理从根本上减少化学污染方面的成就，于 1996 年首次颁奖；1997 年由美国国家实验室、大学和企业联合成立了绿色化学院，美国化学会也成立了绿色化学研究所；日本则制定了以环境无害制造技术等绿色化学为内容的“新阳光计划”；欧洲、拉美地区也纷纷制定了绿色化学与技术的科研计划，1999 年英国皇家化学学会创办了第一份国际性绿色化学杂志——*Green Chemistry*[1,2]。

20 世纪 90 年代中期开始，我国也掀起了绿色化学的热潮；1995 年中国科学院化学部确定了《绿色化学与技术——推进化工生产可持续发展的途径》的院士咨询课题，并建议国家科技部组织调研，将绿色化学与技术研究工作列入“九五”基础研究规划；1997 年国家自然科学基金委员会与中国石油化工集团公司联合资助了“九五”重大基础研究项目“环境友好石油化工催化化学与化学反应工程”；香山科学会议以“可持续发展问题对科学的挑战——绿色化学”为主题召开了第 72 次学术讨论会；1998 年，在合肥举办了第一届国际绿色化学高级研讨会[2b]。这些举措表明了我国对环境问题的高度重视，也表明了我国发展绿色化学的坚定信念。过去的 20 多年，我国同国际社会一道，为推动绿色化学及环境的可持续发展做出了重大贡献。

(一) 绿色化学的基本原则

绿色化学最重要的一个方面就是设计的理念，设计是人类意向的表述，但不能随意进行设计；设计应该具有新颖性、计划性及系统性[1a]。绿色化学的十二项原则即是化学家为达到可持续发展的既定目标而应遵循的“设计规则”，该原则由 Anastas 和 Warner 于 1998 年提出[3]。随后，人们又提出了绿色化学的 5R 原则[4]（即 Reduction，Reuse，Recycle，Regeneration，Rejection）。①Reduction，减量：在保证产量的前提下，减少原料及能源的消耗，同时减少废物的排放；②Reuse，重复使用：如催化剂等的重复使用，不仅可以节约成本，也可降低废物的排放；③Recycle，回收：回收多余的原料、副产物、溶剂、催化剂等物质；④Regeneration，再生：再生是变废为宝，节省资源、能源，减少污染的有效途径；⑤Rejection，拒用：拒绝使用是杜绝污染的最根本办法，指拒绝在化学过程中使用一些无法代替，又无法回收、再生和重复使用的有毒有害药品、原料及试剂。

(二) 绿色化学的度量标准

在企业及学术界向更绿色更环保及可持续化学发展过程中，产生过一系列度量标准来支持和加强其行为变化。其中最常用的三种标准分别是原子经济性（Atom Economy）、环境因子（E 因子）和原料产物比率（Process Mass Intensity，PMI）。

1. 原子经济性

原子经济性的概念由 Trost[5] 于 1991 年首先提出。而几乎与此同时，Sheldon 提出了另一个十分相似的概念——原子利用率。但原子经济性被接受并广泛使用，原子经济性的定义如下[1b]

$$\text{原子经济性}/\% = \frac{\text{目标产物分子量}}{\text{总产物分子量之和}} \times 100$$

Aldol 反应、Baylis-Hillman 反应、Michael 加成反应等均是完美的原子经济性反应（图 1-1），因原料中的所有原子都进入到了目标产品中，无副产物产生，所以原子经济性为 100%。而有些反应的原子经济性则较差，如图 1-2 所示的 Wittig 反应，其原子经济性仅为 18.5%。虽然该度量标准非常简单，而且可以直接通过反应方程式计算得到，但也有很多不足之处，譬如，该度量标准并未考虑反应产率、反应物的摩尔比、溶剂及其他试剂的用量等因素。

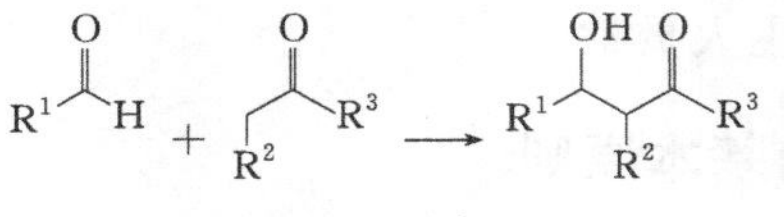

Aldol 反应

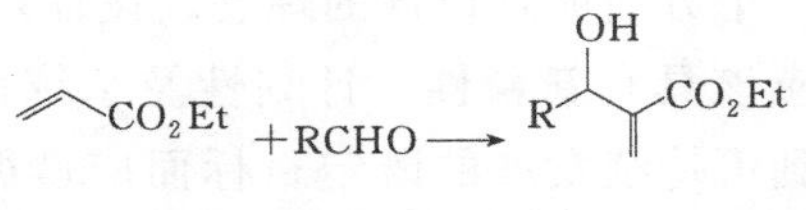

Baylis-Hillman 反应

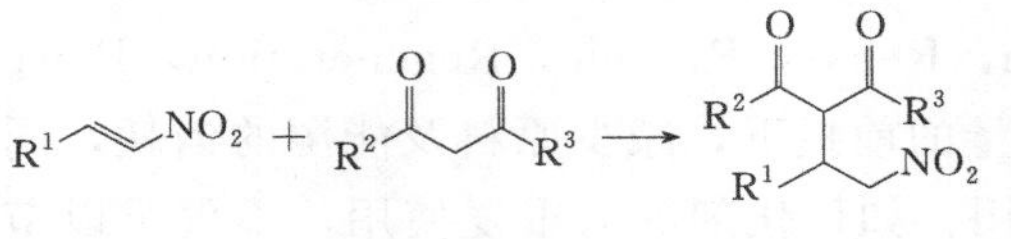

Michael 反应

图 1-1　原子经济性反应（100%）示例

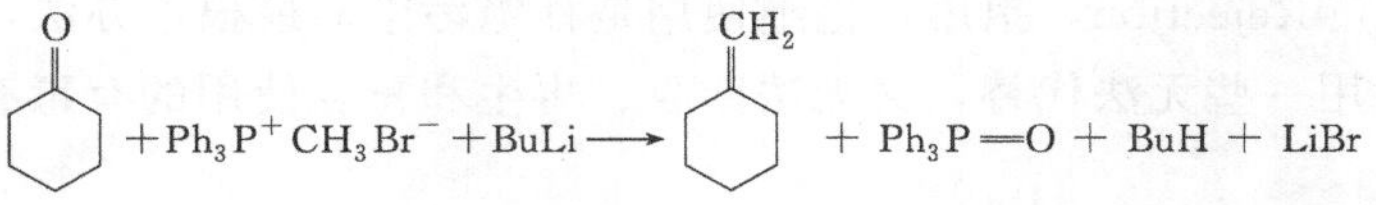

MW=96　MW=278　MW=58　MW=87

图 1-2　Wittig 反应示例（MW：分子量）

2. 环境因子

1992 年 Sheldon[6] 提出了更为简单且有效的度量标准——环境因子，又叫 *E* 因子，即废物与产物的比值。Sheldon 最初提出了不同类型化学工业的 *E* 因子范围（表 1-1），当然该因子可用于任何产品中，可以计算出生产一台便携式电脑或一部移动电话的 *E* 因子。直到 2008 年，GSK（GlaxoSmithKline，葛兰素史克公司，英国）、LLY（Eli Lilly and Company，礼来公司，美国）和 PFE（Pfizer，辉瑞制药有限公司，美国）等三家公司制定了 *E* 因子（或等价物）目标[1b]。*E* 因子的计算可以考虑也可以忽略工艺用水情况，但该因素对 *E* 因子具有决定性影响，所以给予说明是必要的。

表 1-1　不同类型化学工业的 *E* 因子范围

工业部门	*E* 因子
大宗化学品工业	<1～5
精细化学品工业	5～>50
制药工业	25～>100

3. PMI

PMI 同 *E* 因子非常相似，即生产单位质量产品所消耗原料的质量，计算时可以考虑也可以排除水的影响。使用 PMI 的一个原因就是计算时使用的是原料投入量，相对于 E 因子需要测定废物量要容易得多。而 E 因子的支持者辩解道：完美的过程（无废物的生成）E 因子为 0，可以很直观地反映出“零排放”的目标，但此时的 PMI 为 1[1b]。

$$\mathrm{PMI}=\frac{\text{所用原料的质量和}}{\text{产品质量}}$$

$$E=\mathrm{PMI}-1$$

（三）溶剂及其筛选

在化学工业中，溶剂是产生环境问题的重要原因；在药用活性成分生产中，溶剂通常要占原料总用量的 80%[7]；在化学合成中，溶剂约需要消耗总能耗的 60%以及温室气体排放后处理成本的 50%，因此溶剂的选择是化学合成设计中需要优先考虑的问题[8]。于是，GSK[8]、PFE[9] 等国际大型制药公司及一些学术团体先后颁布了“溶剂选择指南”。如 GSK 的“溶剂选择指南”最早颁布于 1998 年，而后经多次补充和完善，该指南为科学家和工程师更好地选择溶剂提供了简明、实用的指导[10]。

总之，绿色化学的基本原则、度量标准及溶剂选择指南为绿色化学的发展提出了要求，也指明了方向；绿色化学工作者应以绿色化学度量标准为指导，遵守绿色化学的十二项基本原则及 5R 原则，参照溶剂选择指南开展实验及研究工作，从而推动绿色化学更好更快发展。

二、生物催化

生物催化是将酶或微生物应用于合成化学中，将天然的催化剂用于酶本身尚未涉及的新领域中[11]。在绿色化学背景下，生物催化具有很多引人注目的优势：生物催化常在温度、压力和 pH 都相对温和的条件下进行；生物催化剂是可再生资源，而且具有生物可降解性；生物催化剂具有优异的化学、区域及立体选择性，从而避免了在传统合成过程中所需的保护及去保护环节。生物催化越来越成为生物技术的最有力工具之一，对人类健康、商品供应、环境保护及可持续的燃料生产都有着深远的社会影响[1b]。生物催化已成为绿色化学的重要研究内容，也是实现化学绿色化的重要途径。

应用生物催化产生环境效益的典型例子就是 6-氨基青霉烷酸（6-Aminopenicillanic acid，6-APA）的合成。每年有超过 10000t 的青霉素 G（Penicillin G）通过酶法水解来制备 6-APA，进而再转化为半合成青霉素类药物。在青霉素 G 转化为 6-APA 过程中需要断裂一个稳定的酰胺键，同时要保证活泼的 β-内酰胺键不受影响，这是科研工作者所要面临的严峻化学挑战。一个明智的化学方法就是先用三甲基氯硅烷保护羧基（形成硅基酯），而后用五氯化磷与酰胺基团反应生成亚氨基氯化物中间体（**1**），再水解亚氨基氯化物及硅基酯生成 6-APA（图 1-3 反应路线 i 和 ii）。

20 世纪 80 年代中叶起，人们可以通过这种化学途径合成半合成青霉素，但从绿色化学角度考虑其有很多缺点：包括使用危险性的五氯化磷、使用易挥发性有机溶剂二氯甲烷、−40℃的反应温度等。而生物催化法可以在 37℃水介质中通过一步反应得到目标产物，不仅省时省力而且绿色环保（图 1-3 反应路线 iii）[1b,6]。

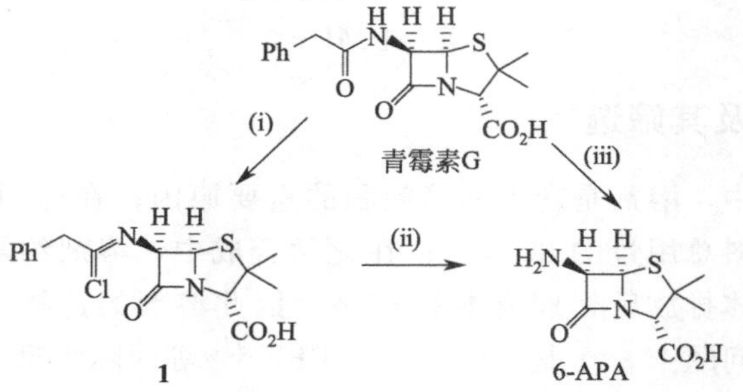

图 1-3 青霉素 G 的化学法及酶法脱酰基作用

注：反应条件为（i）先用三甲基氯硅烷保护，而后再加入五氯化磷、*N*,*N*-二甲基苯胺和二氯甲烷，并在−40℃条件下反应；（ii）−40℃条件下加入正丁醇，而后在 0℃条件下加入水；（iii）青霉素酰化酶，水，37℃

（一）酶的特性：优势与局限性

酶是天然的蛋白质类催化剂，通常在生理条件下执行任务。而生物催化往往要在远离生理条件下，应用酶进行化学转化，因此生物催化剂要能忍受苛刻的条件变化。另外，酶具有复杂易变的分子结构和较差的操作稳定性。尽管酶的应用会遇到很多限制，但已发展了一些补救措施来改善其性能。酶工程及高科技发酵技术使生产廉价且稳定的工业化用酶成为可能，从而为食品、清洗剂等传统领域外的其他领域带来前所未有的机遇，如药物、化妆品、农药、精细化学品等[12]。

酶是由活细胞产生的，因此可以从活性有机体中提取得到；微生物菌体是卓越的酶工厂，占据着 90%的生物转化市场。微生物筛选是寻找新催化剂的简便而常用的途径；当前，高通量筛选及宏观基因组学分析技术可充分发挥微生物多样性的优势，用于生产具有突出性能的新酶[13]。这对有机合成具有特别重要的意义，因为通常要求生物催化剂在非传统介质中保持活性和稳定性。另外，分子遗传学和遗传工程的发展使得任何基因在适当的微生物宿主细胞中的克隆和表达成为可能，而蛋白质工程则可提高酶的活性和选择性[14]。

（二）生物催化的过去、现在和未来

依照酶催化反应的性质，国际生物化学酶学委员会将酶分为六大类，分别是：氧化还原酶、转移酶、水解酶、裂合酶、异构酶和连接酶。当前已有超过

500 种商品由酶催化制备，工业用酶中超过 50%来自真菌，超过三分之一来自细菌，而其余的来自动物（8%）或植物性（4%）材料；1998 年工业用酶市场交易约为 16 亿美元，2009 年达 51 亿美元；20 世纪 80～90 年代，微生物酶替代了很多动物或植物性酶用于食品、洗涤剂、纺织、皮革、疾病的诊断与治疗等诸多领域[15]。

此外，酶固定化拓展了酶的应用范围，使得欠稳定的、胞内的非水解酶也发展成非水介质中的过程催化剂或生物催化剂。该方法使酶在高选择性有机合成中得到广泛应用，特别是在药物和生物活性物质的合成中。酶温和的反应环境对于制备稳定性较差的物质而言意义重大，而且也可以大大降低设备、能源及下游运作成本。然而，对于一个没有熟练掌握生物材料处理技术的公司来说，在有机合成中应用生物催化剂还是难以接受的。而酶工程的发展瓶颈是酶昂贵的价格、差的稳定性和活性、窄的底物范围以及需要复杂的辅助因子等。诸多限制正在随着生物催化剂和介质工程的发展及反应器的设计而被克服[16]。而稳定易得的水解酶在逆向合成中的应用具有非凡的技术潜力，典型的例子有：蛋白酶催化肽键的形成[17]、糖酶催化寡糖的合成[18]、脂肪酶催化酯化、酯交换及酯转移反应等[19]。

除有机合成外，生物催化在大规模利用可再生资源制备生物柴油中扮演着越来越重要的角色，该过程没有二氧化碳的排放。酶水解预处理木质纤维素是第二代生物乙醇制备的关键环节，因此发展高活性、高稳定性的纤维素酶具有决定性意义。主要目标是通过发展一线技术使生物乙醇的生产成本由每升 0.1 美元降至 0.02 美元[20]。生物柴油由甘油三酯类原料制备，如植物油、动物脂肪，甚至是地沟油或藻类等生物量。生物柴油是柴油的成熟替代品，当前主要通过甘油三酯的化学酯交换作用制备。然而酶促反应更环保，且具有更好的专一性，但成本高，因此脂肪酶催化的转酯作用处于紧张的研究中[21]。在未来几十年，生物催化在能源和健康领域的应用将会有极其快速的增长，相对而言，在食品、纺织和皮革等传统领域的发展则会较慢[14]。

（三）生物催化剂的改良

生物催化剂（酶）在应用中需要保持较高的活性和稳定性，同时具备所需的底物选择性和立体选择性。室温条件下，很多生物催化剂具备良好的化学、区域和立体选择性，从而优于化学催化剂。但多数酶并不能“忍受”各种具体的工艺条件，因此开发适用于各种特定条件的新酶显得非常迫切和必要。具有理想性能的新酶可从生物组织中分离，但从有机溶剂、极端 pH 等极端环境中分离的功能化酶应该更适合于工业化应用。一般来讲，因为未经过有机溶剂的耐受性筛选，所以野生酶多表现出较差的活性和（或）稳定性（在一些有机溶剂中）[22]。近年来，研究人员尝试了各种办法从嗜热菌、嗜盐菌、嗜温菌和有机溶剂耐受菌等微生物中筛选新酶，然而，很难找到适合于生物催化反应的催化剂；蛋白质工程将先进的计算技术与定点诱变或定向突变技术有效结合，是设计制造新酶的强大工具，这些酶在活性、选择性、稳定性、底物专一性、辅因子专一性、溶解性、最适 pH 和是否需要辅助因子等方面性能优异；另外通过介质工程和固定化技术也可大大改善酶的性能；这些方法在生物催化领域均有广泛应用[14]。

除了从分子层面，如通过定向突变、定点突变等技术对酶分子进行改造外，通过外因诱导改变酶的构象或优化反应条件也是改善其催化效果的重要途径。譬如，Xu 等[23] 通过原位聚合反应制备了脂肪酶-纳米凝胶，不仅提高了褶皱假丝酵母脂肪酶（Lipase from *Candida rugosa*）的热稳定性（半衰期延长至原来的 4 倍），其总活力也增强了 1.5 倍。尿素是最常用的蛋白质变性剂，但 Clark 等[24] 将一些酶经 8mol/L 尿素水溶液处理并冻干后，其催化活性可提升 350 倍，这可能与酶构象的改变及刚性减弱有关。也有不少报道通过高压来改善酶的反应活性[25]，同样，微波辐射加热也被竞相采用[26]。

参考文献

[1] (a) Anastas P, Eghbali N. Chemical Society Reviews, 2010, 39: 301. (b) Dunn P J. Chemical Society Reviews, 2012, 41: 1452.

[2] (a) Clark J. Green Chemistry, 1999, 1: G1. (b) Li Z-Q, Xie E, Ma L. Chemical Industry, 2011, 29: 3.

[3] Anastas P T, Warner J C. Green Chemistry: Theory and Practice. Oxford University Press, Oxford, 1998: 29.

[4] Wang W, Du X-F, Cao D-Y, et al. Pharmaceutical Education, 2011, 27: 49.

[5] Trost B M. Science (New York, N. Y.), 1991, 254: 1471.

[6] Sheldon R A. Green Chemistry, 2007, 9: 1273.

[7] Constable D J C, Jimenez-Gonzalez C, Henderson R K. Organic Process Research & Development, 2007, 11: 133.

[8] Jimenez-Gonzalez C, Curzons A D, Constable D J C, et al. Clean Technologies and Environmental Policy, 2005, 7: 42.

[9] Alfonsi K, Colberg J, Dunn P J, et al. Green Chemistry, 2008, 10: 31.

[10] Henderson R K, Jimenez-Gonzalez C, Constable D J C, et al. Green Chemistry, 2011, 13: 854.

[11] (a) Bornscheuer U T, Huisman G W, Kazlauskas R J, et al. Nature, 2012, 485: 185. (b) Wenda S, Illner S, Mell A, Kragl U. Green Chemistry, 2011, 13: 3007.

[12] Woodley J M. Trends in Biotechnology, 2008, 26: 321.

[13] Steele H L, Jaeger K E, Daniel R, et al. Journal of Molecular Microbiology and Biotechnology, 2009, 16: 25.

[14] Illanes A, Cauerhff A, Wilson L, et al. Bioresource Technology, 2012, 115: 48.

[15] Sanchez S, Demain A L. Organic Process Research & Development, 2011, 15: 224.

[16] (a) Berenguer-Murcia A, Fernandez-Lafuente R. Current Organic Chemistry, 2010, 14: 1000. (b) Dalby P A. Current Opinion in Structural Biology, 2011, 21: 473.

[17] Kumar D, Bhalla T C. Applied Microbiology and Biotechnology, 2005, 68: 726.
[18] Park A-R, Oh D-K. Applied Microbiology and Biotechnology, 2010, 85: 1279.
[19] Hasan F, Shah A A, Hameed A. Enzyme and Microbial Technology, 2006, 39: 235.
[20] Gray K A, Zhao L S, Emptage M. Current Opinion in Chemical Biology, 2006, 10: 141.
[21] Ranganathan S V, Narasimhan S L, Muthukumar K. Bioresource Technology, 2008, 99: 3975.
[22] (a) Torres S, Martinez M A, Pandey A, et al. Bioresource Technology, 2009, 100: 896. (b) Torres S, Pandey A, Castro G R. Biotechnology Advances, 2011, 29: 442.
[23] Xu D D, Lige T G, Bao X P, et al. Soft Matter, 2012, 8: 2036.
[24] Guo Y Z, Clark D S. Biochimica Et Biophysica Acta-Protein Structure and Molecular Enzymology, 2001, 1546: 406.
[25] (a) Lozano P, De Diego T, Sauer T, et al. Journal of Supercritical Fluids, 2007, 40: 93. (b) Matsuda T, Kanamaru R, Watanabe K, et al. Tetrahedron-Asymmetry, 2003, 14: 2087. (c) Varma M N, Madras G. Journal of Chemical Technology and Biotechnology, 2008, 83: 1135.
[26] (a) Matos T D, King N, Simmons L, et al. Green Chemistry Letters and Reviews, 2011, 4: 73. (b) Yadav G D, Devendran S. Journal of Molecular Catalysis B: Enzymatic, 2012, 81: 58. (c) Yu D H, Ma D X, Wang Z, et al. Process Biochemistry, 2012, 47: 479. (d) Lukasiewicz M, Kowalski S. Starch-Starke, 2012, 64: 188.

第二章

酶的“非专一性”

酶的“非专一性”又叫“混乱性”“多功能性”（Promiscuity）或“非天然催化活性”（Non-natural Catalytic Activity），即一种酶具有催化有别于天然生理反应外其他反应的能力[1]。虽然非专一性是酶学中相对新颖的概念，但该性质在酶中是普遍存在的[1b,2]；作为生物催化的新兴领域，酶的非专一性已引起学者们日益广泛的关注。Hult 和 Berglund[1a] 将酶的非专一性分为 3 大类：

（1）条件非专一性（Condition Promiscuity）酶在各种非天然条件下表现出的催化活性，如非水介质、极端温度或 pH 条件。

（2）底物非专一性（Substrate Promiscuity）即一些酶表现出不严格或较宽泛的底物专一性，如蛋白酶催化脂肪的水解。

（3）催化非专一性（Catalytic Promiscuity）即酶的同一活性中心可以催化类型完全不同的化学转化，通常需经历不同的催化机理和过渡态。催化非专一性可进一步分为两类：一类属于野生酶催化的副反应，另一类是天然酶突变后催化的新反应。

条件和底物非专一性已经存在了较长时间，并已进行过较为深入的探索和应用。譬如，1913 年，Bourquelot 和 Bridel 在无水乙醇中用粗制水解酶催化合成了烷基糖苷；1966～1967 年，Illanes 等将胰凝乳蛋白酶和黄嘌呤氧化酶用于无水有机介质中[3]。而酶的催化非专一性是近些年来才引起学者特别关注的新兴研究领域[1a,4]。

一、催化非专一性的产生机理

酶的催化非专一性有别于条件和底物非专一性，其反应机理不同于酶所催化的本质反应；键形成及断裂方式的不同意味着反应过渡态结构的改变；这种情况在突变酶中或天然酶催化非天然底物时均会发生。酶的非专一性是酶在进化过程中产生的；酶的“祖先”是个“多面手”，所有酶都可以看作是原始酶进化产生的非专一性的具体表现；催化专一性和选择性的提高也是酶进化的结果，而酶的趋异进化源于基因复制，复制的基因可以自由地向一种新类型的非专一性进化[1b,4e,5]。如果非专一性反应不影响酶的天然活性，或非专一性反应的底物不是酶的天然底物，在这两种情况下，酶的非专一性不会对机体产生影响，因此就不会面临移除非专一性反应的选择性压力；酶的非专一性常常被酶的天然活性掩盖，只有特定条件下才能显现，所以除非特意寻找否则很难被发现[2,6]。催化非专一性作为新酶进化中一种潜在的有利特征已被广泛接受。

酶构象的多样性和可变性为酶呈现非专一性创造了条件，而酶活性位点环（Active Site Loops）的移动性在调节酶非专一性方面发挥着关键作用[4e]；例如，异丙基苹果酸异构酶（EC 4.2.1.33）活性位点环的灵活性使其能够识别两种完全不同的底物——异丙基苹果酸和高柠檬酸[7]。氢键、静电作用和疏水作用是酶与底物结合的主要作用力，前两者靠酶活性中心同底物的互补性来实现；而疏水作用则是熵驱动过程，靠去溶剂化作用实现，对结构的依赖性较小；因此发现很多酶催化非专一性反应的效率依赖于底物的疏水性[5b]。另外，引入或置换辅助因子也可以改变酶的专一性，进而表现出更多的非专一性[4e,5b]。如向来自灰色链霉菌（*Streptomyces griseus*）的嗜热菌蛋白酶（EC 3.4.24.27）和氨肽酶（EC 3.4.11.24）中引入铜离子，即可使水解酶具备氧化酶活性[8]；用 Mn^{2+} 置换碳酸酐酶的 Zn^{2+} 可使其产生新的过氧化酶和立体选择性环氧化酶活性[9]。

二、催化非专一性的应用

酶催化非专一性的一个典型例子就是酵母丙酮酸脱羧酶，其本质功能为催化丙酮酸的脱羧反应；但也具备裂合酶催化连接反应的活性（乙醛与苯甲醛反应），这一偶姻缩合反应包含了天然反应中没有的 C-C 键形成过程（图 2-1）[10]。虽然早在 1921 年 Neuberg 和 Hirsch 就在酵母细胞中发现了该反应，但直到 20 世纪 80～90 年代才被证实是由丙酮酸脱羧酶催化的[11]。

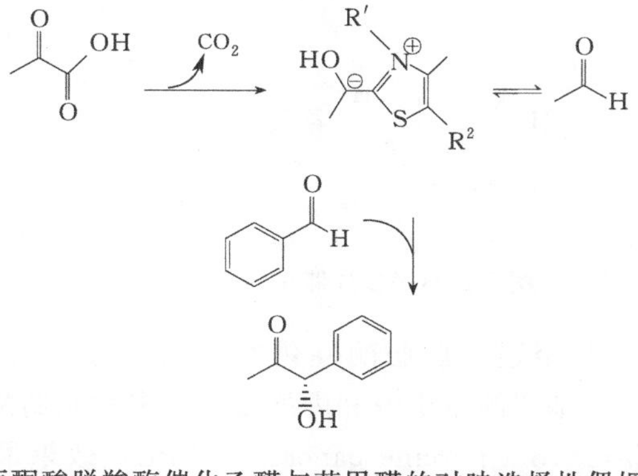

图 2-1　丙酮酸脱羧酶催化乙醛与苯甲醛的对映选择性偶姻缩合反应

水解酶因稳定性好、催化效率高、廉价易得、无需辅助因子等优点成为了催化非专一性研究的主要对象；其中脂肪酶、蛋白酶和磷酸酯酶等的研究备受关注，已成功应用于C-C键、碳-杂原子键的构建及氧化、过氧化、聚合、消旋等多种类型的非专一性反应中[5c]。

（一）C-C键的构建

碳-碳键形成反应是有机合成中最重要的反应类型之一，也是有机化学工作者所面临的具有挑战性的任务，在药物、精细化学品、天然产物等的合成中发挥着重要作用。如今，亲核取代、自由基加成等反应是构建C-C键的最有效化学方法，在自然界中通常由裂合酶，尤其是醛缩酶催化完成。

1. Aldol反应

Aldol反应是有机合成中构建C-C键的最有用方法之一，也被看作是制备复杂分子的有力工具，因为该反应可以连接两个反应单元形成更复杂的有机分子。在传统的化学合成中通常由碱催化完成，但易发生消除、缩合等副反应。2003年，Berglund等[12] 惊奇地发现南极假丝酵母脂肪酶B（*Candida antarctica* lipase B, CAL-B）可以催化醛或酮之间的Aldol反应，该反应是在温和条件下由酶活性中心催化完成，其中脂肪醛（丙醛或己醛）反应效果最好（图2-2）；为了解释该催化活性，作者借助分子模拟为该反应提出了合理的机理；另外，作者猜测Ser（具有亲核活性）可能会参与形成半缩醛而对Aldol反应产生不利影响，于是应用定点突变技术制备了两种不含Ser的突变体：Ser105Ala和Ser105Gly；实验结果证实了作者的推测，突变酶的比活力是野生型的4倍，是白蛋白或固定化载体的300倍。为了进一步证实该反应发生在酶的活性位点，作者向天然酶中加入了共价抑制剂，结果该酶失去了脂肪酶活性，催化Aldol反应的能力也降至与白蛋白相当；此外，突变酶催化下产物的*dr*＝1∶3.2（*dr*：非对映体选择性），而反应自发进行时*dr*＝2∶1，以上结果清晰表明Aldol反应是由酶活性位点催化完成的。

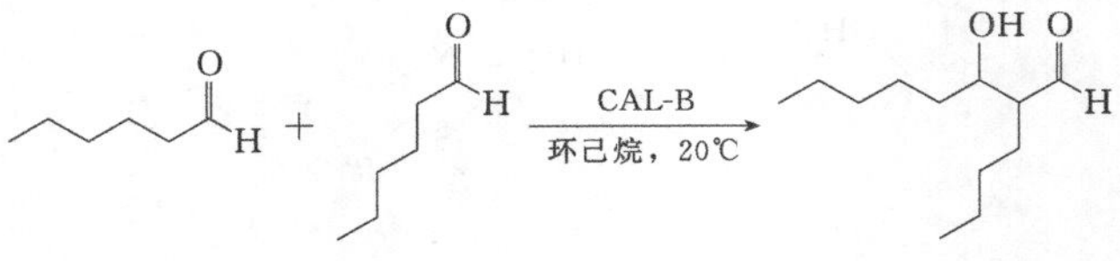

图2-2 CAL-B催化的Aldol反应

2008年，Li等[13] 报道了脂肪酶催化的首例不对称Aldol反应（图2-3），反应发生在含强吸电子基团的苯甲醛和丙酮之间，多种脂肪酶均有催化效果，其中猪胰脂肪酶（Lipase from porcine pancreas, PPL）效果最佳。丙酮兼作反应介质，在十分温和的条件下取得了96％的产率（最高），通过控制反应时间和含水量可获得44％的*ee*值（*ee*：对映体选择性）；实验结果同时表明含水量对反应效果影响显著，可能是因为含水量影响了酶的构象，进而影响酶的活性。2010年，该课题组[14]又报道了蛋白酶催化的不对称Aldol反应，以胃蛋白酶（Pepsin）为催化剂，在丙酮水溶液中，对硝基苯甲醛与丙酮反应可取得较高的产率和中等的*ee*值。酶的荧光发射光谱表明，在所用实验条件下酶可以维持其天然构象（图2-4）；另外，酶重复使用4次立体选择性无明显下降，说明胃蛋白酶在选用的介质中有相当的稳定性。

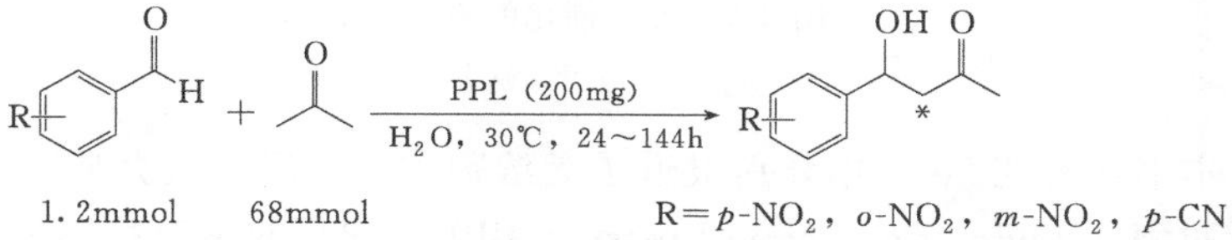

图2-3 脂肪酶催化的首例不对称Aldol反应

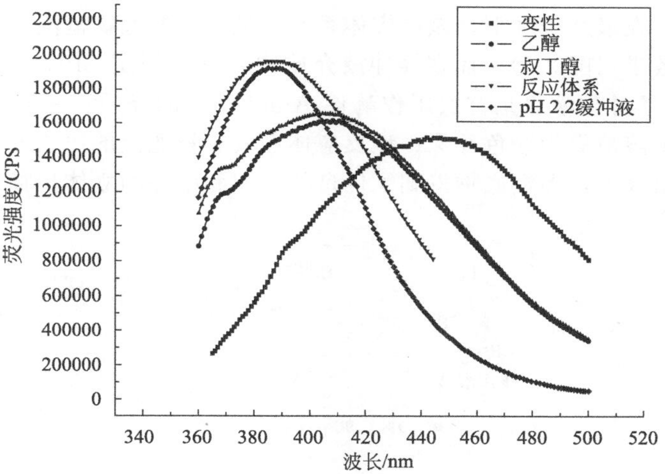

图2-4 不同介质中胃蛋白酶的荧光发射光谱图

2011年，Li等[15]首次报道了无溶剂条件下，桔青霉核酸酶（Nuclease p1 from *Penicillium citrinum*）催化的不对称Aldol反应；该反应可以发生在多种芳香醛（含吸电子或推电子取代基）与环状酮（五元、六元或七元）之间，均取得了优异的对映体选择性（最高＞99％）和非对映体选择性（最高＞99∶1），不过产率相对较低（17％～55％）。同年该课题组[16]又以地衣芽孢杆菌碱性蛋白酶（Alkaline Protease from *Bacillus licheniformis*）为催化剂，报道了苯甲醛衍生物与环酮间的不对称Aldol反应。2012年，Guan与He课题组报道了木瓜凝乳蛋白酶[17]（Chymopapain）、酸性蛋白酶[18]（Acidic Protease from *Aspergillus usamii*）和PPL Ⅱ[19]催化的不对称Aldol反应，其中PPL Ⅱ催化的不对称Aldol反应发生在芳香醛和杂环酮之间（图2-5）；后来该课题组又报道了猪胰蛋白酶（Trypsin）[20] 催化的该类型反应。

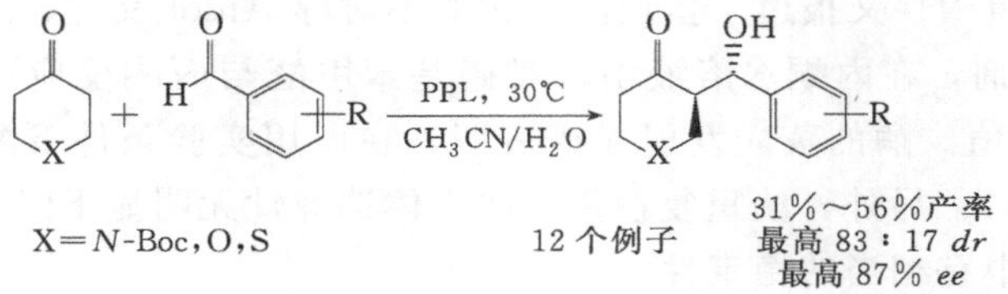

图 2-5 PPL 催化的不对称 Aldol 反应

N-Boc—叔丁氧羰基

本书作者在 2013 年分别报道了无溶剂[21] 及缓冲液介质[22] 中，PPL 和牛胰脂肪酶（Bovine Pancreatic Lipase，BPL）催化的不对称 Aldol 反应。在无溶剂条件下，首次证实 PPL 可以催化芳香醛与环酮的交叉 Aldol 反应，反应中使用了过量的酮兼做反应介质；实验结果表明，介质含水量对反应产率和立体选择性影响显著；在最适条件下，该反应体系有着较宽泛的底物范围，并取得了相对较好的反应效果（图 2-6）。而在缓冲液介质中，首次证实 BPL 可以催化不对称 Aldol 反应，缓冲溶液也是首次用作酶促 Aldol 反应的介质；相对于传统的有机反应介质，水溶液更为绿色环保；该反应体系具有较宽泛的底物普适性，在实验确立的最佳条件下，多数底物得到了优良的产率和中等的立体选择性（图 2-7）。

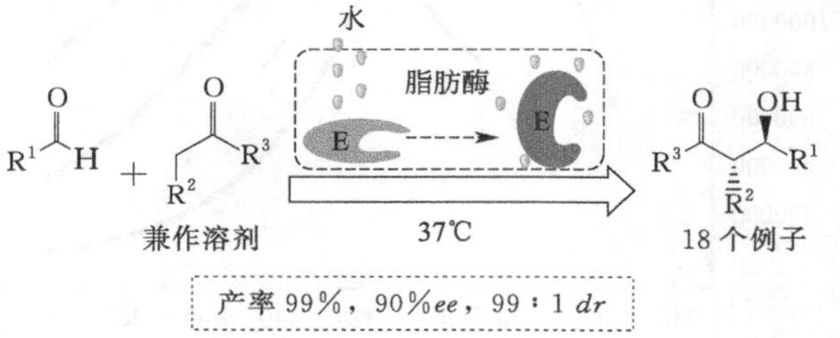

图 2-6 无溶剂条件下 PPL 催化的不对称 Aldol 反应

注：18 个例子表示共有 18 例相同反应，单其取代基不同

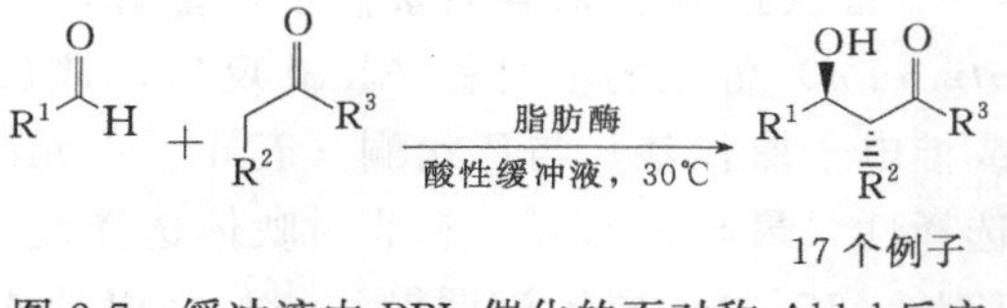

图 2-7 缓冲液中 BPL 催化的不对称 Aldol 反应

2. Michael 加成反应

Michael 加成反应是构建 C-C 键的最基本方法之一，属于原子经济性反应，通常由强酸或强碱催化。

2005 年，Berglund 课题组[23] 以 CAL-B 及其 Ser105Ala 突变体为催化剂，

探索了β-二羰基化合物与α,β-不饱和羰基化合物的 Michael 加成反应（图 2-8）；突变酶催化乙酰丙酮与丙烯醛的反应可达到很高的催化效率，反应速率接近天然脂肪酶催化的酯水解反应，是野生型的 36 倍。活性部位的 Ser 被 Ala 取代，有效避免了 Ser 残基可能参与的半缩醛形成反应；另外，被更小的 Ala 取代，活性中心结构的改变也有可能利于反应的发生。

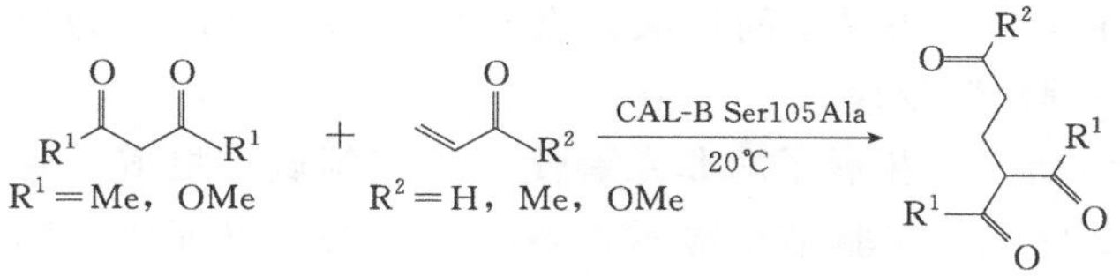

图 2-8 CAL-B 突变体催化的 Michael 加成反应

2009 年，Svedendahl 等[24] 又用丙烯酸甲酯为反应受体，探索了南极假丝脂肪酶 B（*Pseudozyma antarctica* lipase B，PAL-B）及其 Ser105Ala 突变体对 Michael 加成反应的催化性能；结 果如图 2-9 所示，在水介质中野生型 PAL-B 只催化丙烯酸甲酯的水解反应，而突变型 PAL-B 催化水解反应的活性被抑制了 1000 倍，同时催化 Michael 加成反应的活性增强了 100 倍。因为突变体中缺失了亲核性 Ser 残基，从而阻止形成酰基-酶复合物，进而抑制了酶的水解反应活性；同样通过分子对接及动态模拟实验也证实了突变酶对 Michael 加成反应的适宜性。

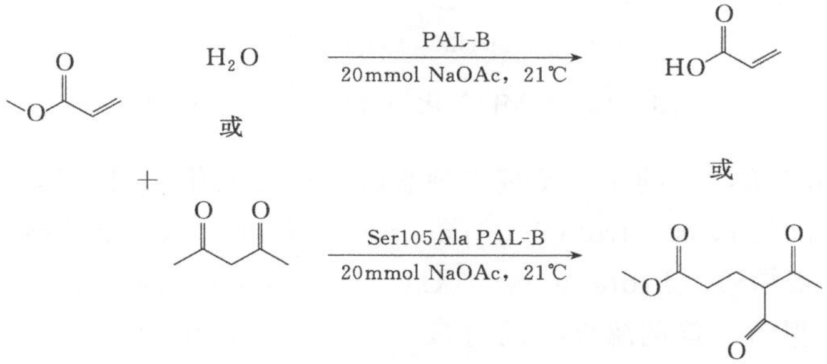

图 2-9 PAL-B 及其突变体的催化性能

2007 年，Xu 等[25] 报道了氨基酰化酶（D-aminoacylase from *Escherichia coli*）催化的 Michael 加成反应，实验结果表明 11 种水解酶都可以催化该 C-C 键形成反应；其中在叔戊醇中氨基酰化酶显现了较好的催化活性，对照实验证实该反应由酶活性中心催化。2011 年 He 课题组[26] 报道了首例酶促不对称 Michael 加成反应，在含水二甲基亚砜（DMSO）介质中，米曲霉脂肪酶（Immobilized Lipase from *Thermomyces lanuginosus*）显示出优良的催化性能，取得了最高 90%的产率和 83%的 *ee* 值；反应也具有较宽泛的底物普适性，一系列芳基硝基烯、环己烯酮充当了反应受体，β-二羰基化合物、环己酮等作为了反应供体。2012 年，He 课题组[27] 又利用 PPL 催化的 Michael 加成反应制备了一系列华法林（Warfarin）衍生物，且反应有一定的立体选择性。

3. Mannich 反应

Mannich 反应是构建 C-C 键、C-N 键及合成含氮化合物的重要方法，属多组分原子经济性反应；相对于间接法，直接 Mannich 反应更为便捷和高效，而且易于实现“一锅法”反应。

2009 年，Li 等[28] 拓展了酶非专一性的研究领域，报道了首例脂肪酶催化的直接 Mannich 反应；实验结果显示，多种脂肪酶可以催化苯胺、丙酮和对硝基苯甲醛之间的 Mannich 反应（图 2-10）；其中米黑毛霉脂肪酶（Lipase from *Mucormiehei*，MML）催化效果最好，当丙酮水溶液用作反应介质时，一系列苯甲醛衍生物可参与反应。2010 年，该课题组又以脂肪酶（Lipase from *Candida rugosa*，CRL）为催化剂，在乙醇-水介质中将 Mannich 反应的底物——酮扩展至环己酮、丁酮和羟基丙酮，且取得了良好的效果。但遗憾的是在这两项研究中酶均未显示出立体选择性[29]。

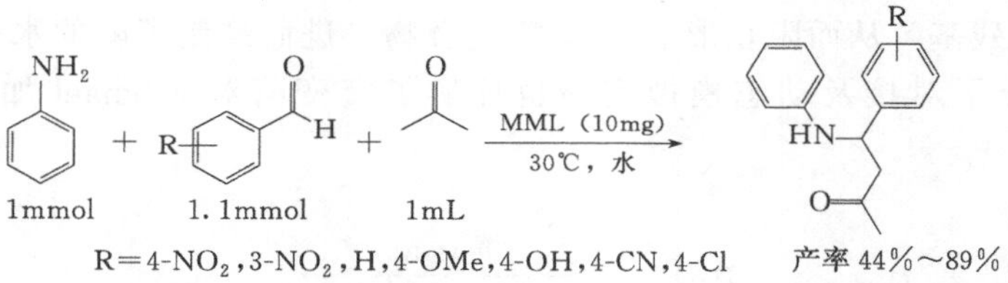

图 2-10　MML 催化的直接 Mannich 反应

随后，Chai 等[30] 的研究发现多种水解酶均可催化三组分的 Mannich 反应，其中胰蛋白酶（Trypsin from hog pancreas）表现出最好的催化效果。最近，Xue 等[31] 以蛋白酶（Protease type XIV from *Streptomyces griseus*，SGP）为生物催化剂，报道了首例酶催化的直接不对称 Mannich 反应，最好结果为 92% 的产率、88% 的 *ee* 值和 92∶8 的 *dr* 值，如图 2-11 所示。

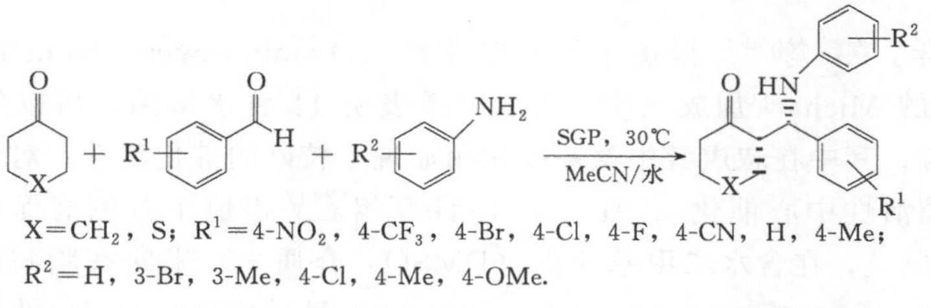

图 2-11　SGP 催化的直接不对称 Mannich 反应

4. Henry 反应

Henry 反应是构建 C-C 键的基本方法，其产物烷基醇是多功能性中间体，可用于制备硝基烯、氨基醇、硝基酮、杀菌剂、杀虫剂和天然产物等。

2010 年，He 课题组[32] 在二氯甲烷-水双相体系中，报道了首例谷氨酰胺转移酶（TGase from *Streptorerticillium griseoverticillatum*）催化的 Henry 反应，反应发生在硝基烷与脂肪醛、芳香醛及杂环芳香醛之间（图 2-12），连有强吸电子基团的醛反应效果更好，最高取得了 96%的产率。

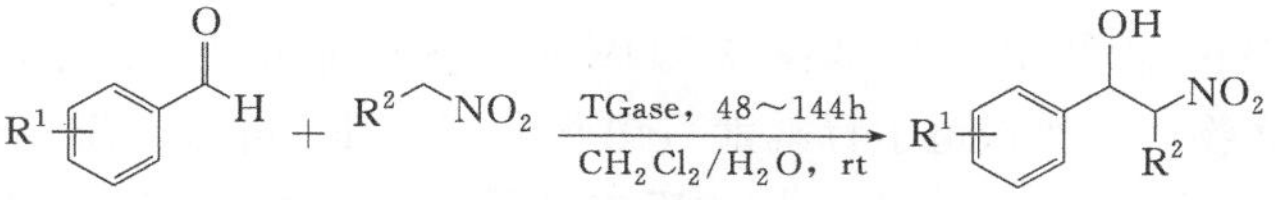

R^1＝H，2-OMe，3-OMe，4-OMe，4-Me，2-NO_2，3-NO_2，4-NO_2，4-F，4-Br，2-Cl，3-Cl，4-Cl，4-CN，2-Thienyl，2-Furyl，Ethyl，*n*-Propyl，Isobutyl；

R^2＝H，Me，Et

图 2-12 TGase 催化的 Henry 反应

同年，Wang 等[33] 报道了首例水解酶催化的 Henry 反应，在极性溶剂 DMSO 中，多种水解酶具有催化作用，其中 D-氨基酰化酶（D-Aminoacylase from *Escherichia coli*）效果最佳。该反应具有较宽泛的底物范围和优异的反应效率，反应可以在 0.5～3h 内完成，最高得到了 99%的产率。

（二）碳-杂原子键的构建

1. Michael 加成反应

在这类反应中，杂原子亲核试剂与 α,β-不饱和化合物进行 1,4-加成反应，从而形成 C-N（或 S，O，P 等）键，替代了传统 Michael 加成反应中 C-C 键；脂肪酶、酰化酶和蛋白酶等水解酶均可催化该类型的反应。

尽管酶的催化非专一性是近年来才兴起的概念和研究领域，但早在 1986 年 Kitazume 等[34] 就通过酶促 Michael 加成反应构建了 C-杂原子键，并取得了中等的产率和对映体选择性（图 2-13）。2004 年，Gotor 课题组[35] 报道了 CAL-B 催化四氢吡咯、哌啶和二乙胺等仲胺与丙烯腈的 Michael 加成反应。2005 年，Carlqvist 等[36] 以醇、硫醇、伯胺和仲胺为反应供体，以 α,β-不饱和醛酮为受体，尝试探索了 CAL-B（或突变体）催化 Michael 加成反应的性能和机理；作者以量子化学计算为基础，提出了一个两步反应机制，其中第 224 位 His 发挥着关键性作用。在所试底物中，醇不能进行 Michael 加成反应，而一系列硫醇可参与该反应；当不饱和醛充当反应受体时，伯胺和仲胺分别生成了亚胺和烯胺。在该反应中，Ser105Ala 突变酶的活性普遍高于天然酶，但在二乙胺与丙烯酸甲酯的加成中，野生型酶具有更高的反应速率。除此之外，Lin 课题组[37] 等也报道了多例用于构建C-杂原子键的酶促Michael加成反应。

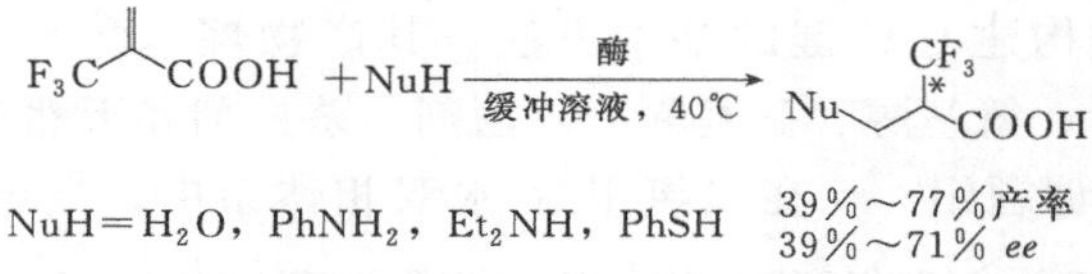

图 2-13　酶促 Michael 加成反应构建碳-杂原子键

2. Markovnikov 加成反应

2005年，Wu等[38] 以二甲基亚砜（DMSO）为反应介质，以别嘌呤醇和一系列乙烯酯为反应底物，首次报道了青霉素G酰化酶（Penicillin G acylase from *Escherichia coli*，PGA）催化的Markovnikov加成反应（图2-14）。相对于传统化学法的强碱性反应环境，该方法具有的反应条件温和等优点是显而易见的。

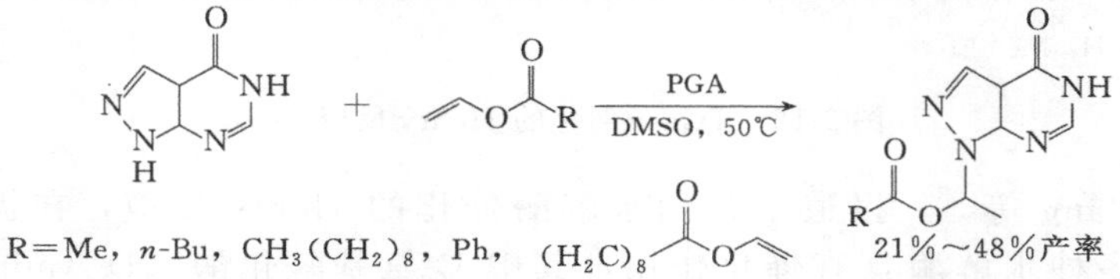

图 2-14　PGA 催化的 Markovnikov 加成反应

同年，Wu等[39] 又用D-氨基酰化酶做催化剂，研究了一系列唑类化合物（咪唑、1,2,4-三氮唑和吡唑）与乙烯酯的Markovnikov加成反应；结果表明有机介质类别对终产物的分离产率影响显著，而反应活性随乙烯酯的链长增加而下降，空间位阻大的乙烯酯产率低。2009年，Lou等[40]在研究硫醇与乙烯酯的加成反应时发现，改变反应条件可得到完全不同的两类产物。如图2-15所示，当CAL-B做催化剂、异丙醚为溶剂时，更有利于Markovnikov加成反应；而用氨基酰化酶（D-aminoacylase from *Escherichia coli*）在DMSO介质中催化该反应时，只能得到酰化产物。同样以CAL-B为催化剂，在异丙醚中得到的是Markovnikov加成产物，但在DMF中却得到了反Markovnikov加成产物。

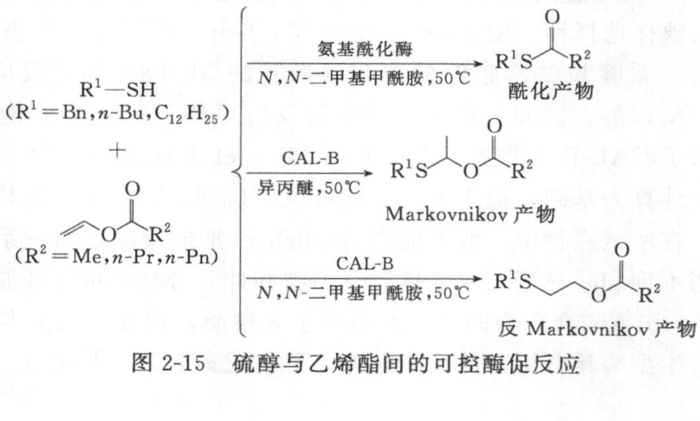

图 2-15　硫醇与乙烯酯间的可控酶促反应

3. Biginelli 反应

Biginelli 反应是重要的多组分反应，是制备 3,4-二氢嘧啶-2(1*H*)-酮类(DHPMs) 化合物的重要方法，因 DHPMs 的重要药理学活性重新激起了人们对 Biginelli 反应的兴趣，该物质通常是由化学方法合成的。2007 年，Kumar 课题组[41] 报道了面包酵母（*Saccharomyces cerevisiae*）催化的三组分 Biginelli 反应。2011 年，Zhang 课题组[42] 以猪胰蛋白酶（Trypsin from porcine pancreas）为催化剂，首次将酶的非专一性用于 Biginelli 反应中；实验结果表明多种水解酶都具有催化活性，而 α-淀粉酶（α-Amylase from hog pancreas）、胃蛋白酶(Pepsin from hog stomach) 和猪胰蛋白酶的催化效果最好；在无水乙醇介质中，一系列芳香醛、β-二羰基化合物、尿素或硫脲均可参与反应，并取得了优异的产率（82%～96%），结果如图 2-16 所示。2012 年，Shukla 课题组[43] 以脂肪酶(*Rhizopus oryzae* lipase) 为催化剂在低共熔溶剂中合成了 DHPMs 类化合物；2013 年，Sharma 课题组[44] 又报道了牛血清白蛋白催化的 Biginelli 反应。

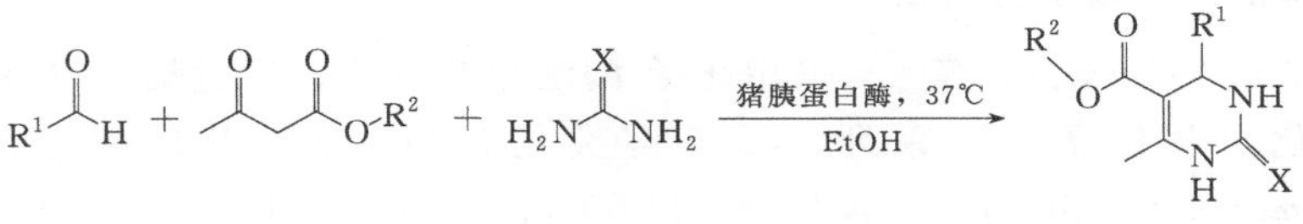

图 2-16 猪胰蛋白酶催化的 Biginelli 反应

2014 年，Xie 等[45] 以猪胰蛋白酶（Trypsin from porcine pancreas）为多功能催化剂，首次通过非专一性酶促串联反应制备了 3,4-二氢嘧啶-2（1*H*）-酮类化合物（图 2-17）；该一锅法（One Pot）串联反应过程包含了两个相对独立的反应，均由猪胰蛋白酶催化完成，首先经过酯交换反应生成乙醛，紧接着原位生成的乙醛与脲及二羰基化合物进行 Biginelli 反应。该方法具有较为宽泛的底物普适性，同时具备绿色高效的优势。

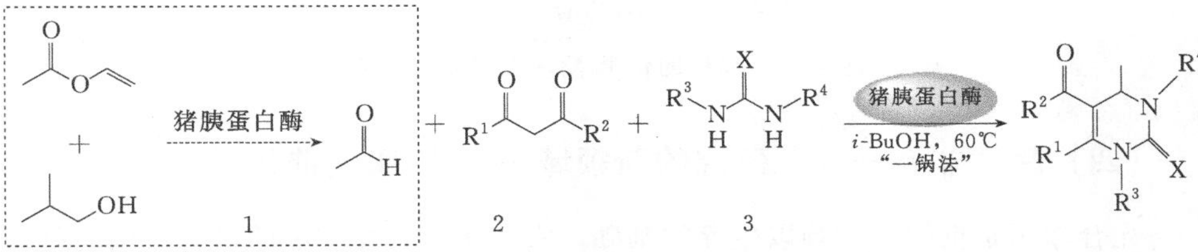

图 2-17 猪胰蛋白酶催化的 Biginelli 反应（利用原位生成的乙醛）

（三）氧化反应

氧化反应对实验室研究或工业生产来说都是具有挑战性的工作，传统的氧化反应通常由对环境有害的重金属或无机强氧化剂催化完成。

1. 环氧化反应

2008年，Svedendahl等[46] 发现在磷酸缓冲液（Phosphate Buffer）或有机介质中，CAL-B（或其Ser105Ala突变体）可以催化α,β-不饱和化合物与过氧化氢的环氧化反应（图2-18），这是脂肪酶直接催化环氧化反应的首例报道。因为共价抑制剂可以阻止该反应的发生，所以作者认为该反应在酶的活性中心进行；此外，反应过程中无酰基中间体和过酸的生成，突变酶反应速率更高，这些都是该反应在酶的活性中心进行的强有力证据。

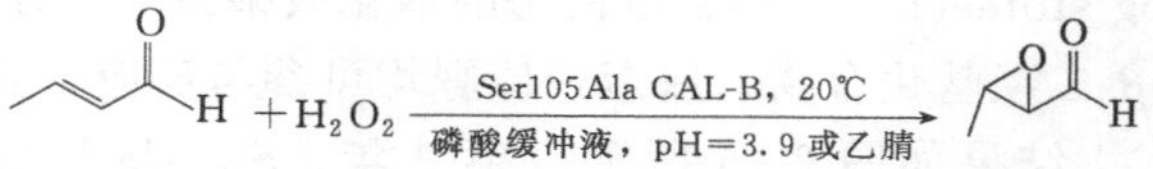

图2-18 CAL-B催化的直接环氧化作用

2. 烯烃的双羟基化反应

2007年，Goswami等[47] 采用化学-酶法单步反应，通过烯烃（Olefin）的双羟基化过程制备了一系列1,2-二醇类化合物，反应是以固定化脂肪酶（*Pseudomonas* G6 lipase）为催化剂，以50%的过氧化氢水溶液为氧化剂，在乙酸乙酯介质中借助于微波辐射（MW）完成的；反应先形成环氧化物，进而在反应条件下水解生成产物（图2-19）。

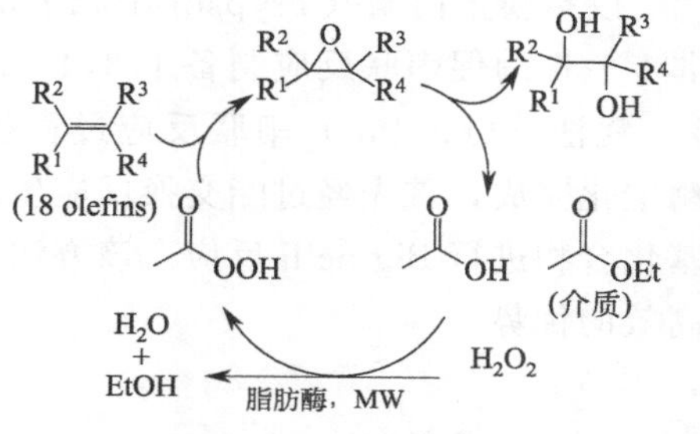

图2-19 烯烃的化学-酶法双羟基化反应

（四）酶“非专一性”研究的新领域——光-酶共催化

光合作用是世间万物赖以生存的基础，它利用可见光和酶的联合作用绿色高效地为自然界创造新物质。因此模仿自然界的光合作用进行有机反应是科学家们孜孜不倦的追求，但其充满巨大的挑战性。不过光催化反应通常可以在室温或接近室温的条件下发生，与酶促反应条件相似，光催化和生物催化的研究在不断深入和系统化，为光催化与酶催化的结合提供了可能。

但迄今为止，已知的光-酶共催化报道主要是利用光催化实现辅酶的再生，而成功将光-酶相结合用于催化有机合成的例子却寥寥无几。近期，Ding 等[48]联合可见光（Visible Light）催化和酶催化从 2-芳基吲哚直接不对称一锅法合成了 2,2-二取代的吲哚-3-酮。首先，2-芳基吲哚被光催化氧化成 2-芳基吲哚-3-酮，接着小麦胚芽脂肪酶（Wheat Germ Lipase）催化 2-芳基吲哚-3-酮与其他酮的对映选择性烷基化，直接构建了吲哚 C-2 的季碳手性中心。该报道是水解酶的非天然催化活性与可见光催化相结合用于对映选择性有机合成的第一个实例，该反应不需要任何辅因子，体系简单易行。实验还证明了具有与小麦胚芽脂肪酶类似催化三联体的其他脂肪酶也可以催化该反应。该策略为设计光-酶共催化对映选择性转化提供了借鉴（图 2-20）。

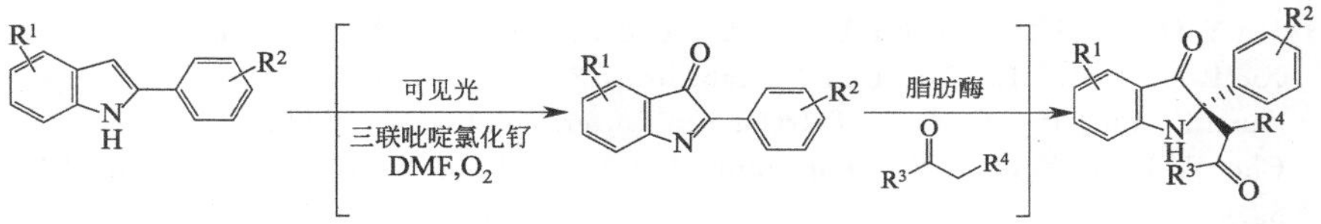

图 2-20 光-酶共催化合成 2,2-二取代的吲哚-3-酮

参考文献

[1] (a) Hult K, Berglund P. Trends in Biotechnology, 2007, 25: 231. (b) O'Brien P J, Herschlag D. Chemistry & Biology, 1999, 6: R91. (c) Wu Q, Liu B K, Lin X F. Current Organic Chemistry, 2010, 14: 1966.

[2] Copley S D. Current Opinion in Chemical Biology, 2003, 7: 265.

[3] Illanes A, Cauerhff A, Wilson L, et al. Bioresource Technology, 2012, 115: 48.

[4] (a) Mohamed M F, Hollfelder F. Biochimica Et Biophysica Acta-Proteins and Proteomics, 2013, 1834: 417. (b) Humble M S, Berglund P. European Journal of Organic Chemistry, 2011: 3391. (c) Zhang Q, van der Donk W A. Febs Letters, 2012, 586: 3391. (d) Kapoor M, Gupta M N. Process Biochemistry, 2012, 47: 555. (e) Khersonsky O, Roodveldt C, Tawfik D S. Current Opinion in Chemical Biology, 2006, 10: 498. (f) Xu J M, Lin X F. Chinese Journal of Organic Chemistry, 2007, 27: 1473. (g) Hu W, Guan Z, Deng X, et al. Biochimie, 2012, 94: 656. (h) Leitgeb S, Nidetzky B. Chembiochem, 2010, 11: 502. (i) Sharma U K, Sharma N, Kumar R, et al. Organic Letters, 2009, 11: 4846.

[5] (a) Jensen R A. Annual review of microbiology, 1976, 30: 409. (b) Babtie A, Tokuriki N, Hollfelder F. Current Opinion in Chemical Biology, 2010, 14: 200. (c) Busto E, Gotor-Fernandez V, Gotor V. Chemical Society Reviews, 2010, 39: 4504. (d) Soskine M, Tawfik D S. Nature Reviews Genetics, 2010, 11: 572.

[6] Nobeli I, Favia A D, Thornton J M. Nature Biotechnology, 2009, 27: 157.

[7] Yasutake Y, Yao M, Sakai N, et al. Journal of Molecular Biology, 2004, 344: 325.

[8] (a) Bakker M, van Rantwijk F, Sheldon R A. Canadian Journal of Chemistry-Revue Canadienne De Chimie, 2002, 80: 622. (b) da Silva G F Z, Ming L J. Journal of the American Chemical Society, 2005, 127: 16380.
[9] (a) Fernandez-Gacio A, Codina A, Fastrez J, et al. Chembiochem, 2006, 7: 1013. (b) Okrasa K, Kazlauskas R J. Chemistry-a European Journal, 2006, 12: 1587.
[10] Ward O P, Singh A. Current Opinion in Biotechnology, 2000, 11: 520.
[11] Bornscheuer U T, Kazlauskas R J. Angewandte Chemie International Edition, 2004, 43: 6032.
[12] Branneby C, Carlqvist P, Magnusson A, et al. Journal of the American Chemical Society, 2003, 125: 874.
[13] Li C, Feng X W, Wang N, et al. Green Chemistry, 2008, 10: 616.
[14] Li C, Zhou Y J, Wang N, et al. Journal of Biotechnology, 2010, 150: 539.
[15] Li H H, He Y H, Yuan Y, et al. Green Chemistry, 2011, 13: 185.
[16] Li H H, He Y H, Guan Z. Catalysis Communications, 2011, 12: 580.
[17] He Y H, Li H H, Chen Y L, et al. Advanced Synthesis & Catalysis, 2012, 354: 712.
[18] Xie B H, Li W, Liu Y, et al. Tetrahedron, 2012, 68: 3160.
[19] Guan Z, Fu J P, He Y H. Tetrahedron Letters, 2012, 53: 4959.
[20] Chen Y L, Li W, Liu Y, et al. Journal of Molecular Catalysis B: Enzymatic, 2013, 87: 83.
[21] Xie Z B, Wang N, Zhou L H, et al. Chemcatchem, 2013, 5: 1935.
[22] Xie Z B, Wang N, Jiang G F, et al. Tetrahedron Letters, 2013, 54: 945.
[23] Svedendahl M, Hult K, Berglund P. Journal of the American Chemical Society, 2005, 127: 17988.
[24] Svedendahl M, Jovanovic B, Fransson L, et al. Chemcatchem, 2009, 1: 252.
[25] Xu J M, Zhang F, Wu Q, et al. Journal of Molecular Catalysis B: Enzymatic, 2007, 49: 50.
[26] Cai J F, Guan Z, He Y H. Journal of Molecular Catalysis B: Enzymatic, 2011, 68: 240.
[27] Xie B H, Guan Z, He Y H. Journal of Chemical Technology and Biotechnology, 2012, 87: 1709.
[28] Li K, He T, Li C, et al. Green Chemistry, 2009, 11: 777.
[29] He T, Li K, Wu M Y, et al. Journal of Molecular Catalysis B: Enzymatic, 2010, 67: 189.
[30] Chai S J, Lai Y F, Zheng H, et al. Helvetica Chimica Acta, 2010, 93: 2231.
[31] Xue Y, Li L P, He Y H, et al. Scientific Reports, 2012, 2: 1.
[32] Tang R C, Guan Z, He Y H, et al. Journal of Molecular Catalysis B: Enzymatic, 2010, 63: 62.
[33] Wang J L, Li X, Xie H Y, et al. Journal of Biotechnology, 2010, 145: 240.
[34] Kitazume T, Ikeya T, Murata K. Journal of the Chemical Society-Chemical Communications, 1986: 1331.
[35] Torre O, Alfonso I, Gotor V. Chemical Communications, 2004: 1724.
[36] Carlqvist P, Svedendahl M, Branneby C, et al. Chembiochem, 2005, 6: 331.
[37] (a) Wang J L, Xu J M, Wu Q, et al. Tetrahedron, 2009, 65: 2531. (b) Qian C, Xu J M, Wu Q, Lv D S, Lin X F. Tetrahedron Letters, 2007, 48: 6100.
[38] Wu W B, Wang N, Xu J M, et al. Chemical Communications, 2005: 2348.
[39] Wu W B, Xu J M, Wu Q, et al. Synlett, 2005: 2433.
[40] Lou F W, Liu B K, Wang J L, et al. Journal of Molecular Catalysis B: Enzymatic,

2009，60：64.
[41] Kumar A，Maurya R A. Tetrahedron Letters，2007，48：4569.
[42] Li W，Zhou G，Zhang P，et al. Heterocycles，2011，83：2067.
[43] Borse B N，Borude V S，Shukla S R. Current Chemistry Letters，2012，1：59.
[44] Sharma U K，Sharma N，Kumar R，et al. Amino Acids，2013，44：1031.
[45] Xie Z B，Wang N，Wu W X，et al. Journal of Biotechnology，2014，170：1.
[46] Svedendahl M，Carlqvist P，Branneby C，et al. Chembiochem，2008，9：2443.
[47] Sarma K，Borthakur N，Goswami A. Tetrahedron Letters，2007，48：6776.
[48] Ding X，Dong C L，Guan Z，et al. Angewandte Chemie International Edition，2019，58：118.

第二篇

α-糜蛋白酶在有机合成中的应用

第三章

α-糜蛋白酶催化 Friedländer 缩合反应合成喹啉类化合物

第一节　α-糜蛋白酶概述

α-糜蛋白酶（α-Chymotrypsin，CT）属于丝氨酸蛋白酶家族[1]。丝氨酸蛋白酶广泛存在于植物、动物、细菌及病毒中，具有消化、降解多肽、控制血压和血液凝结等功能[2]。丝氨酸蛋白酶占已知蛋白水解酶的三分之一以上，分为 13 个族，可进一步细分为 40 小族[3]。α-糜蛋白酶属于第一小族（S1），S1 是丝氨酸蛋白酶最主要的类别之一，密切代表着一类水解多肽链的消化酶，如胰蛋白酶、弹性蛋白酶；α-糜蛋白酶在胰腺中合成，然后分泌到消化道中，在 pH＝8.2 时活性最强，其等电点为 9.1[1]。α-糜蛋白酶并不能高效断裂所有肽键，而是选择性断裂羧基端为芳香族氨基酸（色氨酸、酪氨酸和苯丙氨酸）和含大的亲水侧链的氨基酸（如甲硫氨酸）的肽键[2a]。

因为α-糜蛋白酶在非惯用溶剂中存在很多潜在的应用价值，同时因为该酶分子较小、稳定，且易大量获得，因此成为了研究酶失活最常用的酶，利用多种方法和在不同 pH 条件下进行了大量的研究[1]。此外，因为α-糜蛋白酶在水溶性有机介质中存在催化非常规合成反应的潜在能力，因此在过去几十年中受到了越来越多的关注[4]。除此之外，α-糜蛋白酶还被用作研究水溶性和不溶性溶剂的工具[5]。无论如何，使用一种特征单一的酶应该可以简化对结果的解释，而该结果又与复杂系统密切相关[6]。

一、结构

许多蛋白酶作为大的多功能蛋白质的结构单元存在，而其他的则是独立的小肽链[7]。α-糜蛋白酶分子量为 25kDa[8]，包含一个由天冬氨酸、组氨酸和丝氨酸组成的催化三联体系统，其共同控制催化期间丝氨酸残基的亲核性[1]。α-糜蛋白酶包含 3 条多肽链，是由糜蛋白酶原（含 245 氨基酸残基）通过胰蛋白酶的有限水解，去除了 Ser14、Arg15、Thr147 和 Asn148 后形成的[9]；其结构于 1967 年由 Blow 最先确定[10]。α-糜蛋白酶的 3 条多肽链分别被命名为 A 链（Cys1-Leu13）、B 链（Ile16-Tyr146）和 C 链（Ala149-Asn245）；A 链是含 13 个氨基酸残基的短链，而 B 链和 C 链分别含有 131 和 97 个氨基酸残基[1,11]。多肽链间通过二硫键连接，还原二硫键可导致多肽链间的分离。

α-糜蛋白酶是大小为 5.1nm×4nm×4nm 的紧凑椭圆体形分子，是第一个被阐明四种 X 射线晶体学结构的酶[12]，而这些蛋白酶的核磁共振研究在 20 世纪 70 年代初期就开始了[13]。Apple 和 Polgár 对 α-糜蛋白酶的结构、专一性和催化活性进行了极好的阐述[14]。而通过独立实验确定的 α-糜蛋白酶的氨基酸序列则有助于了解其结构细节[15]。多肽链通过氢键作用折叠形成了两个圆柱体，各包含一个疏水核心[16]。

晶体结构数据表明，α-糜蛋白酶是由反平行 β-折叠片组成，它们要么高度扭曲要么形成非常短的不规则线状[1]。更准确地说，该酶包含两个反平行的 β-桶状结构域，该结构域包含一个回文序列，紧跟一个含有小的 α-螺旋的反平行发夹结构[1,17]。1969 年，Asp102-His57-Ser195 催化三联体被 Blow 等确定，随后便推测了催化机理[18]。α-糜蛋白酶分子中共有 5 个二硫键，其中两个（Cys1-Cys122 和 Cys42-Cys58）接近酶的活性位点，一个（Cys191-Cys220）接近酶的表面结合位点，位于催化三联体附近；而其余的两个二硫键（Cys136-Cys201 和 Cys168-Cys182）则远离酶的两个位点（图 3-1）[1]。

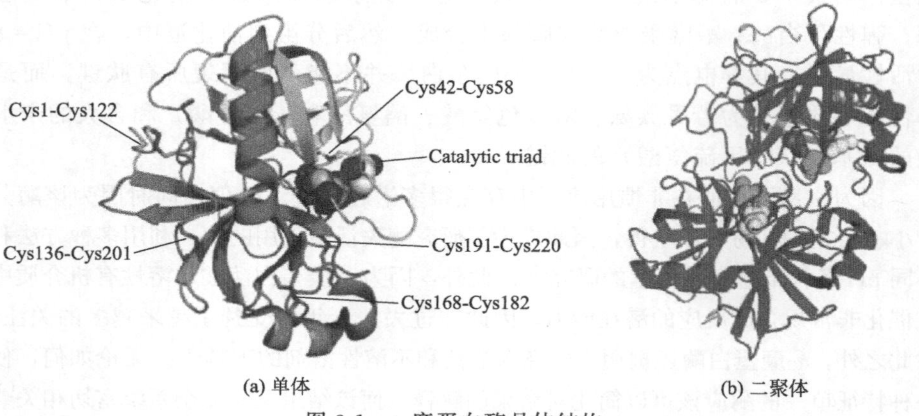

图 3-1　α-糜蛋白酶晶体结构

二、催化机制

研究发现，α-糜蛋白酶活性位点的构象动力学与酶的功能具有密切关系[19]。根据 Blow 确定的 3D 结构，α-糜蛋白酶的活性位点位于分子表面凹陷处，该凹陷其实是一个疏水性口袋，在催化过程中酪氨酸的酚基侧链与苯丙氨酸的苯基侧链相结合[20]。催化三联体的丝氨酸残基是反应性的，可以与底物共价结合；活性中心的组氨酸残基可促进丝氨酸与底物的共价结合，而天冬氨酸则可稳定组氨酸所带的正电荷[1,2]。His-Asp-Ser 序列作为催化三联体，为形成极化的丝氨酸提供活泼的亲核试剂[1]。生物催化剂必须能够在 pH≈7 时发挥功能，但在中性条件下，丝氨酸残基的羟基通常被质子化，并不是优良的亲核试剂[1]。因此可以推断，α-糜蛋白酶在非活性状态时存在 His-Asp 氢键，但不存在 His-Ser 氢键；然而，His-Ser 氢键会在与底物形成的络合物中存在，使三联体在催化中发挥重要作用[2a,21]。

在 α-糜蛋白酶的活性位点，Ser195 的羟基先与 His57 形成氢键，而后再与 Asp102 结合[22]。当多肽底物与 α-糜蛋白酶结合时，构象的微妙变化压紧 His57 和 Asp102 之间的氢键，导致更强的相互作用，使得组氨酸作为增强的碱从 Ser195 的羟基夺取质子；在此期间，His57 和 Ser195 足够接近而形成氢键，这对催化活性至关重要[23]。因为，这样可以阻止丝氨酸上形成非常不稳定的正电荷，从而增加其亲核性，提高反应活性[2a]，丝氨酸残基上的基团保护了活性位点中的离子对[24]。α-糜蛋白酶代表着一类天然环境和功能与水溶液相关的酶，其晶体结构的溶剂-表面影像显示，8 个色氨酸残基中 Trp 172、Trp 207、Trp 215 和 Trp 237 完全暴露于溶剂中，后三个残基位于与活性位点残基直接邻近的位置；Trp 51 和 Trp 141 被完全埋在球核中，Trp 27 和 Trp 29 则部分暴露于溶剂中[1,25]。

第二节　α-糜蛋白酶催化的 Friedländer 缩合反应

喹啉类化合物的核心结构为喹啉（图 3-2），最早是由煤焦油中的萘油或洗油经过精馏、提纯或重结晶等步骤来获得的。此外，一些天然产物也可以提取出喹啉类化合物，例如，苄基异喹啉类化合物作为一类重要的生物碱，可以从一些樟科、番荔枝科、罂粟科、小檗科、防己科等植物中提取得到[26]。

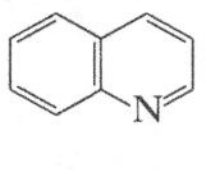

图 3-2　喹啉结构式

在药物合成领域，作为一类极其重要的含氮杂环化合物，喹啉类化合物因具有多样的生物和药理活性，如抗菌[27]、抗病毒[27]、抗癌[28]、抗肿瘤[28]、抗血小板凝聚[29] 等，成为新药设计与研发的热点之一。随着对喹啉类化合物研究的不断深入，除了其重要的药理活性外，其他方面的特性也渐渐被发掘，如杀虫性、抗氧化性等，使其在农药、染料和催化等方面也渐渐获得了广泛的应用。又因其具有结构变化的多样性和环境友好性等优点，使其在当今多个化学研究领域中表现出良好的应用前景。

工业上，喹啉可从煤焦油中的萘油或洗油提取而来。萘油或洗油馏分经洗涤、中和、蒸馏、过滤和重结晶等步骤，可得到纯度为98%～99%的喹啉。然而，该方法程序复杂，对设备要求高，易产生大量酸或碱性废液，且目标产物量非常有限，从而严重限制了该方法的广泛应用。

由于化学催化法具有操作流程简单、反应耗时短、产率高等优点，近年来已成为合成喹啉类化合物的主要途径。化学催化合成喹啉类化合物的方法，一般有Skraup合成法[30]、Combes合成法[31]、Doebner-VonMiller合成法[32]、Knorr合成法[33]、Friedländer合成法[34]、Conrad-Limpach合成法[35]以及Pfitzinger合成法[36]等。而在这些化学合成方法中，必然要借助多种催化剂，如强酸[37]、强碱[38]、无机盐[39]和重金属[40]等。随着工业技术的发展，又相继出现了许多新的催化方法，它们或催化产率高，或反应耗时短，或具有较高的选择性，无论具有是哪一种优势，都为推动有机合成的高速发展作出积极的贡献。虽然一些较新颖的化学催化方法具有产率高、耗时短等优势，但同时也暴露出操作流程复杂、成本高或不够绿色等诸多问题。所以，继续探索简单、高效、绿色的喹啉类化合物的合成方法，仍然具有积极意义。

基于此，本章分别在甲醇和离子液体水溶液中，通过α-糜蛋白酶催化的Friedländer缩合反应，合成了喹啉类化合物；通过对催化剂的种类、催化剂的用量、温度和时间等影响因素的优化，确立了最佳反应条件，并对反应底物的普适性进行了研究。

一、甲醇中α-糜蛋白酶催化的Friedländer缩合反应

向10mL具塞试管中加入2-氨基芳基酮（0.3mmol）、α-亚甲基酮（0.36mmol）、α-糜蛋白酶（10mg，8000U）和甲醇（1mL），在60℃恒温振荡培养箱（260r/min）中反应。利用薄层色谱（TLC）跟踪反应过程，反应完成并冷却至室温后，用乙酸乙酯（3×5mL）萃取产物，有机相经减压浓缩得粗产物，再经柱色谱分离［*V*（石油醚）∶*V*（乙酸乙酯）＝10∶1］，得到纯的产品，产物用核磁共振波谱进行表征。

（一）不同酶的催化效果

首先选取了邻氨基苯乙酮（0.3mmol）和乙酰乙酸乙酯（0.36mmol）为模板反应底物，甲醇（1mL）为反应介质，在40℃恒温振荡培养箱中反应，考察了不同酶（10mg）的催化效果，结果如表3-1所示。在所考察的水解酶中，有3种蛋白酶（表3-1，序号9～11）对该反应具有一定的催化效果，其中，α-糜蛋白酶（表3-1，序号9）表现出最好的催化活性，可得到55%的产率；猪胃黏膜蛋白酶（表3-1，序号10）和胰蛋白酶（表3-1，序号11）分别可获得31%和38%的产率。而其他水解酶（木聚糖酶、果胶酶、脂肪酶、纤维素酶、酰基转移

酶、佐氏曲霉蛋白酶、木瓜蛋白酶、碱性蛋白酶）均未检测到产物的生成。此外，还考察了非酶蛋白质——牛血清白蛋白（表 3-1，序号 12）和变性失活的 α-糜蛋白酶（表 3-1，序号 13，在 110℃，经 8mol/L 尿素溶液处理）对该反应的催化情况，也未检测到产物，而空白实验（表 3-1，序号 14）同样无产物生成；从而排除了非特异性氨基酸催化的可能性，也说明了酶特定的空间构象以及催化活性中心在该反应过程中起着关键作用。为了更客观地比较 3 种蛋白酶的催化活性，又在相同活力（8000U）条件下考察了 3 种蛋白酶对模板反应的催化效果，结果如图 3-3 所示，仍然是 α-糜蛋白酶的催化活性最高。最终选择 α-糜蛋白酶为最佳催化剂，进行后续研究。

表 3-1　不同酶的催化效果

序号	催化剂	产率/%
1	木聚糖酶	0
2	脂肪酶	0
3	纤维素酶	0
4	果胶酶	0
5	酰基转移酶	0
6	佐氏曲霉蛋白酶	0
7	木瓜蛋白酶	0
8	碱性蛋白酶	0
9	α-糜蛋白酶	55
10	猪胃黏膜蛋白酶	31
11	胰蛋白酶	38
12	牛血清白蛋白	0
13	失活的 α-糜蛋白酶	0
14	空白(无催化剂)	0

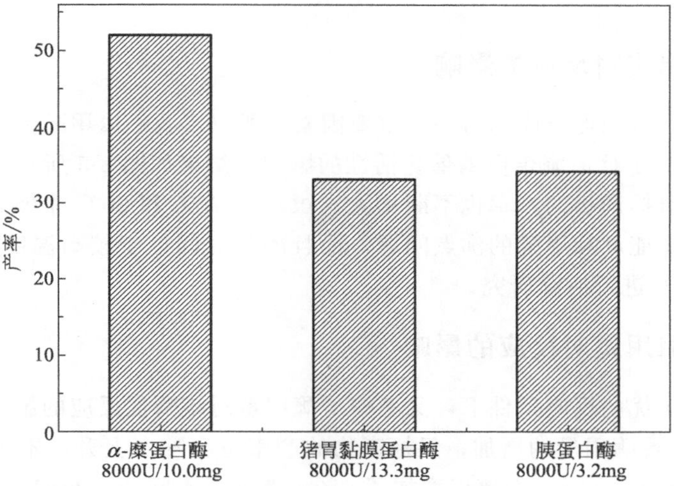

图 3-3　相同活力情况下 3 种蛋白酶的催化效果比较

（二）反应介质对反应的影响

反应介质是影响酶促反应的一个重要因素，因此考察了几种溶剂中该酶促反应的效果，结果如图 3-4 所示。α-糜蛋白酶在极性溶剂，如甲醇、乙醇、水、二甲基亚砜（DMSO）中均表现出了一定的催化活性，分别可以获得 55%、43%、21%和 23%的产率，其中在甲醇中的催化活性最好。而在非极性溶剂，如甲苯、环己烷和四氯化碳中，均无产物生成（结果未给出）。因此，我们选择甲醇为α-糜蛋白酶催化该反应的最佳介质。

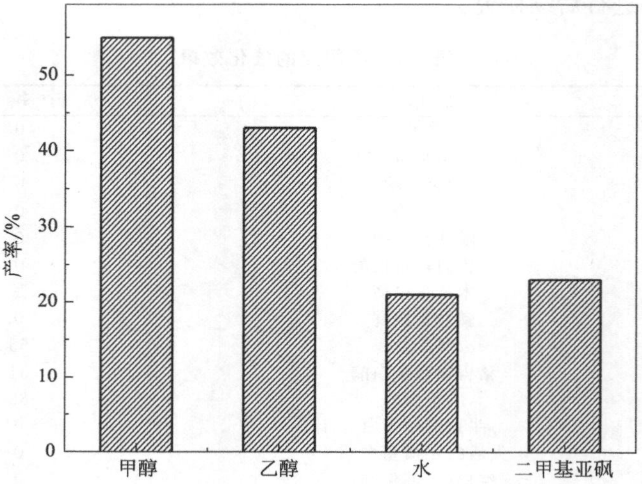

图 3-4 不同反应介质中α-糜蛋白酶的催化活性

（三）温度对反应的影响

温度是影响酶促反应的另一个重要因素，所以，我们以甲醇为反应介质，进一步考察了温度对α-糜蛋白酶催化活性的影响。结果如图 3-5 所示，随着温度的升高，所得目标产物的产率也不断增大；虽然在 70℃和 80℃时获得相对较高的产率，但考虑能耗和甲醇的沸点问题，而且酶长时间处于较高温度下容易失活，所以选择 60℃进行后续研究。

（四）酶用量对反应的影响

在以上较优的反应条件下，又考察了酶用量对该酶促反应的影响，结果如图 3-6 所示。随着酶用量的增加，目标产物的产率也会随之上升，不过当酶用量从 20mg 增加至 30mg 时，产率仅增加了 5%，考虑成本问题，我们最终选择 20mg 作为最佳酶用量。

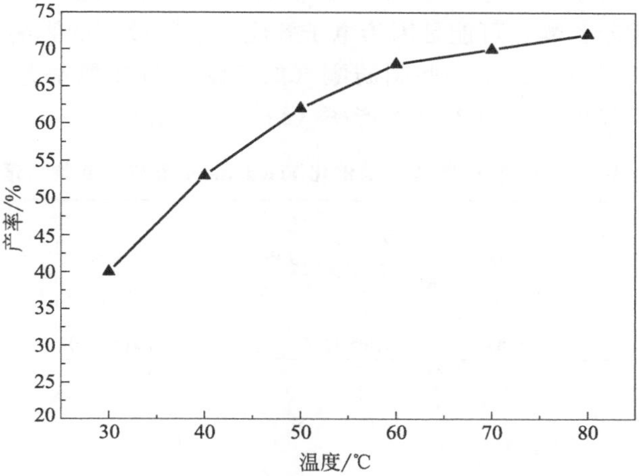

图 3-5 温度对 α-糜蛋白酶催化活性的影响

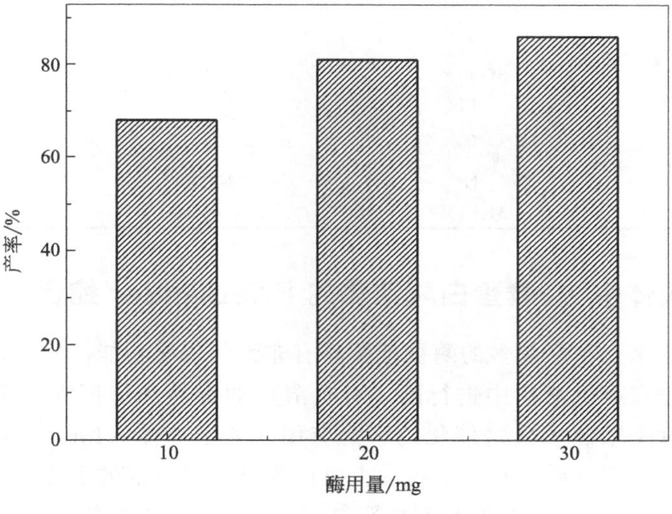

图 3-6 酶用量对反应产率的影响

(五) 底物拓展

最佳条件确定后，我们选用两种 2-氨基芳基酮（0.3mmol）和一系列 α-亚甲基酮（0.36mmol）为反应底物，进一步考察了在 60℃的甲醇（1mL）介质中，α-糜蛋白酶（20mg）催化 Friedländer 反应的底物普适性，结果如表 3-2 所示。α-糜蛋白酶对所考察的一系列底物均具有较好的催化效果，特别是当 2-氨基芳基酮与 β-二羰基化合物，如乙酰乙酸乙酯、乙酰乙酸甲酯和乙酰丙酮反应时，效果较好，最高可取得 90%的产率（表 3-2，**3i**）。而其他一些反应底物，如环戊酮、环已酮和苯乙酮，可能是因为电子效应和空间效应的影响，所得产率相对较低。此外，我们还考察了一些脂肪酮（如丁酮）与 2-氨基芳基酮的反应，但反应效果较差，仅得到了约 20%的产率（结果未给出）。

表 3-2　甲醇中 α-糜蛋白酶催化 Friedländer 反应的底物普适性

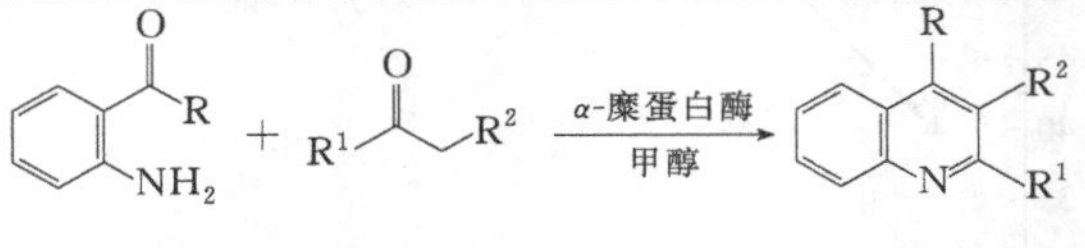

1(a～b)　**2(a～f)**　**3(a～k)**

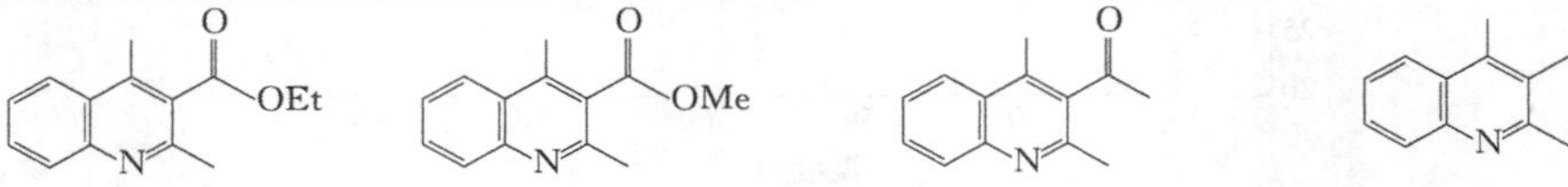

3a:81%　**3b**:84%　**3c**:85%　**3d**:80%

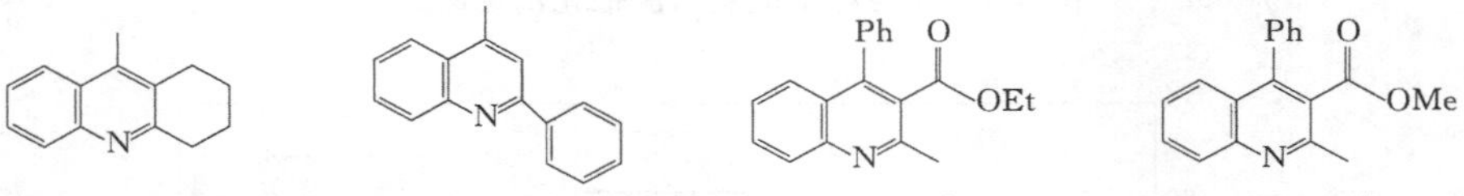

3e:45%　**3f**:40%　**3g**:87%　**3h**:89%

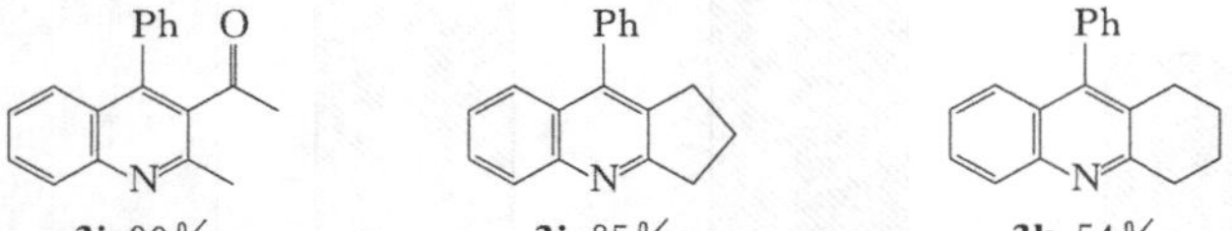

3i:90%　**3j**:85%　**3k**:54%

二、离子液体中 α-糜蛋白酶催化的 Friedländer 缩合反应

近二十年来，越来越多的酶被证实具有非天然催化功能。然而，酶促有机合成反应一般是在有机溶剂中进行的，有机溶剂的毒性和易挥发性等非环保性特点，一定程度上限制了生物催化的广泛应用。离子液体（Ionic Liquid，IL）作为一类绿色的反应介质，在一定程度上可以弥补有机溶剂的上述不足。离子液体主要有咪唑类、季铵盐类和吡啶类等[41]，其中，研究最多的是咪唑类离子液体[42]，尤其是 *N*-甲基咪唑类离子液体[43]。这种全部由离子组成的介质具有较好的导电性和溶解反应基质的能力，可有效替代污染性和危险性有机溶剂，且使用后可进行回收再利用[44]，符合可持续发展的要求。特别地，其与生物催化法的结合，为绿色化学领域注入了新的活力，在一定程度上改善和提升了传统有机催化方法，也进一步拓展了生物催化法在有机合成中的应用范围。我们将离子液体与生物催化法相结合，利用离子液体水溶液为反应介质，建立了 α-糜蛋白酶催化合成喹啉类化合物的方法。

向 10mL 具塞试管中加入 2-氨基芳基酮（0.3mmol）、α-亚甲基酮

(0.36mmol)、α-糜蛋白酶 (10mg, 8000U)、去离子水 (0.8mL) 和离子液体 (1-乙基 3-甲基咪唑四氟硼酸盐, 0.2mL), 在 55℃集热式恒温加热磁力搅拌器中反应 24h。利用 TLC 法跟踪反应过程, 反应完成后, 将反应液冷却至室温, 然后用乙酸乙酯 (3×5mL) 萃取产物, 有机相经减压浓缩得粗产物, 再经柱色谱分离 [V (石油醚) : V (乙酸乙酯)=10 : 1] 得到纯的产品, 产物用核磁共振波谱进行表征。

(一) 介质对反应的影响

首先选取邻氨基苯乙酮 (0.3mmol) 和乙酰乙酸乙酯 (0.36mmol) 为模板反应底物, α-糜蛋白酶 (10mg) 为催化剂, 在 60℃条件下, 考察了在 6 种离子液体中的反应效果, 分别是 1-乙基-3-甲基咪唑四氟硼酸盐 ([EMIM]BF_4)、1-乙基-3-甲基咪唑六氟磷酸盐 ([EMIM]PF_6)、1-丁基-3-甲基咪唑四氟硼酸盐 ([BMIM]BF_4)、1-丁基-3-甲基咪唑六氟磷酸盐 ([BMIM]PF_6)、1-己基-3-甲基咪唑四氟硼酸盐 ([HMIM]BF_4) 和 1-己基-3-甲基咪唑六氟磷酸盐 ([HMIM]PF_6)。然而遗憾的是, 并无产物生成, 这可能是因为纯离子液体的黏度太大, 从而影响传质和传热过程。而据文献报道, 添加一定量的水可以降低离子液体的黏度, 于是我们向离子液体中加入了 10% [H_2O/(IL+H_2O), 体积比] 的水, 但反应效果仍然很差; 不过实验结果表明, 随着含水量的增加, α-糜蛋白酶的催化活性不断升高, 当含水量增加至 50%时, 目标产物产率最高可达

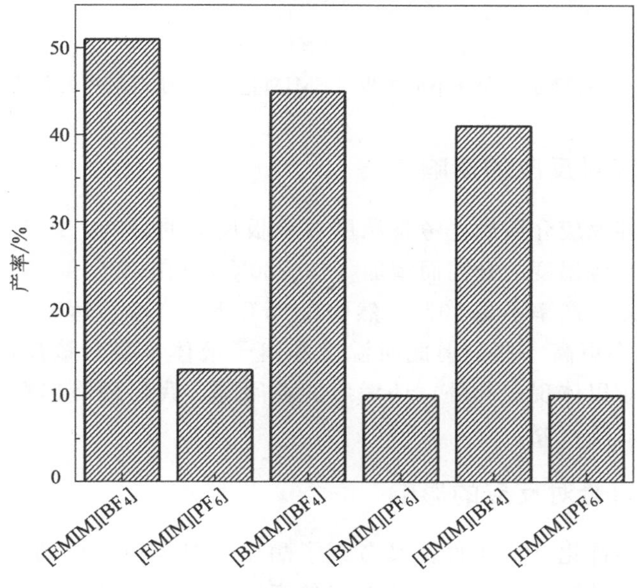

图 3-7 α-糜蛋白酶在 50%离子液体水溶液中催化活性

51%，结果如图 3-7 所示。在 6 种被试离子液体中，3 种四氟硼酸类离子液体的效果较好，而且阳离子的侧链越短反应效果越好，这可能与离子液体的亲水性有关；而在 3 种疏水性的六氟磷酸类离子液体中反应效果较差，只得到了不足 15%的产率；最终选择［EMIM］BF_4 作为最佳离子液体，进行后续研究。

接下来，继续优化［EMIM］BF_4 含水量对反应的影响，结果如图 3-8 所示。由图可知，当离子液体浓度为 20%时（[EMIM][BF_4]/(H_2O+[EMIM][BF_4])，体积比）时，α-糜蛋白酶表现出了最佳的催化活性，可获得 87%的产率。

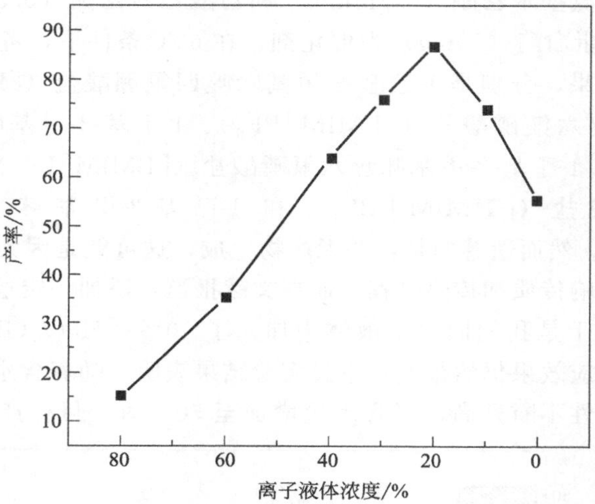

图 3-8　α-糜蛋白酶在不同浓度［EMIM][BF_4］水溶液中的催化活性

（二）温度对反应的影响

确定了最佳反应介质后，考察温度对模板反应的影响，结果如图 3-9 所示，反应产率随着反应温度的升高而增加（40～80℃），在 40℃和 45℃，α-糜蛋白酶的催化活性较差，产率不足 50%；然而在 55℃下，产率可达 82%。虽然在 60℃和 70℃时，产率更高一些，但此时温度和离子液体本身对该反应的影响较大，酶的催化效果难以体现；此外，还考虑能耗问题，我们最终选择 55℃为最佳反应温度，进行后续研究。

（三）酶用量对反应的影响

为了进一步优化反应条件，又考察了酶用量对模板反应的影响，结果如图 3-10 所示。不加酶时仅能获得不足 40%的产率，当 α-糜蛋白酶用量为 10mg 时，产率可达 81%；当 α-糜蛋白酶用量增加至 20mg 时，产率仅有少量的提高，最终以 10mg 为最佳酶用量，进行下一步研究。

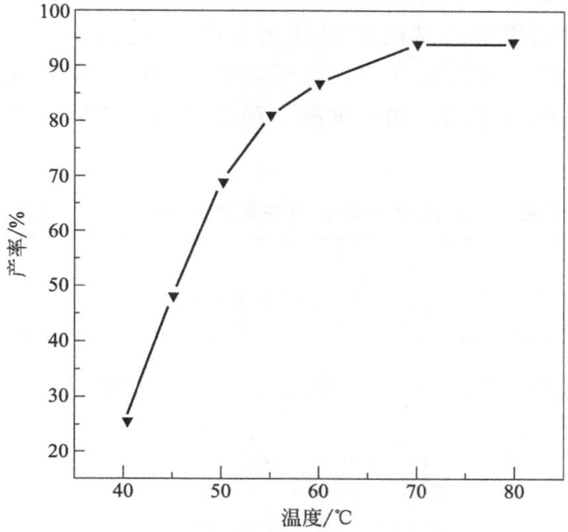

图 3-9　不同温度下 α-糜蛋白酶的催化活性

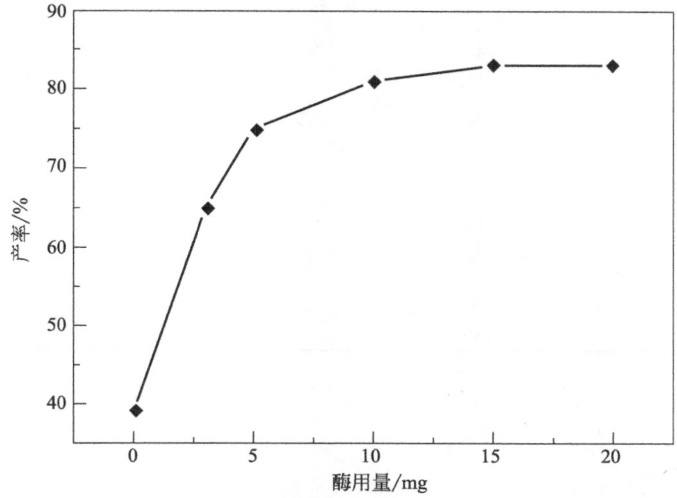

图 3-10　α-糜蛋白酶用量对反应产率的影响

（四）底物拓展

在确定的最佳条件下（55℃，［EMIM］［BF_4］水溶液的浓度为 20％［IL/（H_2O＋IL），体积比］，α-糜蛋白酶 10mg），选用了 2 种 2-氨基芳基酮（0.3mmol）和一系列 α-亚甲基酮（0.36mmol）为反应底物，对 α-糜蛋白酶催化 Friedländer 缩合反应的底物普适性进行了考察。结果如表 3-3 所示，与邻氨基苯乙酮相比，以 2-氨基二苯甲酮为底物时，反应效果较好；特别是，当 2-氨基二苯甲酮与具有活泼亚甲基的二羰基化合物，如乙酰乙酸乙酯、乙酰乙酸甲酯、乙酰丙酮和环己二酮等反应时，均可获得优异的产率，最高产率可达 94%。然而，对于一些环状的单酮，如环戊酮、环己酮和苯乙酮，可能是因为空间位阻的原因，产率较低。

表 3-3 离子液体水溶液中 α-糜蛋白酶催化 Friedländer 反应的底物普适性

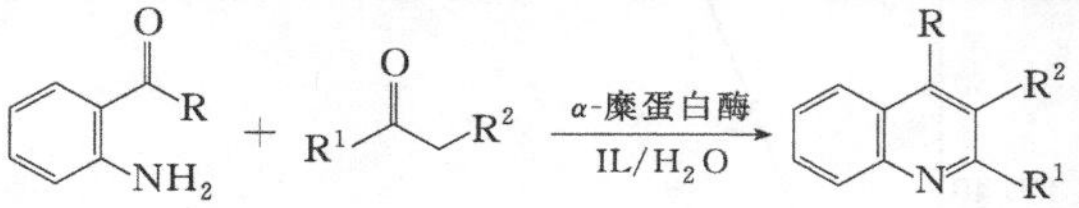

1(a～b) **2(a～h)** **3(a～n)**

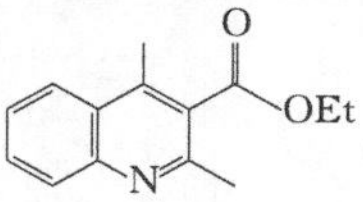

3a：81%

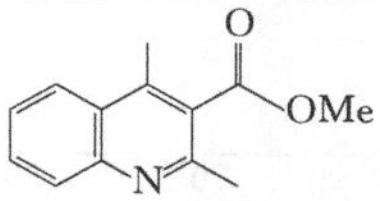

3b：83%

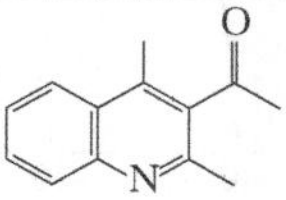

3c：91%

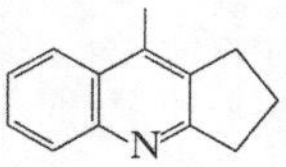

3d：45%

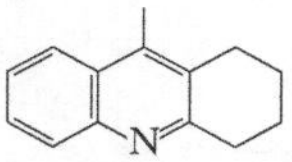

3e：40%

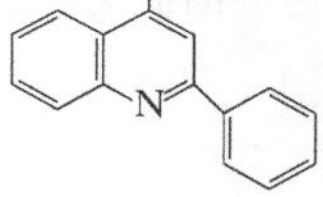

3f：49%

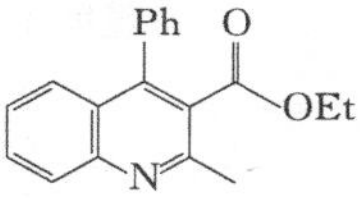

3g：90%

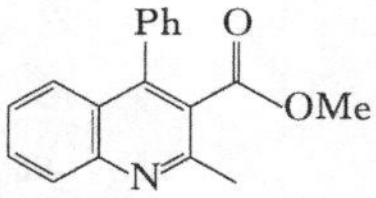

3h：90%

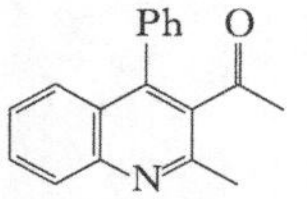

3i：94%

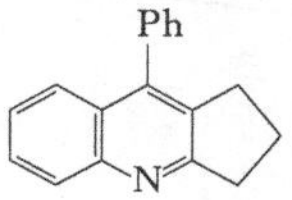

3j：48%

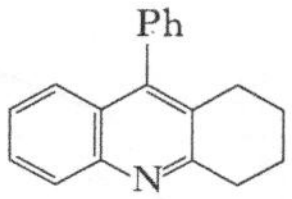

3k：42%

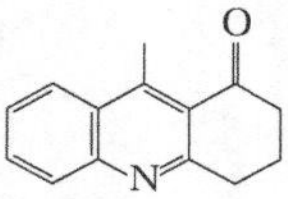

3l：74%

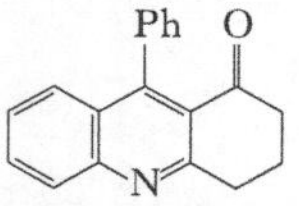

3m：94%

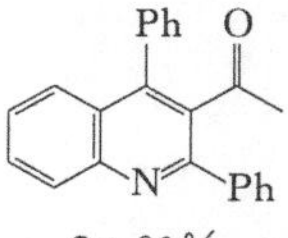

3n：80%

参考文献

[1] Kumar A，Venkatesu P. Chemical Reviews，2012，112：4283.

[2] (a) Hedstrom L. Chemical Reviews，2002，102：4501. (b) Miller D D，Horbett T A，Teller D C. Biochemistry，1971，10：4641. (c) Botos I，Meyer E，Nguyen M，et al. Journal of Molecular Biology，2000，298：895.

[3] Di Cera E. IUBMB life，2009，61：510.

[4] (a) Kise H，Hayakawa A，Noritomi H. Journal of Biotechnology，1990，14：239. (b) Gupta M N. Febs Journal，2010，203：25. (c) Kraineva J，Nicolini C，Thiyagarajan P，

et al. Biochimica Et Biophysica Acta Proteins & Proteomics，2006，1764：424.
[5] (a) Clapés P，Adlercreutz P，Mattiasson B. Journal of Biotechnology，1990，15：323. (b) Noritomi H，Kise H. Biotechnology Letters，1987，9：383.
[6] Meersman F，Dirix C，Shipovskov S，et al. Langmuir the ACS Journal of Surfaces & Colloids，2005，21：3599.
[7] Branden C I，Tooze J. Introduction to Protein Structure，CRC Press，2012.
[8] Baum B J，Margolies M R，Doku H C，et al. Oral Surgery Oral Medicine & Oral Pathology，1972，33：484.
[9] (a) Corey R B，Battfay O，Brueckner D A，et al. Biochimica Et Biophysica Acta，1965，94：535. (b) Wright H T，Kraut J，Wilcox P E. Journal of Molecular Biology，1968，37：363.
[10] Blow D M. Accounts of Chemical Research，1976，9：145.
[11] Birktoft J J，Blow D M，Henderson R，et al. Philosophical Transactions of the Royal Society of London B Biological Sciences，1970，257：67.
[12] Sigler P B，Jeffery B A，Matthews B W，et al. Journal of Molecular Biology，1966，15：175.
[13] Robillard G，Shulman R G. Journal of Molecular Biology，1972，71：507.
[14] (a) Appel W. Clinical Biochemistry，1986，19：317. (b) Polgár L，Halász P. Biochemical Journal，1982，207：1.
[15] (a) Hartley B S. Nature，1964，201：1284. (b) Meloun B，Kluh I，Kostka V，et al. Biochimica Et Biophysica Acta，1966，130：543.
[16] Birktoft J J，Blow D M. Journal of Molecular Biology，1972，68：187.
[17] (a) Wright H T. Journal of Molecular Biology，1973，79：13. (b) Wang D，Bode W，Huber R. Journal of Molecular Biology，1985，185：595.
[18] Blow D M，Birktoft J J，Hartley B S. Nature，1969，221：337.
[19] Banerjee D，Pal S K. Langmuir the Acs Journal of Surfaces & Colloids，2008，24：8163.
[20] (a) Blow D M. Biochemical Journal，1969，112：261. (b) Hartmann G. Angewandte Chemie International Edition，2010，82：780.
[21] Steitz T A，Shulman R G. Annual Review of Biophysics and Bioengineering，1982，11：419.
[22] Neuvonen H. Biochemical Journal，1997，322：351.
[23] Matthews B W，Sigler P B，Henderson R，et al. Nature，1967，214：652.
[24] Sigler P B，Blow D M，Matthews B W，et al. Journal of Molecular Biology，1968，35：143.
[25] (a) Blevins R A，Tulinsky A. Journal of Biological Chemistry，1985，260：4264. (b) Celej M S，D'Andrea M G，Campana P T，et al. Biochemical Journal，2004，378：1059.
[26] 张正付，郭莹，魏雄辉．中国中药杂志，2011，36：2684.
[27] Talamas F X，Abbot S C，Anand S，et al. Journal of Medicinal Chemistry，2013，57：1914.
[28] Joseph B，Darro F，Béhard A，et al. Journal of Medicinal Chemistry，2002，45：2543.
[29] Chen J J，Chang Y L，Teng C M，et al. Planta Medica，2002，68：790.
[30] Zhang X，Campo M A，Tuanli Yao A，et al. Tetrahedron，2010，41：1177.
[31] Yang T C，Sloop D J，Weissman S I，et al. Journal of Chemical Physics，2000，113：11194.

[32] Prola L D T, Buriol L, Frizzo C P, et al. Journal of the Brazilian Chemical Society, 2012, 23: 1663.
[33] López-Alvarado P, Avendaño C, Menéndez J C. Synthesis, 1998: 186.
[34] Yadav J S, Rao P P, Sreenu D, et al. Cheminform, 2006, 37: 7249.
[35] Brouet J C, Shen G, Peet N P, et al. Synthetic Communications, 2009, 40: 5193.
[36] Cross L B, Henze H R. Journal of the American Chemical Society, 2002, 61: 1897.
[37] (a) Jia C S, Zhang Z, Tu S J, et al. Organic & Biomolecular Chemistry, 2006, 37: 104. (b) Liang Z, Jie W. Advanced Synthesis & Catalysis, 2010, 40: 2409.
[38] Taguchi K, Sakuguchi S, Ishii Y. Tetrahedron Letters, 2005, 46: 4539.
[39] Mogilaiah K, Prashanthi M, Reddy G R, et al. Synthetic Communications, 2003, 33: 2309.
[40] (a) Kang S K, Sang S P, Kim S S, et al. Cheminform, 1999, 30: 4379. (b) Chan S C, Kim J S, Oh B H, et al. Tetrahedron, 2001, 56: 7747.
[41] 李汝雄，王建基. 化工进展，2002，21：43.
[42] (a) Ngo H L, Lecompte K, Hargens L, et al. Thermochimica Acta, 2000, 357: 97-102. (b) Dupont J. Cheminform, 2005, 36: 341.
[43] Davoodnia A, Heravi M M, Safavi-Rad Z, et al. Synthetic Communications, 2011, 42: 2588.
[44] Sheldon R A, Lau R M, Sorgedrager M J, et al. The Royal Society of Chemistry, 2002, 4: 147.

第四章

α-糜蛋白酶催化 Biginelli 反应合成 3,4-二氢嘧啶-2（1H）-酮

第一节　概述

1893 年，意大利化学家 Pietro Biginelli[1] 首次报道了在乙醇中以浓盐酸为催化剂，通过芳香醛、乙酰乙酸乙酯和尿素的三组分“一锅法”反应得到了 3,4-二氢嘧啶-2-酮衍生物，该反应即为最经典的 Biginelli 反应，如图 4-1 所示。

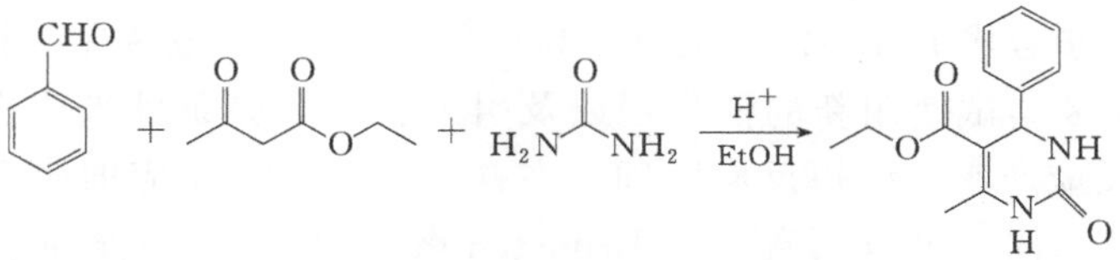

图 4-1　Biginelli 反应制备 3,4-二氢嘧啶-2-(1*H*)-酮

起初，Biginelli 反应在有机合成中并没有得到化学工作者的重视，因为该反应的收率只有 20%～50%，而且产物 3,4-二氢嘧啶-2(1*H*)-酮（3,4-dihydropyrimidine-2-(1*H*)-ketones，DHPMs）也没有得到实际应用。直到 20 世纪 80 年代，人们发现 DHPMs 具有与 1,4-二氢嘧啶衍生物相似的生理活性，并且其中的一些 DHPMs 具有显著的药理活性，如作为钙通道受体阻滞剂[2]、抗肿瘤活性[3]、抗发炎[4]、抗菌活性[5]、抗氧化性[6]、抗疟疾[7] 和抗结核活性[8] 等（图 4-2）。此外，DHPMs 的结构单元也是一种重要的药物骨架，科学家们从海洋生物中分离出了一些含有这种结构的生物碱[8]，该生物碱具有抗艾滋病的活性。

从此，DHPMs 的合成研究成为有机杂环化合物的热点之一，而 Biginelli 反应作为一步合成 DHPMs 的反应，也逐渐进入了化学工作者们的视野。但是该杂环反应在合成方面的巨大潜力并未被完全发掘，化学工作者们不仅再局限于探寻

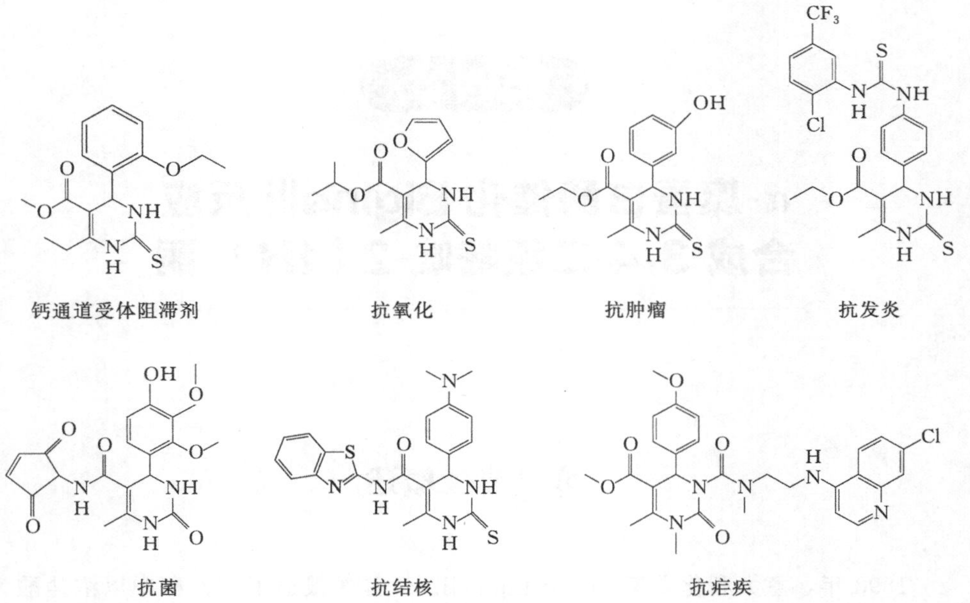

图 4-2 代表性 3,4-二氢嘧啶-2(1*H*)-酮类药物的结构式

反应的机理，而是将研究重点集中在反应条件及催化剂的优化上。Biginelli 反应作为多组分一步合成 DHPMs 的反应，具有操作简单、容易控制等特点，因此化学工作者们不断尝试使用新的催化剂以及引入新的实验条件来改进 Biginelli 反应[9]，提高反应产率，缩短反应时间。在探索 Biginelli 反应的研究进展中，根据催化体系的不同，可以大致分为 Brønsted 酸催化、Lewis 酸催化、离子液体催化和有机小分子催化等。最早用于催化的 Biginelli 反应的 Brønsted 酸是盐酸，但反应时间长，产率低，以及浓盐酸的强挥发性限制了该反应的应用。1933 年，Folkers[10] 首次报道了使用硫酸代替盐酸催化 Biginelli 反应，2011 年，Kumar 等[11] 报道了一种无溶剂条件下以磷酸为催化剂的 Biginelli 反应，在温度 80～85℃的条件下，合成了一系列新型炔基、烯基和（杂）芳基取代的 DHPMs 衍生物；与传统的 Biginelli 反应相比，该方法具有反应时间短（1～2h）和产率高（81%～88%）的优点。虽然 Brønsted 酸在 Biginelli 反应中已经有广泛的应用，但仍然存在对环境有污染、产率低等缺点；为了改进 Biginelli 反应，人们在不断尝试其他一些催化剂。近些年来，Lewis 酸催化的 Biginelli 反应呈现多样化趋势，不再以单纯的 Lewis 酸作为催化剂，很多报道都对 Lewis 酸进行了改性，或者配合其他的一些反应条件。这些催化剂提高了反应产率，对环境也更加友好一些。

离子液体是指在温度低于 100℃下完全由阴阳离子组成的液态有机熔融盐，通常由一个体积大且不对称的有机阳离子和一个无机或有机阴离子组成。相比于常规溶剂，它拥有更多的优点，例如它几乎不存在蒸气压，且有良好的溶解性、回收性和热稳定性，因此逐渐受到了化学工作者们的关注。近些年来，陆续报道了不少离子液体催化的 Biginelli 反应。例如功能化离子液体（TSILs）、H_2SO_4-[$(CH_2)_2COOH$mim] HSO_4、[BMIM][$FeCl_4$] 等[1,12]，它们都可以在短时间内催化 Biginelli 反应得到目标产物。而有机小分子催化也引起了化学工作者的关注，相比于 Lewis 酸和 Brønsted 酸催化，有机小分子催化具有反应条件温和、低毒或无毒、绿色环保等优点。

综上所述，经典的 Biginelli 反应是由醛、脲和 β-二羰基化合物在强酸条件下合成 DHPMs 的反应。而 DHPMs 类化合物在生物制药领域有着广泛的应用，可作为抗癌、抗结核、抗疟疾和抗氧化性药物等。除此之外，DHPMs 还被用于染料、黏合剂、功能化高分子聚合物和天然产物的合成等[7,13]。目前的文献报道还是多以 Brønsted 酸和 Lewis 酸为催化剂，这类催化剂存在很多不足，例如催化剂毒性大、难回收和污染环境等，而且大部分 Biginelli 反应中使用的醛都是芳香醛，而有关脂肪醛的却很少，因为脂肪醛参与的 Biginelli 反应副产物多，产率低。因此寻求一种新的、更有效的及环境友好的方法来制备 DHPMs 依然有着重要的意义。基于以上原因，本章探索了 α-糜蛋白酶催化的 Biginelli 反应，分为以下两部分内容：

（1）脂肪醛参与的 Biginelli 反应；

（2）“循环式”微波反应器中的 Biginelli 反应。

第二节　脂肪醛参与的 Biginelli 反应

本节通过 α-糜蛋白酶催化脂肪醛、二羰基化合物和尿素（或硫脲）在乙醇介质中的环缩合反应合成了一系列 DHPMs（图 4-3）。该方法适用于多种底物，尤其是脂肪醛，与传统的 Biginelli 方法相比，该方法产率高且对环境友好。

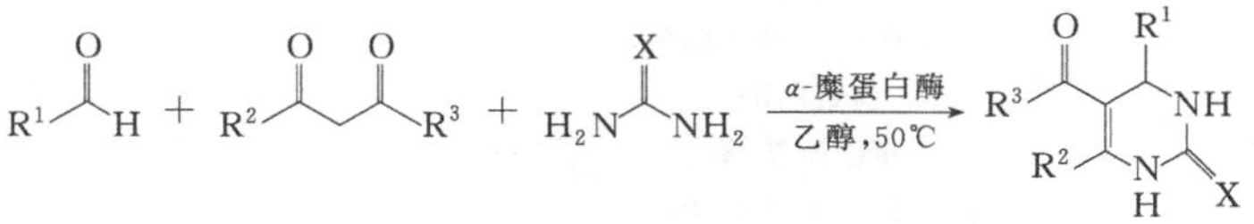

图 4-3　α-糜蛋白酶催化的 Biginelli 反应制备 3,4-二氢嘧啶-2-(1*H*)-酮

一、 3,4-二氢嘧啶-2-(1*H*)-酮的合成

在 10mL 具塞锥形瓶中，加入 0.1mmol 脂肪醛、0.15mmol 尿素（或硫脲）、0.15mmol β-酮酯、20mg α-糜蛋白酶和 2mL 乙醇，于 50℃ 恒温摇床（200r/min）中反应，通过 TLC 跟踪反应至反应完成，将混合物减压浓缩得到粗

产物，然后经硅胶填充的吸附柱色谱分离［V（石油醚）∶V（乙酸乙酯）＝1∶2］得到目标产物，并用核磁共振波谱对产物结构进行了表征。

（一）不同酶的催化效果

选用正己醛（0.1mmol）、乙酰乙酸乙酯（0.15mmol）和尿素（0.15mmol）作为模板反应底物，乙醇（2mL）为反应介质，探索了11种酶（或蛋白质）的催化活性［均在酶的最适温度下进行实验，式(4-1)］，结果如表4-1所示。在没有酶的情况下，反应108h后目标产物很少，而一些酶具有明显的催化活性，其中α-糜蛋白酶的催化活性最好，可以取得91%的产率（表4-1，序号12）。而地衣芽孢杆菌蛋白酶、牛血清白蛋白和木瓜蛋白酶均无催化活性（表4-1，序号2～4）；荧光假单胞菌脂肪酶、爪哇毛霉脂肪酶和黑曲霉脂肪酶催化活性较差（表4-1，序号9～11）；胰酶、南极假丝酵母脂肪酶、胰蛋白酶和猪胰脂肪酶（表4-1，序号5～8）具有中等偏低的催化活性。为了验证酶的特定空间结构在该反应中的必要性，进行了一些对照实验，当α-糜蛋白酶失活时（在100℃条件下，8mol/L尿素溶液处理8h），仅检测到少量的目标产物（表4-1，序号13），上面也提到了牛血清白蛋白对该反应没有任何的催化活性，这表明α-糜蛋白酶的特定结构是进行该生物催化反应所必需的。

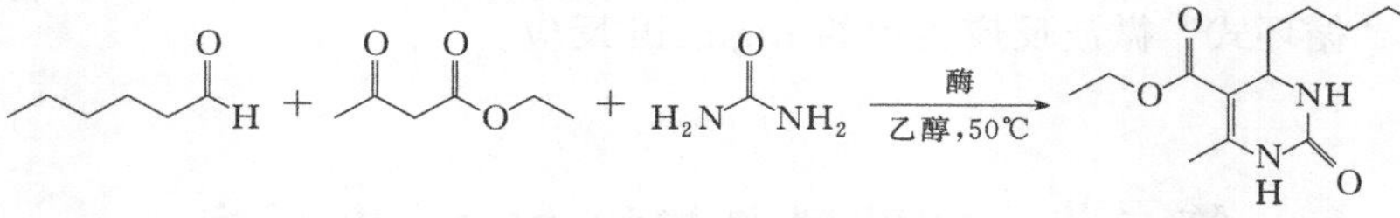

(4-1)

表4-1 不同酶的催化活性

序号	催化剂	温度/℃	产率/%
1	空白(无催化剂)	—	<5
2	地衣芽孢杆菌蛋白酶	37	0
3	牛血清白蛋白	39	0
4	木瓜蛋白酶	55	0
5	胰酶	38	29
6	南极假丝酵母脂肪酶	37	31
7	胰蛋白酶	38.5	51
8	猪胰脂肪酶	38	74
9	荧光假单胞菌脂肪酶	30	<5
10	爪哇毛霉脂肪酶	40	<5
11	黑曲霉脂肪酶	28	<5
12	α-糜蛋白酶	38.5	91
13	失活的α-糜蛋白酶	—	<5

（二）反应介质及温度对模板反应的影响

反应介质及温度在酶促反应中起着重要的作用，因为它们影响反应速率和酶的稳定性[14]。因此，我们考察了不同的溶剂和反应温度对 α-糜蛋白酶催化模板反应的影响，结果如表 4-2 所示。结果表明，溶剂极性和温度对该反应的影响都较大，在乙醇、甲醇等强极性质子型有机溶剂中效果较好（表 4-2，序号 1 和 5）；在弱极性的二氯甲烷、三氯甲烷和正己烷中无产物生成（表 4-2，序号 10、11 和 14）；而在强极性无机溶剂——水中反应效果很差，这可能与底物的溶解性有关。考虑介质含水量对酶活性的重要影响，向乙醇中加入了少量水，产率急剧下降（表 4-2，序号 18）。最终选择乙醇作为该反应的最佳溶剂。另外，随着反应温度的降低，产率显著降低（表 4-2，序号 2～5）。当温度为 30℃时，仅检测到少量产物（表 4-2，序号 2），当温度升高至 55℃或 60℃时，产率也有所下降（表 4-2，序号 6 和 7），可能是因为酶长时间在高温环境下容易失活。因此，选择 50℃作为最佳温度。

表 4-2 溶剂和反应温度对 α-糜蛋白酶催化模板反应的影响

序号	溶剂	温度/℃	产率/%
1	甲醇	50	84
2	乙醇	30	<5
3	乙醇	37	13
4	乙醇	45	51
5	乙醇	50	91
6	乙醇	55	87
7	乙醇	60	61
8	水	50	0
9	四氢呋喃(THF)	50	79
10	二氯甲烷	50	0
11	三氯甲烷	50	0
12	*N*,*N*-二甲基甲酰胺(DMF)	50	34
13	乙腈	50	62
14	正己烷	50	0
15	二氧六环	50	23
16	二甲基亚砜(DMSO)	50	71
17	丙酮	50	24
18	乙醇＋水(0.2mL)	50	17

（三）酶用量对模板反应的影响

为了进一步优化实验条件，还研究了酶用量对模板反应产率的影响，结果如图 4-4 所示，当酶用量为 20mg（即 10mg/mL）时，反应效果最佳。

（四）底物摩尔比对模板反应的影响

底物摩尔比也是影响反应的一个重要因素，因此在上述条件下继续优化底物摩尔比（表 4-3）。当正己醛的量增加时，产率有所降低；相反，当乙酰乙酸乙酯和尿素的量增加时，目标产物的产率升高；当底物摩尔比为 1∶1.5∶1.5（正己醛∶乙酰乙酸乙酯∶尿素），反应效果最好（表 4-3，序号 7）。

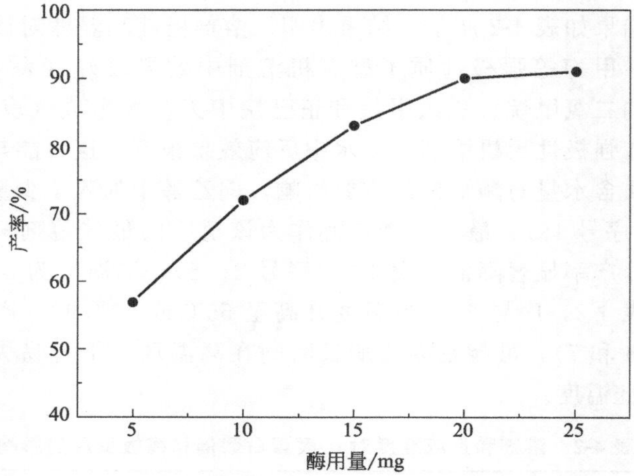

图 4-4 酶用量对模板反应产率的影响

表 4-3 底物摩尔比对模板反应的影响

序号	正己醛/mmol	乙酰乙酸乙酯/mmol	尿素/mmol	产率/%
1	1	1	1	51
2	1.5	1	1	42
3	2	1	1	35
4	1	1.5	1	87
5	1	2	1	87
6	1	1	1.5	85
7	1	1.5	1.5	91
8	1	2	2	84

(五) 底物拓展

在最佳反应条件下拓展了一系列底物，均取得了优异的产率，结果如表 4-4 所示。除了脂肪族的二羰基化合物外，苯甲酰丙酮也可用作该反应的底物，得到了相应的 3,4-二氢嘧啶-2（1*H*）-酮产物，产率为 85%～91%（表 4-4，**4u～4x**）。有趣的是，当尿素被硫脲取代时，也获得了类似的结果，这意味着尿素中的氧原子被硫取代后对产率没有明显的影响（表 4-4，**4a～4b**，**4y～4z**）。

表 4-4 α-糜蛋白酶催化 Biginelli 反应的底物普适性

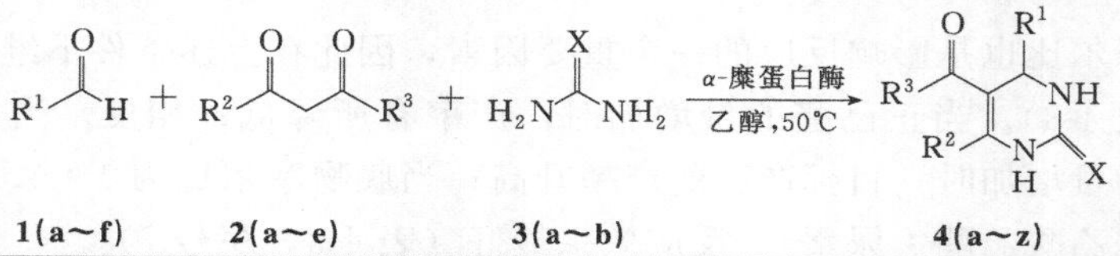

1(a～f) **2(a～e)** **3(a～b)** **4(a～z)**

续表

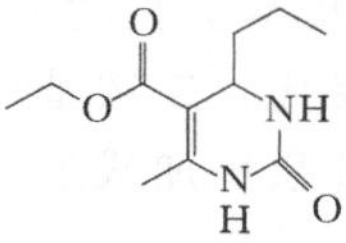
4a:88%

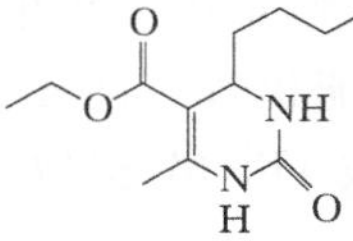
4b:90%

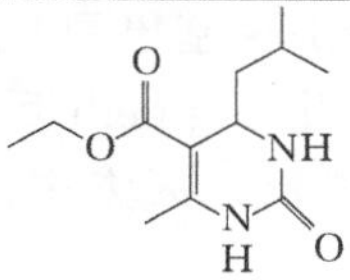
4c:87%

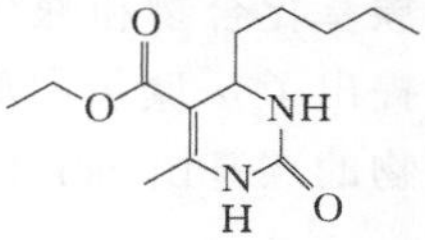
4d:91%

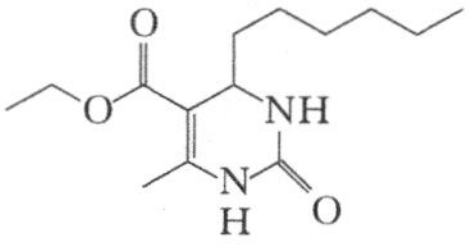
4e:89%

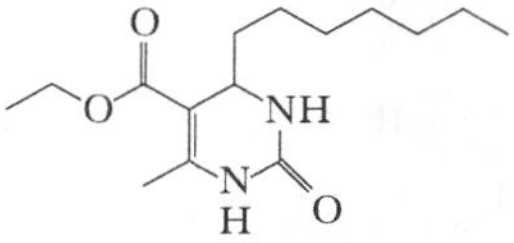
4f:89%

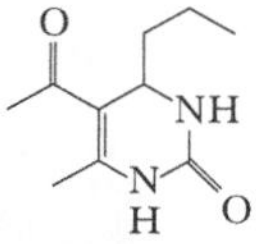
4g:92%

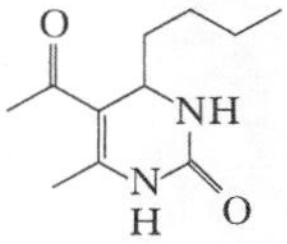
4h:94%

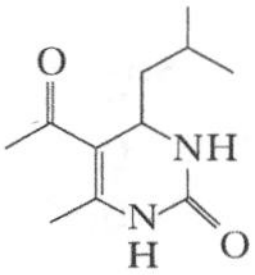
4i:90%

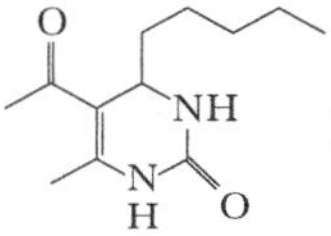
4j:96%

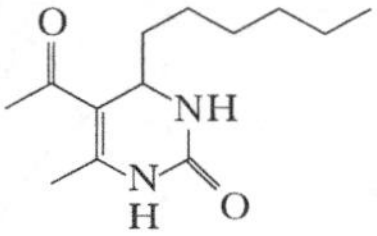
4k:95%

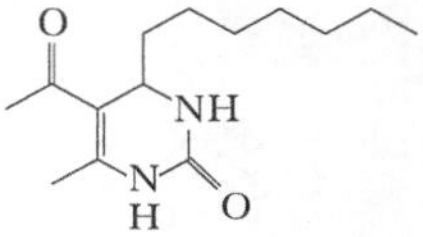
4l:94%

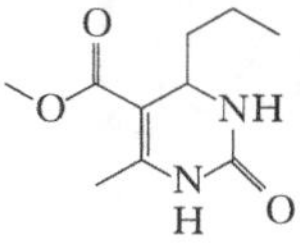
4m:90%

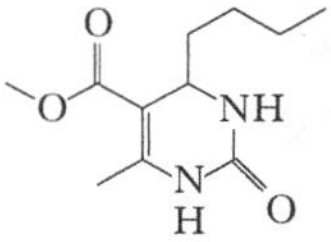
4n:91%

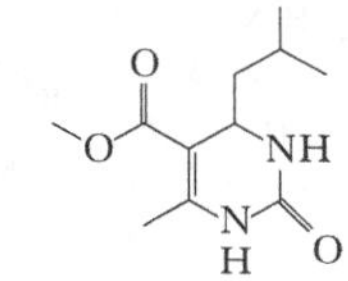
4o:88%

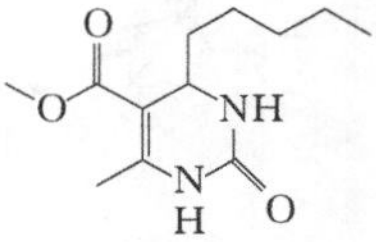
4p:92%

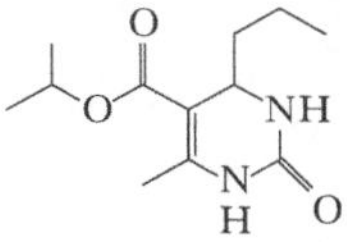
4q:86%

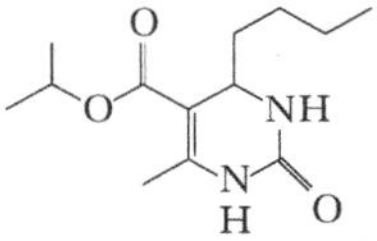
4r:87%

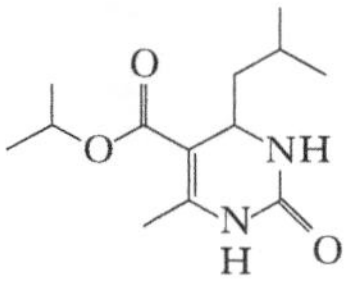
4s:90%

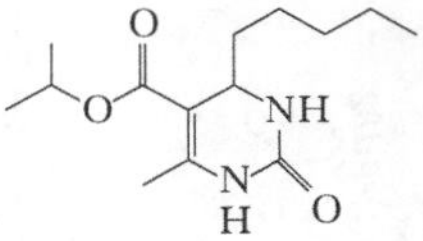
4t:91%

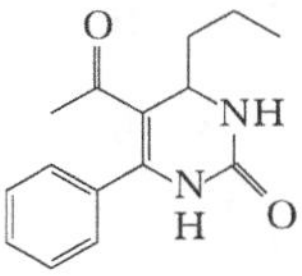
4u:87%

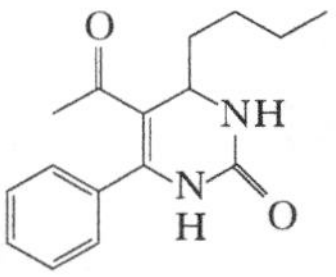
4v:87%

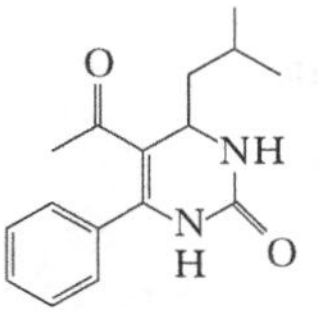
4w:85%

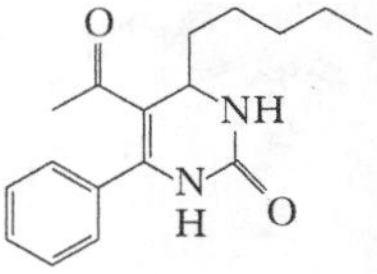
4x:90%

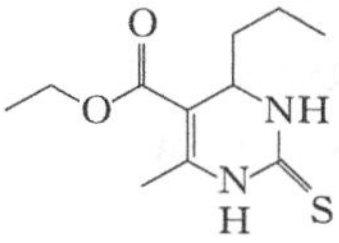
4y:86%

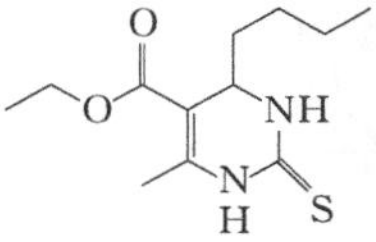
4z:87%

二、反应机理的推测

作为丝氨酸蛋白酶家族的一员，α-糜蛋白酶是由 245 个氨基酸组成的多肽链，His-57、Asp-102 和 Ser-195 构成了催化三联体[15]。结合 α-糜蛋白酶催化二羰基化合物和脲合成 β-脲基巴豆酸酯的实验结果（第九章）及本实验的数据，提出了 α-糜蛋白酶催化 Biginelli 反应的可能机理（图 4-5）。首先，二羰基化合物的羰基由 Ser-195 激活，尿素中的质子被 His-57 提取，通过亲核加成形成亚

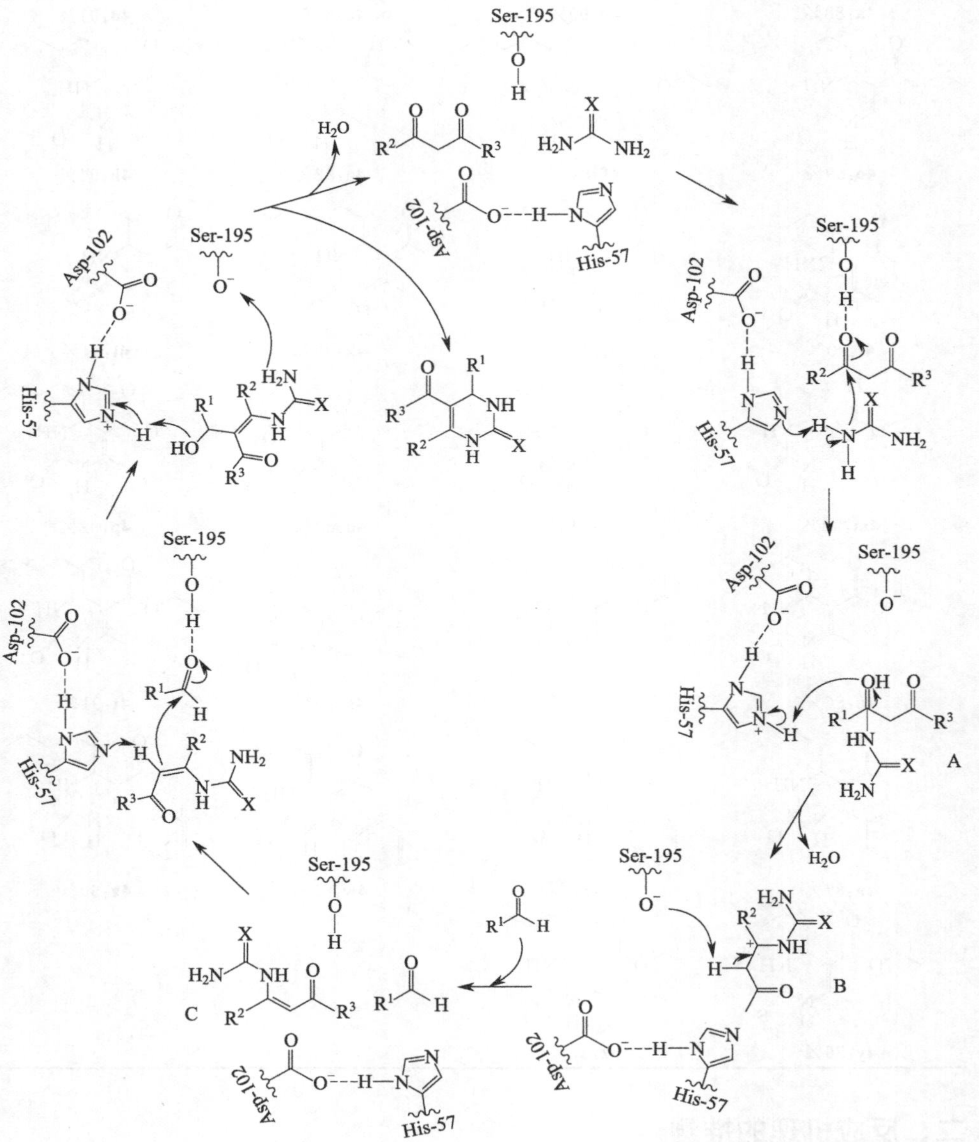

图 4-5　α-糜蛋白酶催化 Biginelli 反应的可能机理

氨基酯；然后，中间体 A 通过脱水转化为中间体 B，并且在 His-57 的存在下，由 B 形成中间体 C。最后，中间体 C 与醛通过类似的机理形成目标产物。

第三节　“循环式”微波反应器中的 Biginelli 反应

一、引言

微波（Microwave）辐射是提高化学反应速率的有效方法，并且在某些情况下可改善反应结果[16]。微波已被证明是非常有用且清洁的加热、提取或合成工具，可用于多肽合成[17]、药物分子合成[17]、食品提取和分离[18]、多肽水解[19]、精油分离[20] 和材料化学[21] 等领域。但是，到底是否存在微波特异性效应这个问题引起了研究人员的热烈讨论[22]，最近的一些报道表明这种效应是可能存在的，因为他们发现微波辐射对反应活化能几乎没有影响，或者在少数情况下只有中等效应，但它提供了足够的能量来克服能量壁垒[23]。微波能比常规加热更快地使反应完成，可能是因为能量吸收导致了参与反应的官能团与周围反应物的反应性高于在相同温度下常规加热的反应性。另有报道称，通过使用受控微波辐射可以增强酶的活性，并表明这些效应源于非热效应[24]。

本研究以 α-糜蛋白酶为催化剂，借助“循环式”微波反应器，开发了一种通过一锅三组分 Biginelli 反应合成 DHPMs 的绿色高效方法（图 4-6）。相对于传统加热及“釜式”微波加热，在“循环式”微波反应器中更有利于微波功率的提升和微波非热效应的发挥，因而取得了优异的结果。对模板反应而言，油浴加热反应 96h，产率为 63%；在“釜式”微波反应器中反应 100min，无明显产物生成；但在“循环式”微波反应器中反应 55min，即可得到高达 86%的产率。

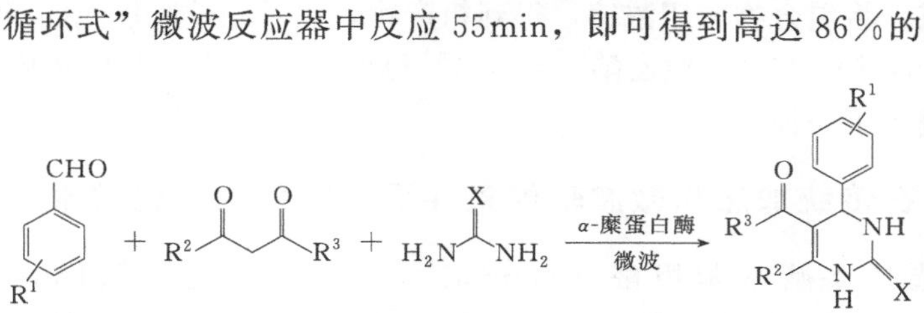

图 4-6　循环式微波反应器中 α-糜蛋白酶催化的 Biginelli 反应

二、“循环式”微波反应系统的构建

首先，对传统的“釜式”微波反应器进行了改装，使其满足“连续式”反应的需要，连续式微波反应器方便将“微波加热”与“冷却降温”过程巧妙结合，既可防止酶的热变性，又有利于微波非热效应的发挥。实验装置如图 4-7 所示，它由微波反应系统、冷却系统和循环系统组成。从微波反应管流出的反应液经冷却系统降温后，再循环回微波反应管，因为这时反应液的温度较低，所以在设定的恒定温度下，可以以较高的微波功率进行加热，有利于微波非热效应及微波与酶协同效应的发挥，因而反应效果较好。

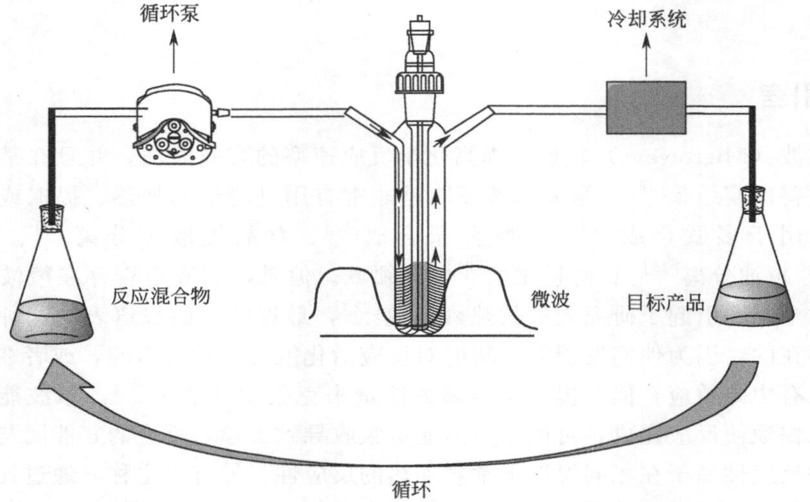

图 4-7　“循环式”微波反应器结构示意图

三、3, 4-二氢嘧啶-2-（1*H*）-酮的合成

在微波反应管中加入 1mmol 芳香醛、1.3mmol 尿素或硫脲、1mmol *β*-酮酯、120mg *α*-糜蛋白酶和 40mL 乙醇，于 55℃反应 55min，通过 TLC 跟踪反应至反应完成，将混合物减压浓缩，得到粗产物，然后经硅胶填充的吸附柱色谱分离［*V*（石油醚）∶*V*（乙酸乙酯）=1∶2］得到目标产物，并用核磁共振波谱对产物结构进行了表征。

（一）在传统加热和微波辐射条件下不同酶的催化效果

首先选择 4-硝基苯甲醛（1mmol）、乙酰乙酸乙酯（1mmol）和尿素（1.3mmol）为模板反应底物，乙醇（40mL）为反应介质，考察了在 55℃油浴加热和微波辅助加热时，不同酶催化合成 DHPMs 的活性，结果如表 4-5 所示。油浴加热时，*α*-糜蛋白酶的催化效果最好（表 4-5，序号 2），胰蛋白酶和猪胰脂肪酶稍次（表 4-5，序号 3 和 4），而其他酶的催化活性都较低。而在“循环式”微波反应器中，*α*-糜蛋白酶的催化效果则显著提升，同样在 55℃，反应 55min 即可取得高达 86%的目标产物（表 4-5，序号 2）；但在“釜式”微波反应器中反应 100min，并无明显的产物生成（数据未给出）。因为在“釜式”微波反应器中，温度达到设定的 55℃，微波反应器便以较低的微波功率维持温度恒定，但在“循环式”微波反应器中，经冷却系统降温后反应液的温度较低，所以当反应液重新循环回微波反应管后，微波反应器便自动调整至较高的功率进行加热，因而反应效果较好。同样是在“循环式”微波反应器中，如果不加酶，微波辐射 60min 并无产物生成（表 4-5，序号 1）。以上结果说明，该反应是 α-糜蛋白酶催化的过程，但在微波非热效应的影响下，α-糜蛋白酶的催化活性显著提高。

为了排除一些非酶组分催化反应的可能性，使用牛血清白蛋白代替 α-糜蛋白酶作为催化剂，但没有获得目标产物（表 4-5，序号 7）；同时，变性的 α-糜蛋白酶（在 100℃条件下，8mol/L 尿素溶液处理 8h）也仅有微量的产物被检测到（表 4-5，序号 10）；这些结果表明该催化作用来自酶本身而不是非酶组分。

表 4-5 油浴加热和微波辐射条件下不同酶的催化活性

序号	酶	油浴加热		微波加热	
		时间/h	产率/%	时间/min	产率/%
1	空白(无催化剂)	72	<5	60	0
2	α-糜蛋白酶	96	63	55	86
3	胰蛋白酶	96	33	70	13
4	猪胰脂肪酶	96	28	70	<5
5	酰基转移酶	72	<5	70	<5
6	南极假丝酵母脂肪酶	72	<5	70	0
7	牛血清白蛋白	72	<5	70	0
8	木瓜蛋白酶	72	<5	70	0
9	荧光假单胞菌脂肪酶	72	<5	70	0
10	失活的 α-糜蛋白酶	72	<5	70	<5

（二）溶剂对模板反应产率的影响

反应介质被认为是影响酶催化活性的最重要因素之一，因为它们对反应速率和酶的稳定性均有影响[14]。接下来考察了在不同反应介质中，微波辅助 α-糜蛋白酶催化 Biginelli 反应的效果。结果如表 4-6 所示，该模板反应可以在多数常见的极性有机溶剂中进行，其中在甲醇、乙醇和二甲基亚砜（DMSO）效果较好，可取得 77%～86%分离产率（表 4-6，序号 1，2 和 10）。在 *N*,*N*-二甲基甲酰胺（DMF）、乙腈、四氢呋喃（THF）和丙酮等溶剂中，仅检测到少量产物（表 4-6，序号 5～8）。而使用水作为反应介质时无目标产物生成（表 4-6，序号 4），这可能与反应底物的溶解性有关。另外，当向乙醇中加入 1mL 水时，产率从 86%降至 54%（表 4-6，序号 2 和 12）。因此，选择乙醇作为最佳反应介质。

表 4-6　溶剂对模板反应的影响

序号	溶剂	产率/%
1	甲醇	85
2	乙醇	86
3	正丁醇	61
4	水	0
5	DMF	23
6	乙腈	45
7	四氢呋喃	12
8	丙酮	37
9	四氯化碳	0
10	DMSO	77
11	正己烷	0
12	乙醇＋水(1mL)	54

(三) 微波功率对模板反应的影响

在设定的恒定温度下，通过改变反应液的循环速度自动调节微波辐射功率，在不同功率时的反应结果如图 4-8 所示。当微波功率在 0～300W 范围变化时，反应效果呈现为“桥型”曲线，其中在 110W 时反应效果最好。当微波功率低于 90W 时，酶的活性较差；当微波功率在 100～250W 范围时，酶的活性较高；但如果进一步提高微波功率，酶的活性则会迅速降低，可能是因为过高的功率会迅速导致酶变性失活。因此，110W 被选作最佳的微波辐射功率。

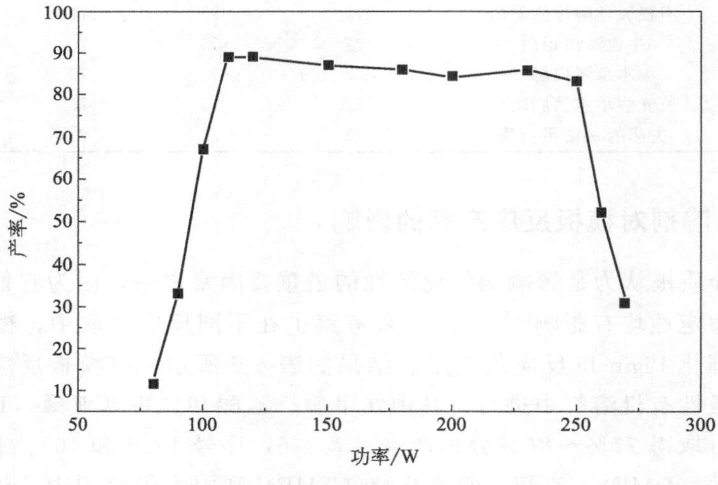

图 4-8　微波功率对模板反应的影响

(四) 温度对模板反应的影响

由 20～60min 时间范围内的温度-时间曲线（图 4-9）可知，随着反应时间的延长，不同温度下反应的产率都会增加；在 20～45min 内，55℃和 60℃的反应效果无明显差异，继续延长反应时间，55℃时的优势则比较明显。

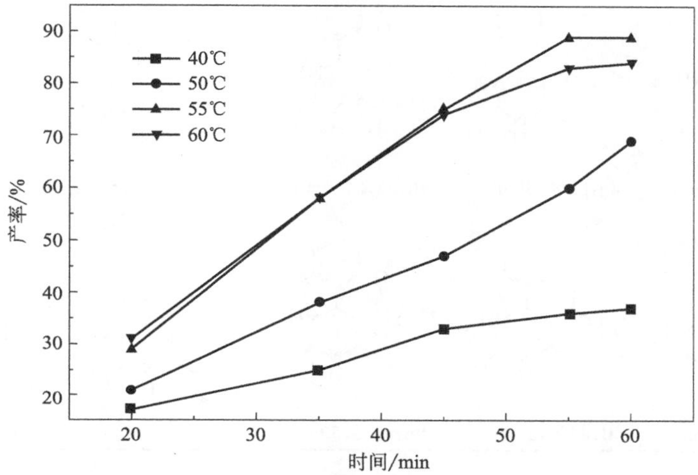

图 4-9　温度对模板反应的影响

（五）底物拓展

在最佳反应条件下拓展了一系列反应底物，结果如表 4-7 所示。多种芳香醛、二羰基化合物、脲和硫脲都能参与反应，并以优异的产率得到了目标产物。

表 4-7　微波辅助 α-糜蛋白酶催化 Biginelli 反应的底物普适性

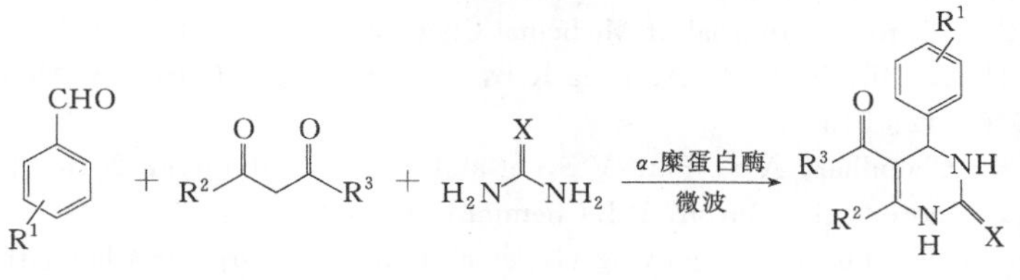

1(a～m)　2(a～b)　3(a～b)　4(a～o)

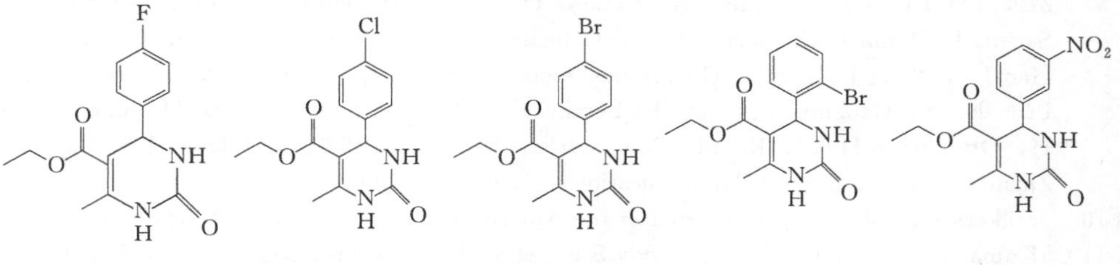

4a:90%,55min　**4b**:89%,55min　**4c**:91%,55min　**4d**:92%,55min　**4e**:89%,55min

续表

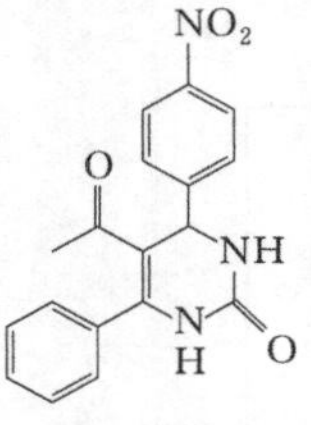	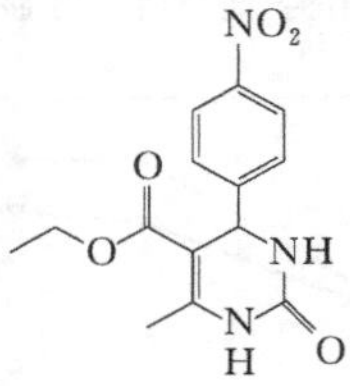	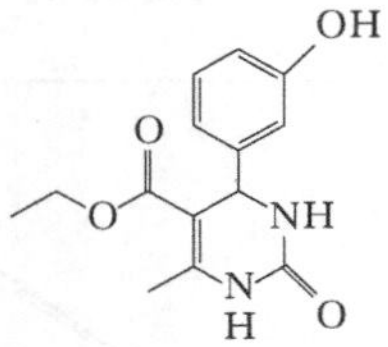	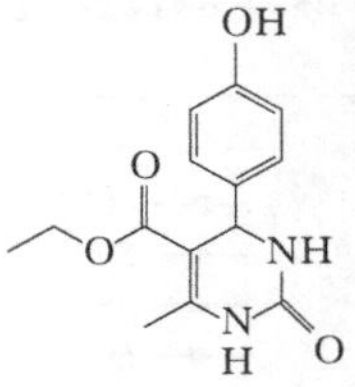	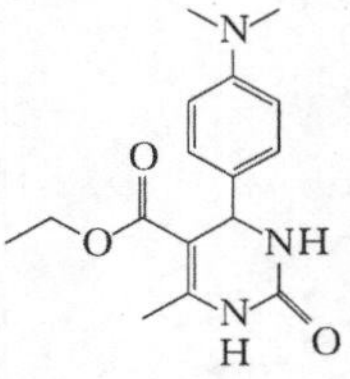
4f:92%,55min	**4g**:89%,55min	**4h**:93%,50min	**4i**:94%,50min	**4j**:96%,50min
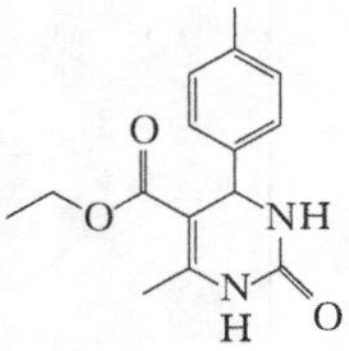	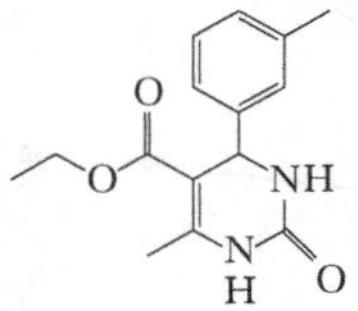	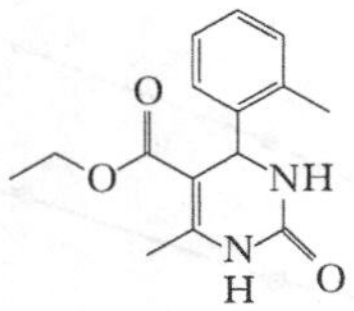	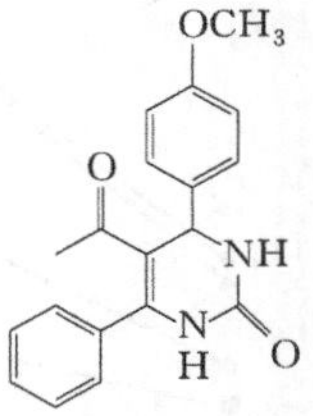	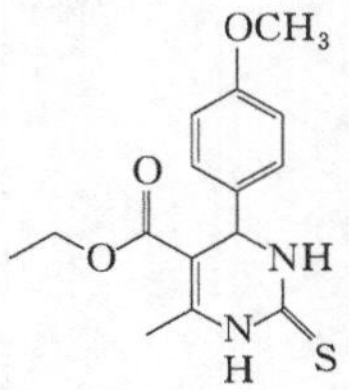
4k:93%,50min	**4l**:85%,50min	**4m**:87%,50min	**4n**:92%,50min	**4o**:92%,50min

参考文献

[1] Gholap A R, Venkatesan K, Daniel T, et al. Green Chemistry, 2004, 6: 147.

[2] Narahashi T. Drugs Acting on Calcium Channels, 1988: 255.

[3] Makoto K, Naoki W. Tanpakushitsu Kakusan Koso Protein Nucleic Acid Enzyme, 2007, 52: 1796.

[4] Osuagwu F C, Owoeye O, Avwioro O G, et al. African Journal of Medicine & Medical Sciences, 2007, 36: 103.

[5] Kappe C O. European Journal of Medicinal Chemistry, 2000, 35: 1043.

[6] Stefani H A, Oliveira C B, Almeida R B, et al. European Journal of Medicinal Chemistry, 2006, 41: 513.

[7] Patil S R, Choudhary A S, Patil V S, et al. Fibers & Polymers, 2015, 16: 2349.

[8] Heys L, Moore C G, Murphy P J. Cheminform, 2000, 29: 57.

[9] (a) Fu-An K, Jason K, Qunying G, et al. Journal of Organic Chemistry, 2005, 70: 1957. (b) Gedye R, Smith F, Westaway K, et al. Tetrahedron Letters, 1986, 27: 279. (c) Eynde J J V, Hecq N, Kataeva O, et al. Tetrahedron, 2001, 57: 1785. (d) Saxena I, Borah D C, Sarma J C. Tetrahedron Letters, 2005, 46: 1159. (e) Li J T, Han J F, Yang J H, et al. Ultrasonics Sonochemistry, 2003, 10: 119. (f) Bose A K, Pednekar S, Ganguly S N, et al. Cheminform, 2005, 45: 8351. (g) Hermkens P H H, Ottenheijm H C J, Rees D. Tetrahedron, 1996, 52: 4527. (h) Quan Z J, Da Y X, Zhang Z, et al. Catalysis Communications, 2009, 10: 1146.

[10] Folkers K, Johnson T B. Journal of the American Chemical Society, 1932, 55: 3784.

[11] Kumar P M, Kumar K S, Poreddy S R, et al. Tetrahedron Letters, 2011, 52: 1187.

[12] (a) Dong F, Zhang D Z, Liu Z L. Cheminform, 2010, 41: 419. (b) Sheldon

R. Chemical Communications，2001，23：2399.（c）Yu Y，Liu D，Liu C，Luo G. Cheminform，2007，17：3508.（d）Chen X，Peng Y. Catalysis Letters，2008，122：310.（e）Jain S，Joseph J，Sain B. Catalysis Letters，2007，115：52.（f）Legeay J C，Eynde J J V，Bazureau J P. Tetrahedron，2008，64：5328.（g）Shaabani A，Rahmati A. Catalysis Letters，2005，100：177.（h）Bahekar S S，Kotharkar S A，Shinde D B. Mendeleev Communications，2004，14：210.

[13] （a）Yuan Z，Wu H，Zhang Y，et al. Acs Macro Letters，2015，4：843.（b）Zhang X，Wang K，Liu M，et al. Nanoscale，2015，7：11486.（c）Wu H，Fu C，Yuan Z，et al. Acs Macro Letters，2015，4：1189.（d）Makarieva T N，Tabakmaher K M，Guzii A G，et al. Journal of Natural Products，2011，74：1952.

[14] Xie Z B，Wang N，Zhou L H，et al. ChemCatChem，2013，5：1935.

[15] （a）Ying L，Liu R. Food & Chemical Toxicology，2012，50：3298.（b）Xie Z B，Sun D Z，Jiang G F，et al. Molecules，2014，19：19665.

[16] Chen C C，Reddy P M，Devi C S，et al. Enzyme & Microbial Technology，2016，82：164.

[17] Yadav G D，Hude M P，Talpade A D. Chemical Engineering Journal，2015，281：199.

[18] Xu L，He W J，Lu M，et al. Industrial Crops & Products，2018，117：179.

[19] Mazinani S A，Delong B，Yan H. Tetrahedron Letters，2015，56：5804.

[20] Zhang Y H，Xia X X，Duan M H，et al. Journal of Molecular Catalysis B：Enzymatic，2016，123：35.

[21] Bhavsar K V，Yadav G D. Biocatalysis & Agricultural Biotechnology，2018，14：264-269.

[22] Pellis A，Guebitz G M，Farmer T J. Molecules，2016，21：1245.

[23] Dahai Y U，Wang C，Yin Y，et al. Green Chemistry，2011，13：1869.

[24] Yu D，Wang Y，Wang C，et al. Journal of Molecular Catalysis B：Enzymatic，2012，79：8.

第五章

α-糜蛋白酶催化环缩合反应合成2,3-二氢喹唑啉-4(1*H*)-酮

一、概述

2,3-二氢喹唑啉-4（1*H*）-酮衍生物因具有诸多生物药理活性，而成为合成研究人员探究的热点[1]。许多喹唑啉酮衍生物的药物活性已被证实，如抗疟[2]、消炎[3]、抗惊厥[4]、抑制高血压[5]、治疗糖尿病[6]、抑制胆碱酯酶[7]和消除癌细胞[8]等，受到广大化学家的关注。同时，部分喹唑啉酮及其衍生物，例如2，2，4-三甲基-1,2-二氢化喹啉聚合体对还原二氢叶酸具有抑制作用，因此也被用作激酶抑制剂[9]。喹唑啉酮及其衍生物也是150多种天然生物碱的基本组成部分[10]，某些掺入喹唑啉酮结构的化合物，如雷替曲塞等药物具有抗肿瘤活性[11]。由于喹唑啉酮及其衍生物具有诸多的应用价值，一直是合成化学家研究的热门话题。喹唑啉酮衍生物在生物学、农药和医药领域的潜在应用也已被探索，药物化学家通过使用已开发的合成方法将各种活性基团嫁接到喹唑啉酮结构上，来合成多种具有不同生物活性的喹唑啉化合物[12]。许多类型的催化剂被用于催化合成这类物质，目前所报道的2,3-二氢喹唑啉-4（1*H*）-酮衍生物合成方法中，仍以化学催化剂为主，其中的离子液体和新型纳米复合材料在一定程度上实现了合成方法的绿色化，但是催化剂的制备过程复杂、价格昂贵、后处理困难，且有些催化剂在回收的过程中会释放有害气体[13]。目前2,3-二氢喹唑啉-4（1*H*）-酮衍生物的合成存在着诸多限制，而酶作为绿色催化剂，来源广泛、无需合成、使用方便，且对环境影响较小，是传统催化剂最理想的替代品。

基于此，我们研究了酶催化邻氨基苯甲酰胺与醛类化合物缩合合成2,3-二氢喹唑啉-4（1*H*）-酮类化合物的绿色方法（图5-1）。结果表明α-糜蛋白酶对这一反应具有较好的催化活性，反应30～60min即可获得一系列产率高达90%～98%的目标产物。同时对酶回收利用的可行性进行了探究，用海藻酸钠对α-糜蛋白酶进行了固定化（固定化酶技术，即用固体材料将酶定位于限定的空间区域内，使其保持本身的催化能力并可回收重复利用的一项技术[14]）。结果显示，固定化α-糜蛋白酶回收利用3次其催化能力有一定的损失。

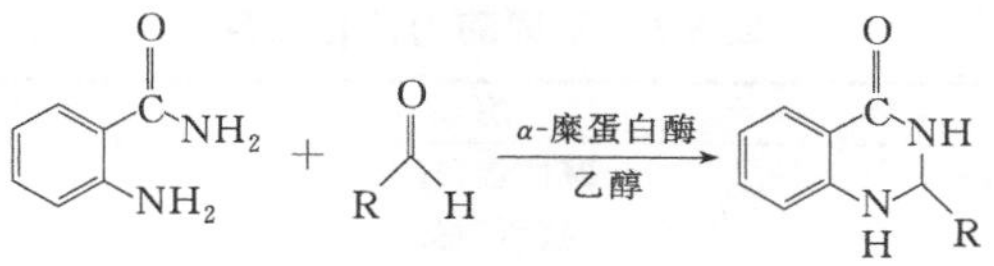

图 5-1　α-糜蛋白酶催化合成 2，3-二氢喹唑啉-4（1H）-酮衍生物

二、海藻酸钠固定化 α-糜蛋白酶的制备

首先配制 pH＝6 的柠檬酸-柠檬酸钠缓冲液 250mL，10％的 α-糜蛋白酶溶液 25mL（以缓冲溶液作溶剂），4％的海藻酸钠水溶液 50mL，2％的氯化钙水溶液 300mL。

然后分别取 20mLα-糜蛋白酶溶液、25mL 海藻酸钠溶液和 5mL 缓冲溶液置于 50mL 的烧杯中，搅拌均匀，振荡至气泡消失；用 5mL 的注射器吸取并逐滴滴入 2％的氯化钙水溶液，固化 1h 后过滤，室温干燥 10h，即得球状的固定化 α-糜蛋白酶。

三、 2，3-二氢喹唑啉-4（1H）-酮衍生物的合成方法

在 25mL 的圆底烧瓶中，加入 1mmol 2-氨基苯甲酰胺、1.8mmol 芳香醛（或脂肪醛）、20mg α-糜蛋白酶（或固定化 α-糜蛋白酶）和 10mL 乙醇，磁力搅拌下于油浴中加热，TLC 跟踪反应进程（展开剂为氯仿：乙酸乙酯＝4：1，体积比）。反应结束后向反应瓶中加入 15mL 蒸馏水，待反应液冷却后，过滤、干燥，即可得到纯净的目标产物，无需进一步纯化。产物用核磁共振波谱进行表征。

（一）酶的筛选

首先选择 2-氨基苯甲酰胺（1mmol）和 4-甲基苯甲醛（1mmol）为模板反应底物，以乙醇（10mL）为反应介质，酶用量为 2.0mg/mL，在 40℃油浴中磁力搅拌反应 60min 考察不同酶的催化效果，结果如表 5-1 所示。由表中数据可知，α-糜蛋白酶对模板反应表现出了较好的催化活性，产物收率为 62％（表 5-1，序号 8）；而其他酶仅获得了 5％～13％的产率，多数与无催化剂条件下的结果相当。为了进一步确定 α-糜蛋白酶对模板反应的催化能力，进行了几组对照试验。分别用牛血清白蛋白和失活的 α-糜蛋白酶（经 8mol/L 尿素溶液，110℃温度下处理）催化模板反应，所获得的产物收率均为 6％，与空白实验 5％的产率相近，从而可以排除氨基酸和酶的非特异性空间结构催化模板反应的可能性，证实了 α-糜蛋白酶的催化能力是酶独特的活性中心所起的作用。通过对酶种类的筛选，α-糜蛋白酶被选为最佳的催化剂，并进行下一步反应条件的优化。

表 5-1 不同酶的催化效果

序号	酶	产率/%
1	碱性蛋白酶	5
2	胰蛋白酶	13
3	木瓜蛋白酶	9
4	蜂蜜曲霉蛋白酶	7
5	木瓜乳蛋白酶	6
6	佐氏曲霉蛋白酶	6
7	地衣芽孢杆菌蛋白酶	7
8	α-糜蛋白酶	62
9	牛血清白蛋白	6
10	失活的 α-糜蛋白酶	6
11	空白(无催化剂)	5

(二) 温度对反应的影响

温度是酶促反应中一个极其重要的影响因素，确定了最佳催化剂后，在不同的温度下探究了 α-糜蛋白酶的催化能力，结果如表 5-2 所示。在 30～70℃一系列温度下分别获得了15%、62%、76%、89%和 85%的产率；在 30℃时，α-糜蛋白酶的催化活性较弱，所得产率最低；随着温度升高至 60℃，产率急剧增加到 89%；而随着温度的进一步升高，产率却降至 85%，可能是因为在 70℃的较高温度下，α-糜蛋白酶会发生构象变化而导致催化活性降低，产率也随之减少。综上数据可以看出，在 60℃时，α-糜蛋白酶的活性最强，产率最高，因此，选择 60℃作为最佳的反应温度。

表 5-2 温度对模板反应的影响

序号	温度/℃	产率/%
1	30	15
2	40	62
3	50	76
4	60	89
5	70	85

(三) 酶用量对反应的影响

接下来探究了酶用量对反应的影响，实验结果如表 5-3 所示，从表中数据可以看出，未加 α-糜蛋白酶时，仅取得 5%的产率；当加入 0.5mg/mL α-糜蛋白酶时，产率显著增加至 77%，α-糜蛋白酶表现出了极佳的催化能力；继续增加酶用量至 1.0mg/mL，产率达到 83%；而酶用量继续增加到 1.5mg/mL 和 2.0mg/mL 时，产率增加已不太明显，分别为 85%和 89%；当催化剂量为 2.5mg/mL 时，产率与 2.0mg/mL 酶用量条件下几乎相当。因此，选择 2.0mg/mL 的量作为最佳酶用量。

表 5-3　酶用量对模板反应的影响

序号	酶用量/(mg/mL)	产率/%
1	0	5
2	0.5	77
3	1.0	83
4	1.5	85
5	2.0	89
6	2.5	88

（四）底物摩尔比对反应的影响

底物的摩尔比也是影响反应产率的一个重要因素。在以上筛选出的最佳酶、温度和酶用量条件下，改变了底物摩尔比，结果如表 5-4 所示。在 2-氨基苯甲酰胺/4-甲基苯甲醛摩尔比为 1∶1.2 时，得到 89%的产率；而改变摩尔比分别为 1∶1.4、1∶1.6、1∶1.8 时，产率不断提高，分别为 92%、95%、98%；当摩尔比为 1∶1.8 时，产率达到了最高值 98%；而继续调整摩尔比为 1∶2.0 时，产率仍为 98%。综上数据，选择 1∶1.8 作为最佳的底物摩尔比，进行下一步实验。

表 5-4　底物摩尔比对模板反应的影响

序号	底物摩尔比/(mmol/mmol)	产率/%
1	1∶1	80
2	1∶1.2	89
3	1∶1.4	92
4	1∶1.6	95
5	1∶1.8	98
6	1∶2.0	98

（五）底物拓展

通过以上实验确定了最佳的反应条件，即烧瓶中加入 2-氨基苯甲酰胺（1mmol）、醛（1.8mmol）、α-糜蛋白酶（2.0mg/mL）和乙醇（10mL），在 60℃油浴中磁力搅拌下进行反应。在此基础上，进一步探究了 α-糜蛋白酶对底物醛的催化范围，不同种类的芳香醛和脂肪醛被用于实验研究，结果如表 5-5 所示。α-糜蛋白酶对芳香醛和脂肪醛均表现出了较好的催化活性，对芳香醛而言，苯环上的取代基对反应并无太大的影响，连吸电子基团和给电子基团的芳香醛均得到了较高的产率；连吸电子基团，如 4-Cl、2-Cl、3-Br、2-Br 苯甲醛的反应产率分别为 96%、98%、96%和 98%；苯环上连有 4-CH_3、3-CH_3、3-OH 和 2-OH 等给电子基团时则获得了 95%～98%的产率。同时，正己醛和正辛醛也被用作反应底物，所得产率分别为 90%和 98%，只是正己醛作为反应底物时，反应时间略长一些，为 60min。另外，杂环芳香醛——2-呋喃甲醛也被用作反应底物，但仅有少量的产物生成（结果未列出）。

表 5-5　α-糜蛋白酶催化合成 2，3-二氢喹唑啉-4（1*H*）-酮的底物普适性

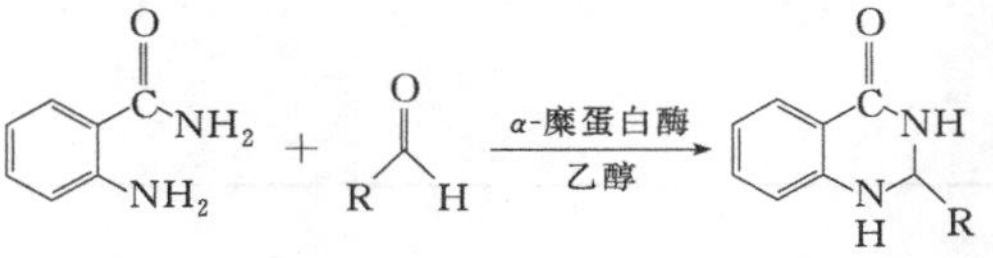

1(a)　　**2(a～n)**　　**3(a～n)**

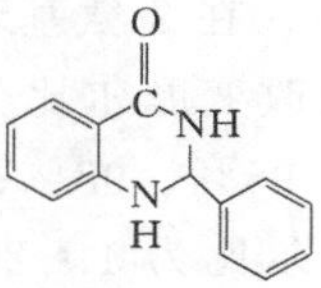

3a：91%，30min

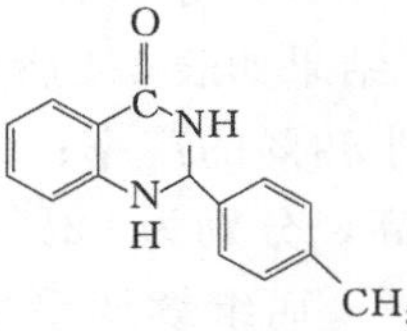

3b：98%，30min

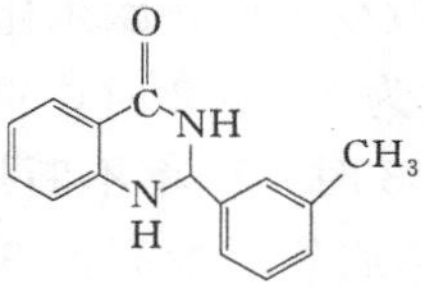

3c：96%，30min

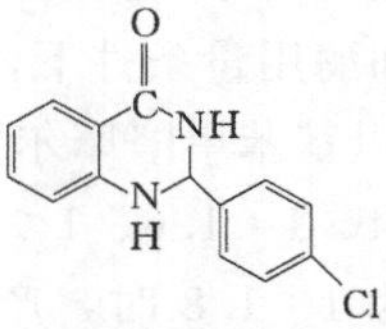

3d：96%，30min

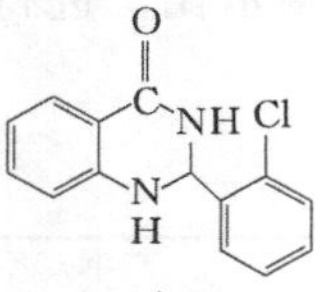

3e：98%，30min

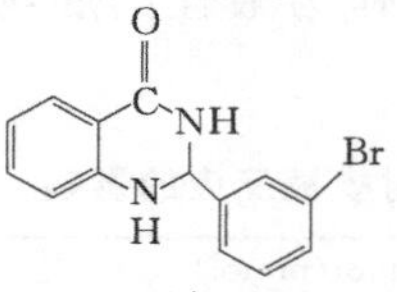

3f：96%，30min

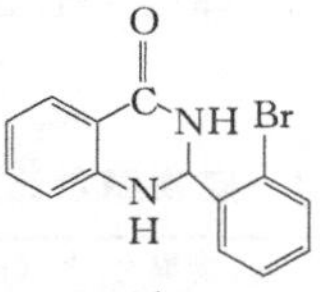

3g：98%，50min

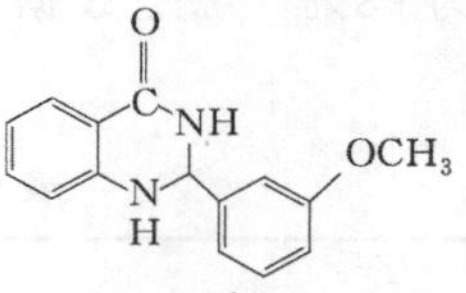

3h：92%，30min

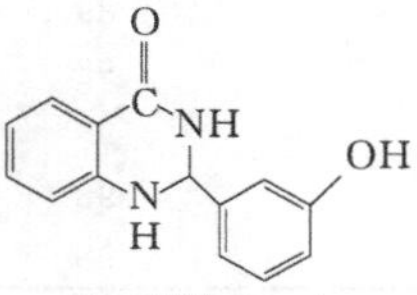

3i：95%，30min

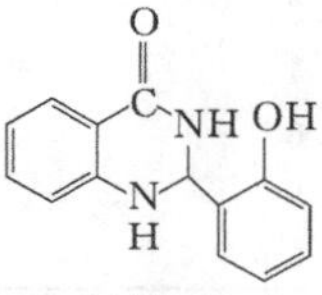

3j：96%，30min

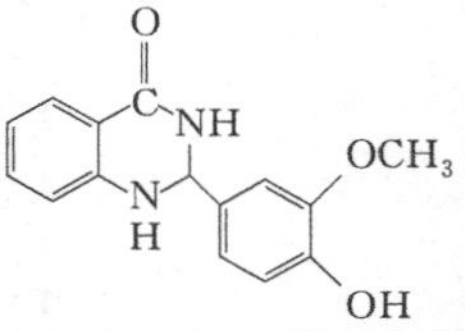

3k：97%，30min

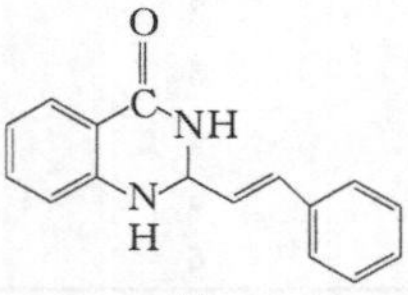

3l：91%，30min

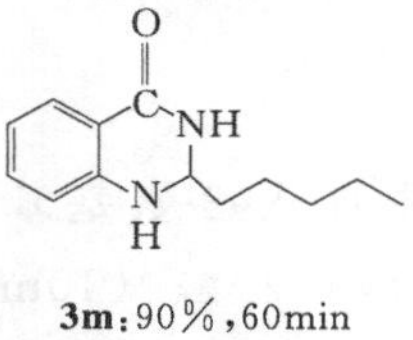

3m：90%，60min

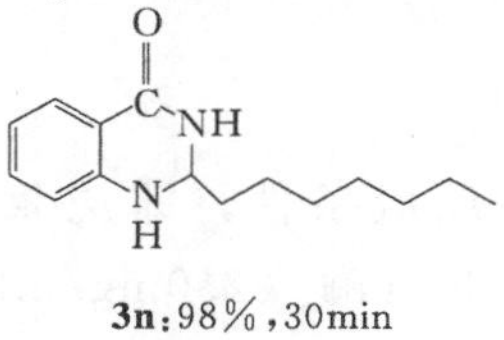

3n：98%，30min

（六）酶的循环利用

通过上述实验，可以看出 α-糜蛋白酶对 2-氨基苯甲酰胺与醛的环缩合反应具有较强的催化能力，为了进一步探究 α-糜蛋白酶回收及重复利用的可行性，用海藻酸钠固定化的 α-糜蛋白酶进行实验研究。在烧瓶中加入 2-氨基苯甲酰胺

（1mmol）、4-甲基苯甲醛（1.8mmol）、固定化的α-糜蛋白酶110颗（约含α-糜蛋白酶20mg）和乙醇10mL，在60℃油浴中磁力搅拌反应30min，结果如表5-6所示。由表可知，固定化α-糜蛋白酶回收利用3次，催化效果仅有少量下降，而循环利用第四次时产率下降较为明显。

表5-6 固定化的α-糜蛋白酶的回收利用情况

序号	回收次数	产率/%
1	1	83
2	2	79
3	3	72
4	4	59

本章介绍了α-糜蛋白酶催化2-氨基苯甲酰胺与芳香醛（或脂肪醛）的环缩合反应。结果显示，在60℃，α-糜蛋白酶表现出了较好的催化活性，催化2-氨基苯甲酰胺（1mmol）与醛类化合物（1.8mmol）环缩合反应30～60min，可获得一系列产率为90%～98%的2，3-二氢喹唑啉-4（1*H*）-酮衍生物，底物适用范围广。另外，还探究了固定化α-糜蛋白酶的回收利用情况，结果显示固定化α-糜蛋白酶重复利用三次，催化活性仅有稍微的降低。

参考文献

[1] （a）Kumar A，Tyagi M，Srivastava V K. Indian Journal of Chemistry Section，2003，42：2142.（b）Kung P P，Casper M D，Cook K L，et al. Journal of Medicinal Chemistry，1999，42：4705.（c）Hour M J，Huang L J，Kuo S C，et al. Journal of Medicinal Chemistry，2000，43：4479.（d）Obniska J，Kaminski K. Acta Poloniae Pharmaceutica，2006，63：101.（e）Gangwal N A，Kothawade U R，Galande A D，et al. Indian Journal of Heterocyclic Chemistry，2001，10：291.（f）Gupta R C，Nath R，Shanker K，et al. Chemischer Informationsdienst，1979，56：219.（g）Hour M J，Huang L J，Kuo S C，et al. Journal of Medicinal Chemistry，2004，43：4479.

[2] Verhaeghe P，Azas N，Gasquet M，et al，Vanelle P. Bioorganic & Medicinal Chemistry Letters，2008，18：396.

[3] Rogier A S，Maristella A，Enade P I，et al. Journal of Medicinal Chemistry，2010，53：2390.

[4] （a）Georgey H，Abdelgawad N，Abbas S. Molecules，2008，13：2557.（b）Jatav V，Mishra P，Kashaw S，et al. European Journal of Medicinal Chemistry，2008，43：1945.

[5] Alagarsamy V，Pathak U S. Bioorganic & Medicinal Chemistry，2007，15：3457.

[6] Malamas M S，Millen J. Journal of Medicinal Chemistry，1991，34：1492.

[7] Decker M. European Journal of Medicinal Chemistry，2005，40：305.

[8] Sagiv-Barfi I，Weiss E，Levitzki A. Bioorganic & Medicinal Chemistry，2010，18：6404.

[9] Li R D，Zhang X，Li Q Y，et al. Bioorganic & Medicinal Chemistry Letters，2011，21：3637.

[10] （a）Mhaske S B，Argade N P. Cheminform，2007，62：9787.（b）Wattanapiromsakul

C，Forster P I，Waterman P G. Phytochemistry，2003，64：609.
[11] Abdel Gawad N M，Georgey H H，Youssef R M，et al. European Journal of Medicinal Chemistry，2010，45：6058.
[12] Wang D，Gao F. Chemistry Central Journal，2013，7：95.
[13] (a) Amin. Rostami A T. Chinese Chemical Letters，2011，22：1317. (b) Ghashang M，Mansoor S S，Aswin K. Research on Chemical Intermediates，2013. (c) Wu J，Du X，Ma J，et al. Green Chemistry，2014，16：3210. (d) Shi D，Rong L，Wang J，et al. Tetrahedron Letters，2003，44：3199. (e) Dabiri M，Salehi P，Otokesh S，et al. Tetrahedron Letters，2005，46：6123. (f) Wang M，Zhang T T，Liang Y，et al. Monatshefte für Chemie，2011，143：835. (g) Santra S，Rahman M，Roy A，et al. Catalysis Communications，2014，49：52.
[14] (a) 王洪祚，刘世勇．化学通报，1997：25. (b) 刘秀伟，司芳，郭林，等．化工技术经济，2003：12.

第六章

α-糜蛋白酶催化氮杂芳烃与醛的串联反应合成二取代甲烷

第一节 概 述

氮杂环化合物，即分子的环状结构中含有 N、O、S、P 等原子的化合物[1]，在已知的化合物中杂环体系占了半数以上。杂环化合物是许多药物、天然产物和功能性有机物质的重要组分[2]，且广泛应用于医药行业，例如作为抗炎剂、抗癌剂、抗 HIV（人类免疫缺陷病毒）剂和分子探针[3] 等，因此，它们经常作为合成药物和农用化学品的关键结构单元。有些杂环化合物表现出了显著的光致变色和生物化学发光特性，所以杂环化合物在材料科学中同样具有重要的应用，如用作染料、荧光传感器、增亮剂、信息存储和分析试剂等。同时杂环化合物还被应用于超分子和高分子化学领域，特别是共轭聚合物领域。除此之外，杂环化合物也被用作有机导体、半导体、分子线、光伏电池、有机发光二极管、光学数据载体、化学可控开关和液晶化合物等。

正是由于杂环化合物具有如此多的应用，研究杂环化合物的合成与应用一直是化学工作者关注的热点话题之一。含氮杂环化合物作为杂环体系中被研究最多的一类化合物，本章将着重介绍。含氮杂环化合物在众多生物活性物质（包括天然产物和合成分子）中普遍存在[4]，在这些活性物质中，含氮杂环结构往往可以促进盐的形成，改善有机物的溶解性，这两者对于药物的口服吸收和生物利用都极为重要，因此在药物开发中往往优先考虑引入氮杂环结构[5]。氮丙啶、吖丁啶、吡咯、咪唑和嘧啶等都是含氮杂环化合物的典型代表，由于它们具有优良的生物活性与药物活性，受到了广大化学家的关注。

二吲哚甲烷类化合物、二吡咯甲烷类化合物由于其特有的生物及药物活性而被广泛关注。在众多天然产物中，存在着很多种含有吲哚环结构的化合物，这类物质在医药、农用化学品以及香料等方面有着广泛的用途[6]。由吲哚单元构成的二吲哚甲烷类化合物具有独特的结构（图 6-1），并显示出了很好的生物和生理活性。它可以激活一个特殊的雌激素受体[7]，在抗癌、抗肿瘤方面也有着重要的作用，如抑制多种癌细胞的生长、诱导细胞死亡以及抑制血管新生等[6,8]；同时，他们还兼备降血糖、抗菌、抗氧化、镇静等功能[6]；氧化态的二吲哚甲烷类化合物也可以用作染料或者比色传感器[9]；另外，3,3-二吲哚甲烷及其衍生物也是人类的膳食补充剂[6,7]。近年来，大多数重要的二吲哚甲烷衍生物已成功地从陆地以及海洋资源中分离出来[6]。由于二吲哚甲烷及其衍生物在人们的日常生活中具有很重要的应用价值，越来越多的化学工作者开始对这类物质的合成进行深入的研究。

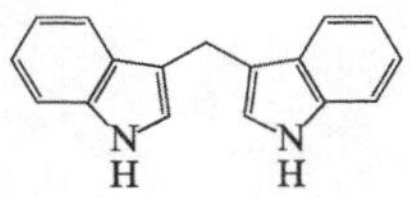

图 6-1　3,3-二吲哚甲烷

吡咯也是一类重要的杂环类化合物，其结构广泛存在于天然产物、药物和生物活性分子中，同时吡咯及其衍生物也被用于材料领域，吡咯也是合成二吡咯甲烷类化合物的重要原料之一[10]。而二吡咯甲烷类化合物是合成卟啉及其衍生物，如灵杆菌素、血红素、叶绿素类物质的重要前体[11]，这也催生了一批以卟啉为主的二吡咯甲烷类化合物的研究。二吡咯甲烷是氟硼二吡咯染料的前体，其优良的光物理性能使其成为开发高性能成像探针的理想荧光支架，它们也可以用作光子有机材料。官能团化的二吡咯甲烷也具有很多应用价值，如可以运用到手性催化剂、手性传感器以及合成受体的设计中[12]。

第二节　α-糜蛋白酶催化合成二吲哚甲烷衍生物

二吲哚甲烷及其衍生物是一类重要的芳香族杂环化合物，具有极其重要的生理活性，目前，合成这类物质所用到的催化剂主要有路易斯酸、质子酸、离子液体、有机小分子和固载催化剂等。然而，这些催化剂在使用时，存在很多需要解决的问题，例如：催化剂用量大、价格昂贵、后处理复杂、易污染环境等。因此开发绿色环保、高效以及成本低的二吲哚甲烷类化合物的合成方法具有重要的意义。在有机合成反应中，生物催化是一种绿色环保并且有效的工具，由于这种反应体系具有高选择性和反应条件温和等优点，已经引起了化学研究者广泛的关注[13]。近年来，已有多种酶在催化非天然底物的反应中表现出了新的催化性能，这将会促进一些传统催化方法的改进和提高[13a,14]。水解酶已广泛应用在各种不同类型的有机合成反应中，如催化 C-C、C-N、C-S 键的形成[13c,15]。在化学反应中，水是一种绿色环保的反应溶剂，具有多种重要的优点，如：①避免了有机溶剂的使用；②消除了在合成过程中由于使用有机溶剂所带来的火灾风险[16]；③降低了成本。

本节探索了水解酶催化吲哚与芳香醛进行串联反应合成二吲哚甲烷及其衍生

物的方法，并合成了一系列二吲哚甲烷衍生物（图 6-2）。

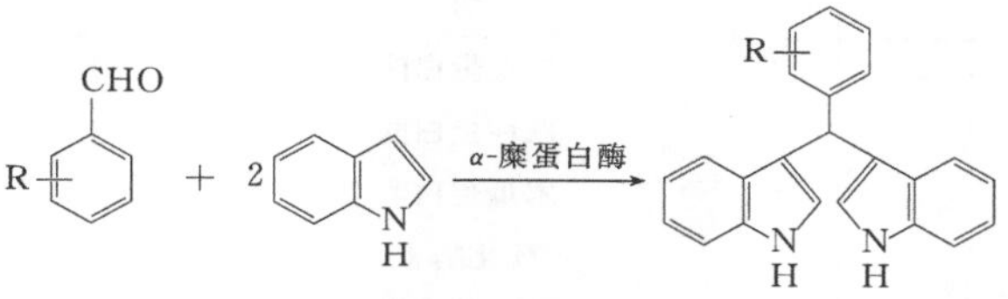

图 6-2　α-糜蛋白酶催化二吲哚甲烷衍生物的合成

由于酶种类、反应介质、温度、酶用量和底物结构等因素会影响酶促反应的结果，在本节中，以吲哚与 4-硝基苯甲醛的串联反应为模板，探讨了以上反应条件对酶催化效果的影响。

一、乙醇水溶液中二吲哚甲烷衍生物的合成

在 10mL 的锥形瓶中加入醛（0.5mmol）、吲哚（1mmol）、α-糜蛋白酶（10mg）和 40%乙醇水溶液（5mL），在 50℃的恒温振荡培养箱（260r/min）中反应，用 TLC 监测反应进程。反应完成后，冷却至室温，反应液用乙酸乙酯（3×5mL）萃取，合并有机相并减压浓缩，粗产物经柱色谱分离，得到纯产品，目标产物通过核磁共振波谱进行表征。

（一）不同酶催化串联反应的效果

为了探究酶种类对吲哚与 4-硝基苯甲醛的串联反应的影响，我们考察了 8 种水解酶的催化效果。在 10mL 的锥形瓶中加入醛（0.5mmol）、吲哚（1mmol）、酶（10mg）和 40%乙醇水溶液（5mL），在 40℃条件下反应 24h [式（6-1）]，结果如表 6-1 所示。由表可知，α-糜蛋白酶和胃蛋白酶具有较好的催化活性，产率分别为 77%和 51%，而其他几种水解酶，如中性蛋白酶、碱性蛋白酶、木瓜蛋白酶、酰化酶Ⅰ、猪胰脂肪酶以及脂肪酶 M 催化该反应时，目标产物产率仅为 6%～29%。牛血清白蛋白以及失活的 α-糜蛋白酶（经 8mol/L 尿素溶液，110℃处理）则几乎没有催化活性，得到了和空白实验相似的产率，这就表明 α-糜蛋白酶的催化活性不是由氨基酸引起的，它的空间结构以及独特的催化活性中心在这个酶促反应中起着很重要的作用。最终选择 α-糜蛋白酶为该串联反应的最佳催化剂。

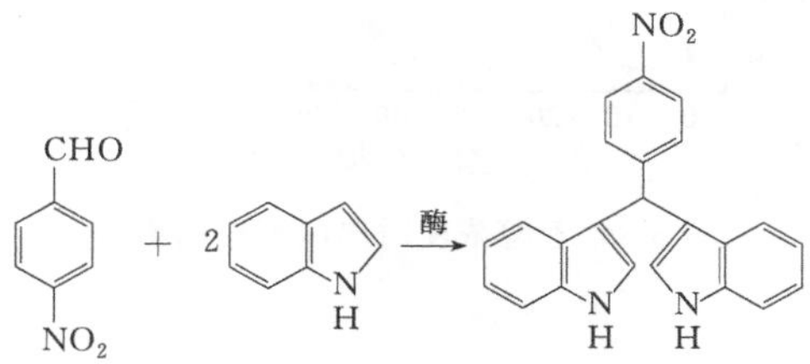

（6-1）

表 6-1 不同酶的催化活性

序号	酶	产率/%
1	中性蛋白酶	9
2	碱性蛋白酶	15
3	木瓜蛋白酶	22
4	酰化酶 Ⅰ	10
5	猪胰脂肪酶	29
6	脂肪酶 M	6
7	胃蛋白酶	51
8	α-糜蛋白酶	77
9	牛血清白蛋白	5
10	失活的 α-糜蛋白酶	5
11	空白(无催化剂)	4

(二) 乙醇浓度对串联反应的影响

反应介质及其含水量在酶促反应过程中起着很重要的作用，因此，筛选出最佳的酶后，继续探究了乙醇浓度对酶催化效率的影响。如图 6-3 所示，乙醇浓度明显地影响反应产率，在一定范围内，产率随着乙醇浓度的升高而增大；当乙醇浓度达到 30%时，反应产率达到最高，为 80%；当乙醇浓度继续增加时，反应产率则逐渐降低；当乙醇浓度为 80%时，反应产率已降至 20%。这可能是因为，低浓度的乙醇水溶液中，反应底物和 α-糜蛋白酶都能够完全溶解并充分接触，使得酶催化反应比较容易进行，而当乙醇浓度过高时，α-糜蛋白酶的活性则逐渐降低。因此，选择最佳的乙醇浓度为 30%。

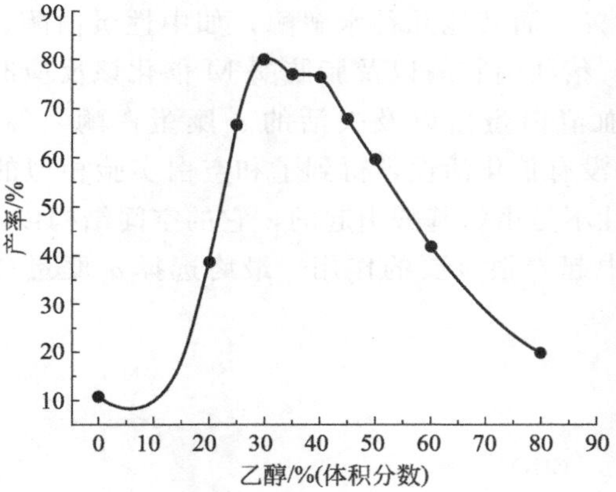

图 6-3 乙醇浓度对串联反应的影响

（三）温度对串联反应的影响

温度是影响酶促反应效率的另一个重要因素，因为温度不仅影响反应速率，还在一定程度上影响着酶的生物活性。在以上筛选出的酶和反应介质条件下，继续探究了温度对串联反应的影响。如图 6-4 所示，吲哚与 4-硝基苯甲醛在 30℃反应 24h，得到了产率为 61%的二吲哚甲烷衍生物；当反应温度升高到 50℃时，产率则增加至 88%；再将反应温度提高到 60℃时，产率增加的幅度已比较小，为 90%。考虑温度越高，反应中的能耗就越大，因此我们选择 50℃为最佳的反应温度。

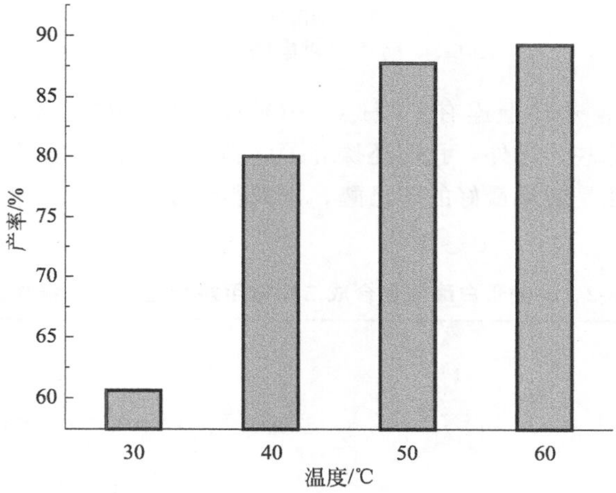

图 6-4　温度对串联反应的影响

（四）酶用量对串联反应的影响

为了进一步优化反应条件，继续考察了酶用量对串联反应的影响，结果如图 6-5 所示。由图可知，无催化剂时，只有很少量的产物生成，产率为 4%；当酶用量从 0mg 增加至 8mg 时，产率也由 4%提高到了 85%；然而再继续增加酶用量时，产率则没有明显的变化，因此选择 8mg 为最佳酶用量。

（五）底物拓展

在最佳的条件下，即 10mL 的锥形瓶中加入醛（0.5mmol）、吲哚（1mmol）和 α-糜蛋白酶（8mg），并加入 1.5mL 乙醇和 3.5mL 水，在 50℃条件下反应 32h，对反应底物进行了拓展，以探索 α-糜蛋白酶催化吲哚与醛串联反应的底物普适性。由表 6-2 可以看出，芳香醛的苯环上取代基种类对反应产率有很大的影响：芳香醛的苯环上连有—NO_2、—Cl、—Br 等基团时，得到了较高产率的二吲哚甲烷衍生

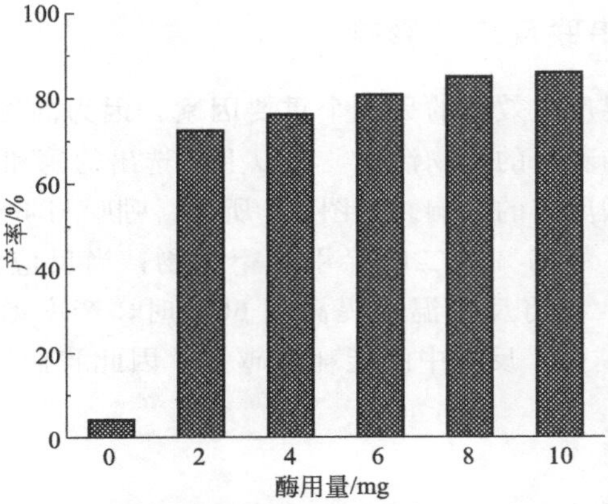

图 6-5　酶用量对串联反应的影响

物（86%～95%）；苯环上连有—CH_3、—OCH_3 和—OH 等基团的芳香醛与吲哚的反应产率相对低些。另外，我们还探究了脂肪醛与吲哚的串联反应，但没有得到满意的结果，即使是效果最好的正己醛，也只得到了 20%的产率。

表 6-2　α-糜蛋白酶催化合成二吲哚甲烷衍生物的底物普适性

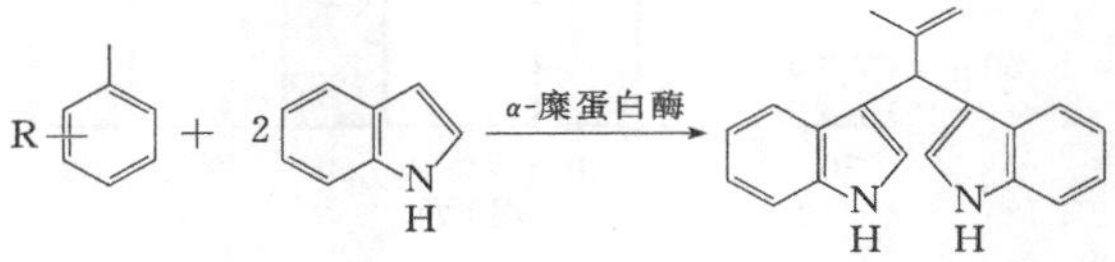

1(a～j)　　2a　　3(a～j)

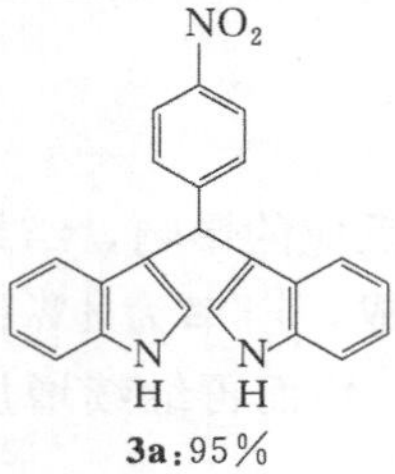

3a：95%

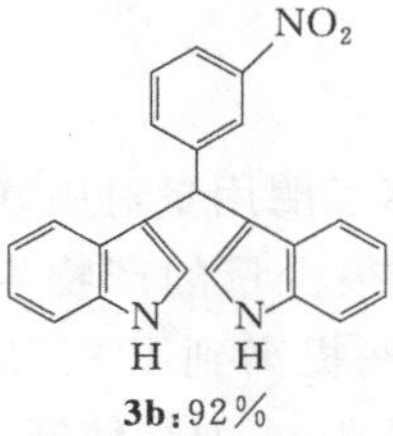

3b：92%

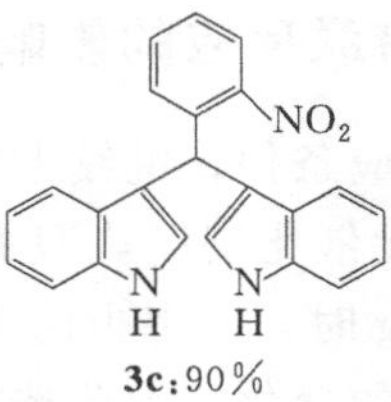

3c：90%

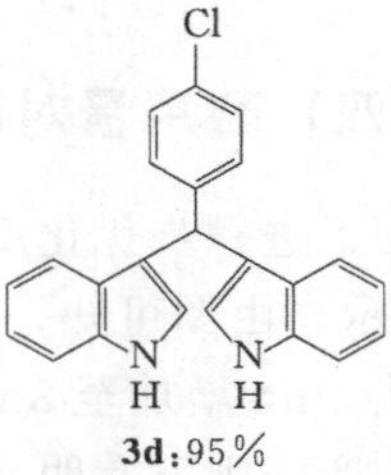

3d：95%

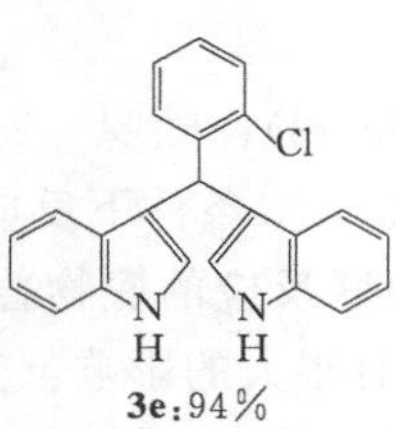

3e：94%

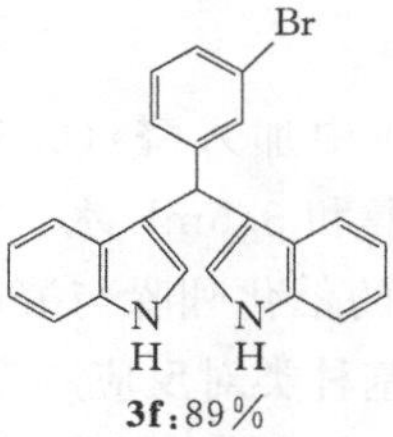

3f：89%

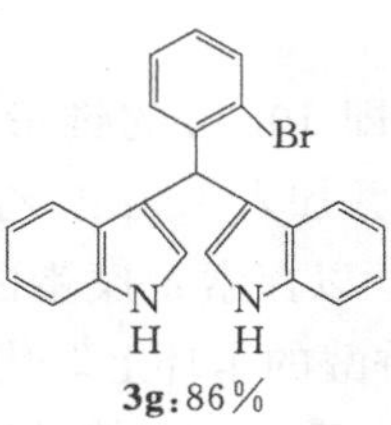

3g：86%

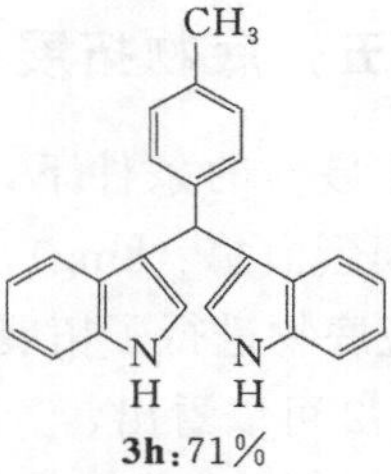

3h：71%

续表

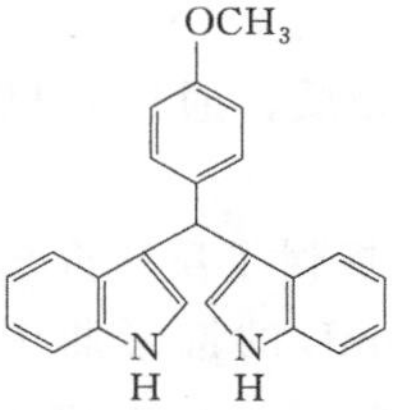 3i:75%	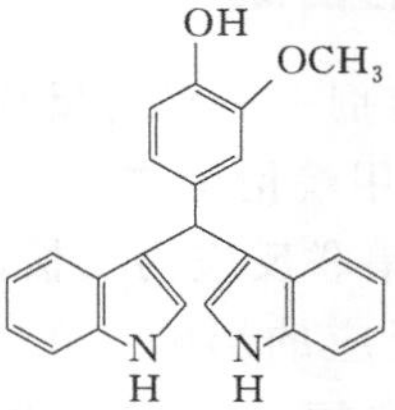 3j:79%

（六）酶催化合成二吲哚甲烷的反应机理

α-糜蛋白酶是一种丝氨酸蛋白酶，它由 245 个氨基酸组成，His57-Asp102-Ser195 催化三联体构成了 α-糜蛋白酶的活性中心[17]。如图 6-6 所示，醛羰基进入氧穴并被活化[18]；His57 先夺走吲哚 3 位的 H 质子，活化后的吲哚作为强的亲核试剂进攻醛羰基，同时 Ser195 与羰基氧形成氢键，形成了能够稳定存在的氧负离子。随后，从氧穴中释放出来的吲哚甲醇继续与另一分子吲哚反应，形成了最终产物，并且使 α-糜蛋白酶游离出来。

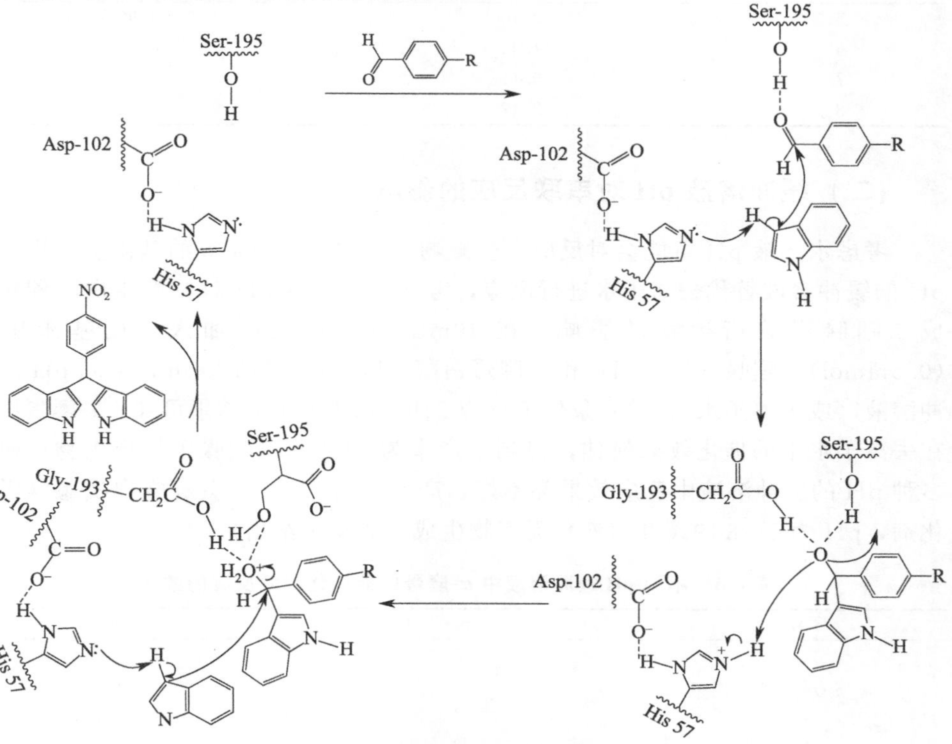

图 6-6　α-糜蛋白酶催化合成二吲哚甲烷的可能机理

二、水介质中二吲哚甲烷衍生物的合成

接下来，我们尝试了以更绿色的溶剂——水为反应介质，通过α-糜蛋白酶催化的串联反应，合成了一系列二吲哚甲烷衍生物。

首先，选择吲哚与4-硝基苯甲醛的串联反应为模板，探讨了反应介质的pH、酶种类、温度、酶用量和底物结构对反应的影响。在10mL的锥形瓶中加入醛(0.5mmol)、吲哚(1mmol)和α-糜蛋白酶(5mg)，再加入5mL去离子水，在50℃的恒温振荡培养箱(260r/min)中反应，用TLC监测反应进程。反应完成后，冷却至室温，反应液用乙酸乙酯(3×5mL)萃取，合并有机相并减压浓缩，粗产物经柱色谱分离，得到纯产品。目标产物通过核磁共振波谱进行表征。

(一) 磷酸盐缓冲溶液的配制

不同pH的磷酸盐缓冲溶液的配制方法见表6-3。

表6-3 磷酸盐缓冲溶液的配制

pH	磷酸氢二钠水溶液体积/mL (0.067mol/L)	磷酸二氢钾水溶液体积/mL (0.067mol/L)
5	0.10	9.90
6	1.22	8.78
7	6.11	3.89
8	9.47	0.53

(二) 缓冲溶液pH对串联反应的影响

考虑水溶液pH可能会对反应产生影响，因此在前期研究的基础上，用不同pH的缓冲溶液替代去离子水进行反应，考察缓冲溶液pH对α-糜蛋白酶催化合成二吲哚甲烷衍生物的影响。在10mL的锥形瓶中加入4-硝基苯甲醛(0.5mmol)、吲哚(1mmol)和α-糜蛋白酶(5mg)，再加入5mL不同pH的缓冲溶液(或去离子水)，50℃条件下反应24h。由表6-4中结果可知，α-糜蛋白酶在去离子水中的催化效果最佳，得到了产率为21%的二吲哚甲烷衍生物；而在多种pH的缓冲溶液中反应效果都不好，产率仅为7%～14%；空白实验(无催化剂，pH为5～8的缓冲溶液)无产物生成(数据未给出)。

表6-4 不同pH缓冲溶液中α-糜蛋白酶催化串联反应的效果

序号	pH	产率/%
1	5	15
2	6	14
3	7	14
4	8	7
5	去离子水	21

（三）不同酶催化串联反应的效果

在前期研究的基础上，α-糜蛋白酶作为了首选催化剂；为了进一步筛选更优的酶，考察了7种水解酶的催化活性，结果如表6-5所示，α-糜蛋白酶具有最好的催化效果，反应产物产率为21%。而中性蛋白酶、碱性蛋白酶、木瓜蛋白酶、胰蛋白酶、猪胰脂肪酶、果胶酶的催化活性较差，仅得到少量的目标产物。牛血清白蛋白以及经尿素处理过的失活的α-糜蛋白酶都几乎不能催化该反应，无催化剂条件下也没有产物生成，这也就排除了α-糜蛋白酶上的氨基酸催化该反应的可能，并且确认了α-糜蛋白酶的特殊的活性中心以及立体结构在酶催化该反应过程中起了关键作用。

表6-5　不同酶的催化活性

序号	酶	产率/%
1	空白(无催化剂)	0
2	α-糜蛋白酶	21
3	中性蛋白酶	微量
4	碱性蛋白酶	4
5	木瓜蛋白酶	5
6	胰蛋白酶	8
7	猪胰脂肪酶	5
8	果胶酶	4
9	牛血清白蛋白	微量
10	失活的α-糜蛋白酶	微量

（四）温度和酶用量对串联反应的影响

为了获得最佳的酶促反应的条件，还对反应温度以及酶用量等因素进行了优化，结果如图6-7所示。当酶用量为3mg时，吲哚与4-硝基苯甲醛在50℃的纯水中反应24h，产率仅为6%。随着温度和酶用量的增加，反应产率迅速提高，当反应温度达到70℃，酶用量为6mg时，二吲哚甲烷衍生物的产率为92%。当酶用量由6mg增加到15mg时，反应产率没有明显的变化。因此该反应最佳的反应温度为70℃，最佳的酶用量为6mg。与其他的水解酶催化的多功能性研究相比，该反应中所用的酶浓度比较低（1.2mg/mL），例如文献报道的两种脂肪酶催化Aldol反应时所需的酶用量分别为30mg/mL和50mg/mL[19]。

（五）底物拓展

在最佳的反应条件下，即在10mL锥形瓶中加入醛（0.5mmol）、吲哚（1mmol）、α-糜蛋白酶（6mg）和去离子水（5mL），在70℃反应24h，对酶促反应的底物进行了拓展。结果如表6-6所示，多种不同结构的芳香醛都能够与吲

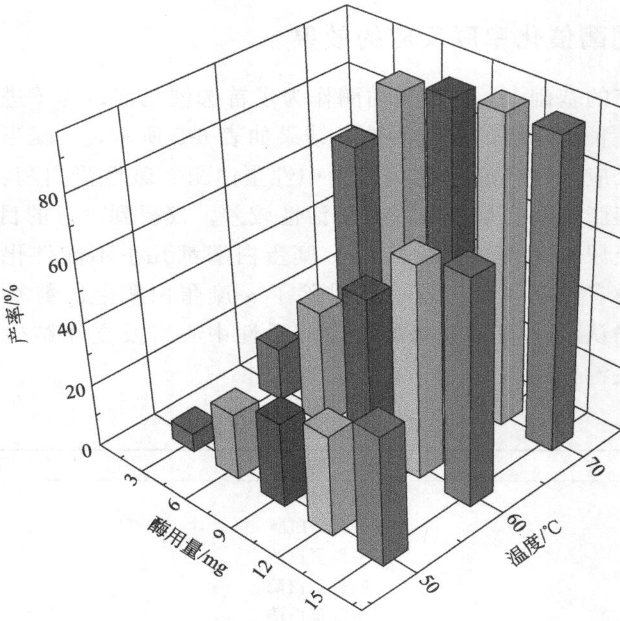

图 6-7　产率随温度和酶用量的变化

哚高效地反应，并得到了相应的二吲哚甲烷衍生物。当芳香醛的苯环上连有吸电子基团，如$-NO_2$、$-Br$、$-Cl$等时，反应效果较好，取得了88%～97%的产率；但苯环上连有给电子基团的芳香醛与吲哚反应的活性较低，仅得到了65%～80%的目标产物。

表 6-6　水介质中α-糜蛋白酶催化合成二吲哚甲烷的底物普适性

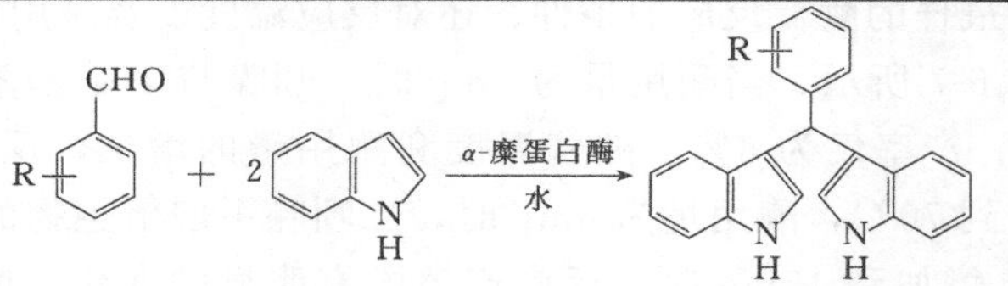

1(a～j)　　**2a**　　**3(a～j)**

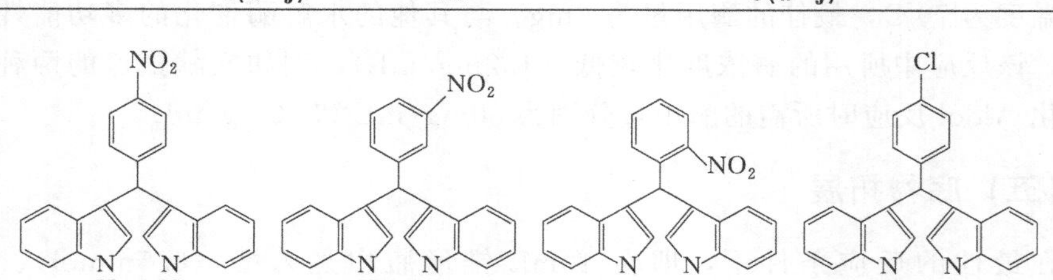

3a:92%　　**3b**:88%　　**3c**:90%　　**3d**:94%

续表

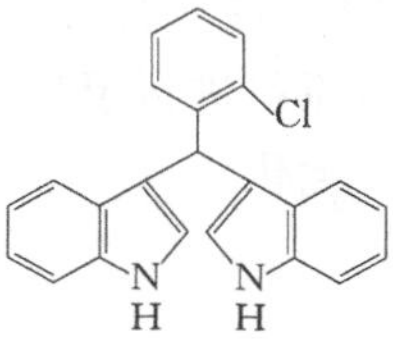
3e：96%

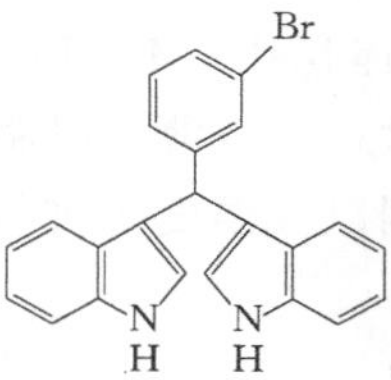
3f：96%

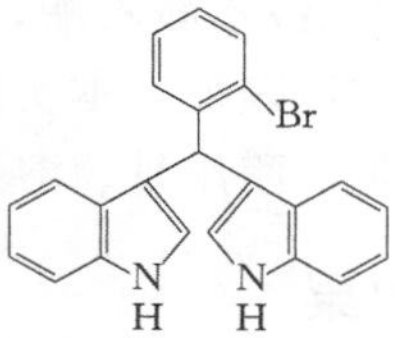
3g：97%

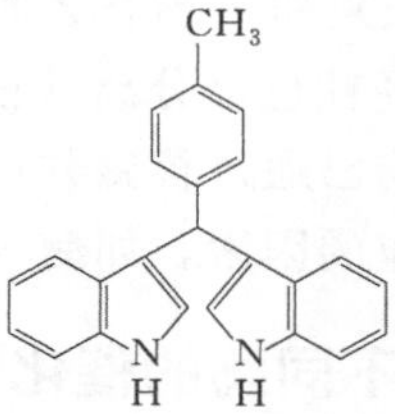
3h：73%

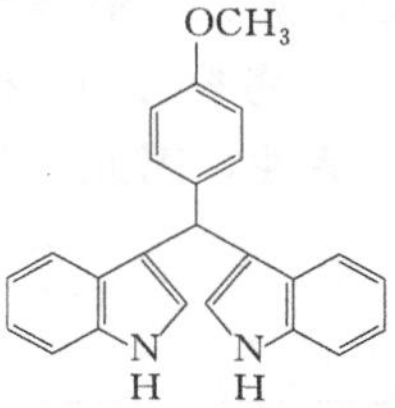
3i：65%

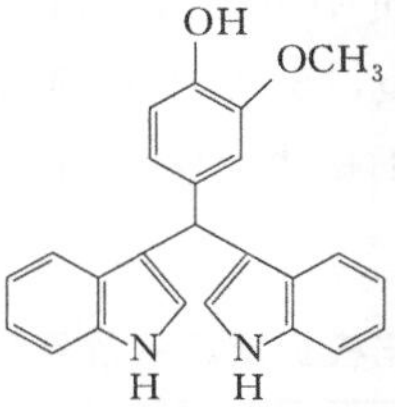
3j：80%

第三节　α-糜蛋白酶催化合成二吡咯甲烷衍生物

二吡咯甲烷类化合物是合成卟啉及其衍生物，如灵杆菌素、血红素、叶绿素类物质的重要前体[11]，这些物质可以运用到手性催化剂、手性传感器以及合成受体的设计中[12]。到目前为止，大量合成二吡咯甲烷类化合物的方法已被开发出来，比如用三氟乙酸[20]、四氯化钛[21]、三氟甲磺酸盐[22]、I_2[23]、对甲苯磺酸[24] 和阳离子交换树脂[25] 等作为催化剂的方法已被报道。酶作为生物体内大量生化反应的参与者，其绿色、安全、高效的催化性能已得到化学家们的广泛认可，并且将酶的多功能性运用到多种有机反应中均取得了很好的效果[26]，例如 C-N 键[15c]、C-C 键[27] 和 C-S 键[28] 的形成反应。

基于上述原因，本节探索了一种合成二吡咯甲烷的绿色方法，以 α-糜蛋白酶为催化剂，通过吡咯与醛的串联反应合成了一系列二吡咯甲烷及其衍生物，并且取得了较好的效果（图 6-8）。

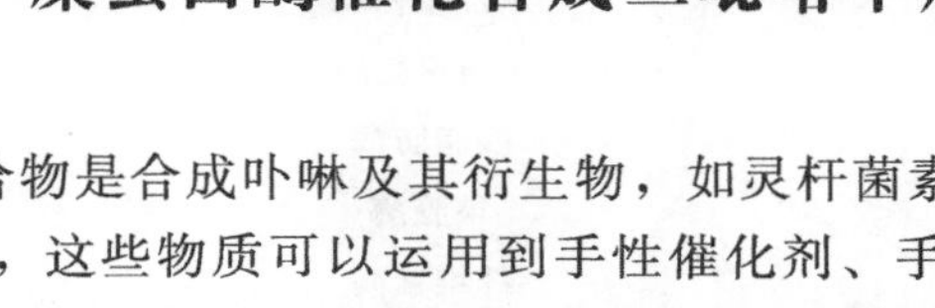

图 6-8　α-糜蛋白酶催化合成二吡咯甲烷衍生物

在 10mL 具塞锥形瓶中，加入吡咯（4mmol）、醛（1mmol）、α-糜蛋白酶（20mg）和 40%的乙醇水溶液（3mL），于 50℃恒温摇床（270r/min）中反应 3h，经柱色谱分离（正己烷/乙酸乙酯，体积比＝4：1）得目标产物。所有目标产物均已通过核磁共振波谱表征。本实验选择以醛和吡咯为原料进行反应，对影响反应的因素，如酶种类、酶用量、溶剂以及温度等进行了优化。

一、不同酶的催化效果

首先以对硝基苯甲醛与吡咯在水介质中的反应为模板反应（对硝基苯甲醛 1mmol，吡咯 4mmol，水 3mL，酶 20mg，50℃下反应 3h），考察了 10 种酶的催化效果。由表 6-7 可知，只有 α-糜蛋白酶对该反应有催化活性，因此，我们选择 α-糜蛋白酶作为催化剂进行后续研究。

表 6-7　不同酶催化模板反应的效果

序号	酶	产率/%
1	胰酶	0
2	碱性蛋白酶	0
3	胰蛋白酶	0
4	木瓜蛋白酶	0
5	β-葡聚糖酶	0
6	胰脂肪酶	0
7	果胶酶	0
8	纤维素酶	0
9	α-糜蛋白酶	15
10	脂肪酶	0
11	空白(无催化剂)	0

二、溶剂及含水量对反应的影响

溶剂是影响酶促反应效果的一个重要因素，因此，在筛选出最佳的酶后，我们考察了不同溶剂中 α-糜蛋白酶催化模板反应的效果，结果如表 6-8 所示。由表中数据可知，α-糜蛋白酶在水和乙醇中均可以催化该反应，但在其他 3 种供试溶剂中的效果较差。因此，接下来又考察了在不同浓度乙醇水溶液中的反应情况，由表 6-9 可知，在 40%的乙醇水溶液中反应效果最好，产率可达 61%。

表 6-8　不同溶剂中酶催化模板反应的效果

序号	溶剂	产率/%
1	四氢呋喃	0
2	乙腈	0
3	甲苯	0

续表

序号	溶剂	产率/%
4	水	15
5	乙醇	30

表 6-9 乙醇水溶液浓度对反应效果的影响

序号	乙醇浓度/%,体积比	产率/%
1	0	15
2	20	35
3	40	61
4	60	46
5	80	42
6	100	30

三、温度对反应的影响

温度不仅是影响化学反应速率的重要因素，也是影响酶活性的重要因素，因此又考察了温度对模板反应的影响。由表 6-10 可知，随着温度升高反应产率也逐渐升高，当温度为 50℃时产率取得最大值，之后再升高温度产率反而降低。因为酶是生物催化剂，过高的温度会使酶蛋白变性失活，从而影响其催化性能，导致反应产率降低。因此，我们选择 50℃作为最佳反应温度。

表 6-10 温度对模板反应的影响

序号	温度/℃	产率/%
1	20	30
2	30	48
3	40	55
4	50	61
5	60	55

四、催化剂用量对反应效果的影响

催化剂用量也是影响反应效果的又一重要因素，在以上筛选出的酶、反应介质和温度条件下，又对催化剂用量进行了优化。由表 6-11 可知，不加催化剂时，没有产物生成，当用 5mg/mmol 的 α-糜蛋白酶作催化剂时，取得了 23%的产率；接下来改变酶用量时发现，随着酶用量的增加，产率不断提高，当酶用量增加至 20mg/mmol 时，产率达到了最大值。因此，最终选择 20mg/mmol 为最佳酶用量。

表 6-11 催化剂用量对反应效果的影响

序号	酶用量/(mg/mmol)	产率/%
1	0	0
2	5	23

续表

序号	酶用量/(mg/mmol)	产率/%
3	10	38
4	15	53
5	20	61
6	25	61

五、底物拓展

在确定了反应的最佳条件后，即苯甲醛（1mmol），吡咯（4mmol），40%乙醇水溶液（3mL），α-糜蛋白酶（20mg/mmol），在 50℃下反应 3h。又考察了该方法的底物普适性，选取了一系列苯甲醛与吡咯反应，结果如表 6-12 所示。由实验数据可知，α-糜蛋白酶能够催化多种芳香醛与吡咯反应，生成二吡咯甲烷类化合物；同时苯甲醛的取代基对反应效果影响较大，连有吸电子取代基的苯甲醛反应产率较高，而苯甲醛连有给电子基团时产率明显较低，主要是因为吸电子基团降低了醛羰基的电子云密度，有利于反应的进行；而空间效应对反应的影响不太明显。

表 6-12　α-糜蛋白酶催化合成二吡咯甲烷衍生物的底物普适性

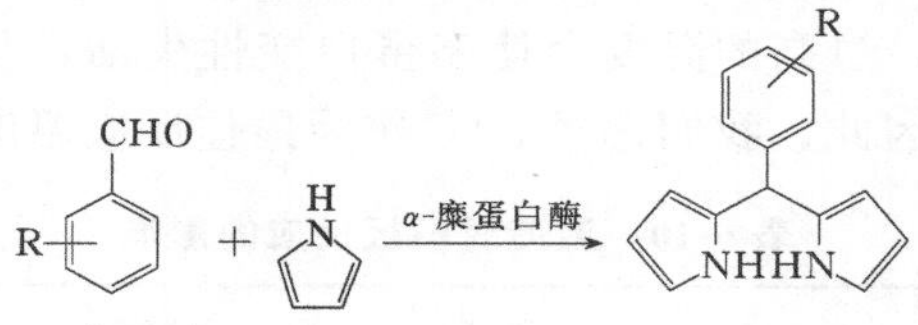

1(a～k)　**2a**　**3(a～k)**

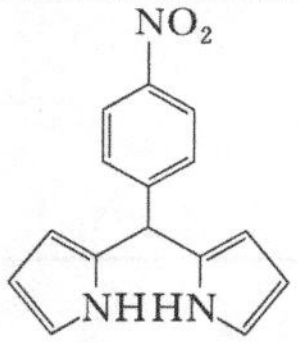

3a:61%

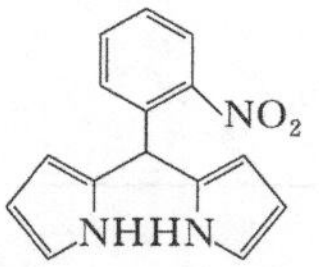

3b:55%

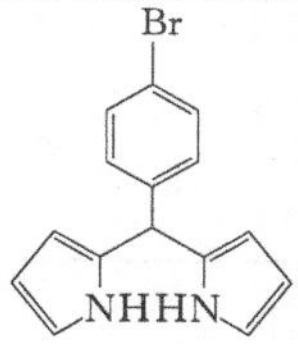

3c:58%

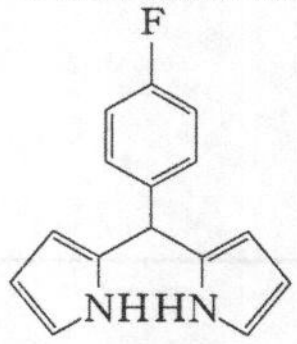

3d:48%

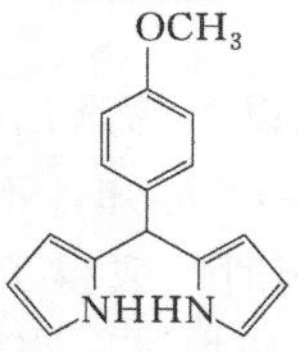

3e:38%

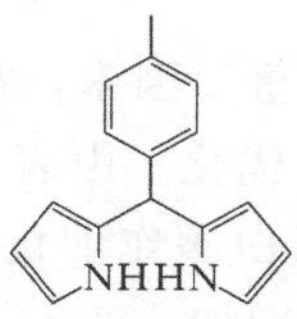

3f:30%

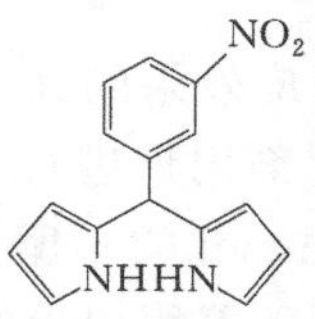

3g:69%

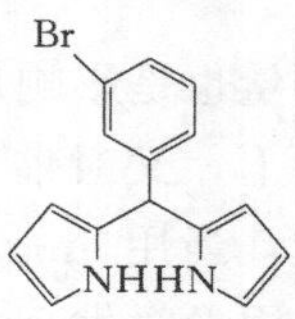

3h:51%

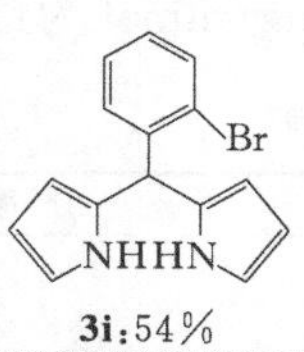

3i:54%

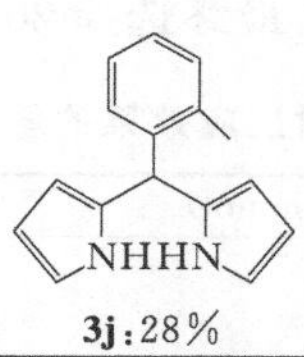

3j:28%

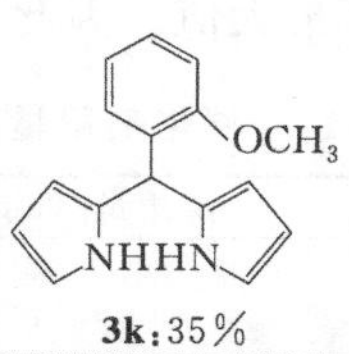

3k:35%

本节研究了 α-糜蛋白酶催化合成二吡咯甲烷及其衍生物的过程，对酶的种类、酶用量、溶剂以及温度进行了优化，并在最优反应条件下，即在 50℃ 的 40% 乙醇水溶液中，20mg α-糜蛋白酶催化醛与吡咯反应合成一系列二吡咯甲烷类化合物，最高产率可达 69%。该方法用生物催化剂替代了传统的化学催化剂，反应条件较为温和。该研究进一步拓展了生物催化及酶非专一性的应用范围，对推动酶促反应方法学的发展及其在有机合成中的应用具有积极意义。

参考文献

[1] Eftekhari-Sis B, Akbari A, Amirabedi M. Cheminform, 2011, 46: 1330.

[2] Gulevich A V, Dudnik A S, Chernyak N, et al. Chemical Reviews, 2013, 113: 3084.

[3] Houghton P J, Woldemariam T Z, Watanabe Y, et al. Planta medica, 1999, 65: 250.

[4] DeSimone R W, Currie K S, Mitchell S A, et al. Combinatorial Chemistry & High Throughput Screening, 2004, 7: 473.

[5] Leeson P D, Springthorpe B. Nature Reviews Drug discovery, 2007, 6: 881.

[6] Shiri M, Zolfigol M A, Kruger H G, et al. Chemical Reviews, 2010, 110: 2250.

[7] Sekar G, Badigenchala S, Ganapathy D, et al. Synthesis, 2013, 46: 101.

[8] Safe S, Papineni S, Chintharlapalli S. Cancer Letters, 2008, 269: 326.

[9] He X M, Hu S Z, Liu K, et al. Organic Letters, 2006, 8: 333.

[10] Bleicher K H, Wüthrich Y, Adam G, et al. Cheminform, 2002, 12: 3073.

[11] Wu Z, Hu J, Wang K, Gao C, et al. Chinese Journal of Organic Chemistry, 2012, 32: 616.

[12] Litman Z C, Wang Y, Zhao H, et al. Nature, 2018, 560: 355.

[13] (a) Feng X W, Li C, Wang N, et al. Green Chemistry, 2009, 11: 1933. (b) Kloosterman W M J, Roest S, Priatna S R, et al. Green Chemistry, 2014, 16: 1837. (c) He Y H, Hu W, Guan Z. The Journal of Organic Chemistry, 2012, 77: 200.

[14] (a) Cerqueira Pereira S, Bussamara R, Marin G, et al. Green Chemistry, 2012, 14: 3146. (b) Li K, He T, Li C, et al. Green Chemistry, 2009, 11: 777. (c) Paggiola G, Hunt A J, McElroy C R, et al. Green Chemistry, 2014, 16: 2107.

[15] (a) Xu J M, Zhang F, Liu B K, et al. Chemical Communications, 2007, 27: 2078. (b) Lou F W, Liu B K, Wu Q, et al. Advanced Synthesis & Catalysis, 2008, 350: 1959. (c) Wu W B, Xu J M, Wu Q, et al. Advanced Synthesis & Catalysis, 2006, 348: 487.

[16] Hasaninejed A, Kazerooni M R, Zare A. ACS Sustainable Chemistry & Engineering, 2014, 1: 679.

[17] (a) Kumar A, Venkatesu P. Chemical Reviews, 2012, 112: 4283. (b) Liu Y, Liu R. Food and Chemical Toxicology, 2012, 50: 3298. (c) Blow D M, Birktoft J J, Hartley B S. Nature, 1969, 221: 337.

[18] (a) Martichonok V, Jones J B. Journal of American Chemistry Society, 1996, 118: 950. (b) Svedendahl M, Hult K, Berglund P. Journal of American Chemistry Society, 2005, 127: 17988.

[19] (a) Xie Z B, Wang N, Jiang G F, et al. Tetrahedron Letters, 2013, 54: 945. (b)

Guan Z，Fu J P，He Y H. Tetrahedron Letters，2012，53：4959.
[20] Ak M，Gancheva V，Terlemezyan L，et al. European Polymer Journal，2008，44：2567.
[21] Setsune J I，Hashimoto M，Shiozawa K，et al. Tetrahedron，1998，54：1407.
[22] Temelli B，Unaleroglu C. Tetrahedron，2006，62：10130.
[23] Faugeras P A，Boëns B，Elchinger P H，et al. Tetrahedron Letters，2010，51：4630.
[24] Boyle R W，Xie L Y，Dolphin D. Tetrahedron Letters，1994，35：5377.
[25] Naik R，Joshi P，Kaiwar S P，et al. Tetrahedron，2003，59：2207.
[26] (a) Humble M S，Berglund P. European Journal of Organic Chemistry，2011，2011：3391. (b) Busto E，Gotor-Fernandez V，Gotor V. Chemical Society Reviews，2010，39：4504.
[27] Xu J M，Zhang F，Liu B K，et al. Chemical Communications，2007：2078.
[28] Lou F W，Liu B K，Wu Q，et al. Advanced Synthesis & Catalysis，2008，350：1959.

第七章

α-糜蛋白酶催化 $C(sp^2)$-$C(sp^3)$ 键断裂反应合成 2-取代苯并咪唑

一、概述

C-N 键的形成是有机化学中的一种重要转变，也是构建含氮杂环化合物的一种重要途径[1]，如 2,2′-联吡啶[2] 和苯并咪唑[3] 的合成。咪唑结构存在于多种天然化合物[4] 和生物分子中，如生物素、组氨酸、组胺和毛果芸香碱等[5]。2-取代苯并咪唑及其衍生物拥有独特的生物及药物活性，因而合成 2-取代苯并咪唑类化合物的方法被大量报道，但使用的催化剂大多为过渡金属类催化剂，这些催化剂合成复杂、成本较高，并且对环境影响较大，有悖于“绿色化学”的要求。

2012 年，Molander 等[6] 利用 $Pd(OAc)_2$ 作为催化剂，催化醛、卤代芳香烃与邻苯二胺反应合成 2-取代苯并咪唑；2012 年，Pasha 等[7] 在红外-微波辅助下，实现了邻苯二胺与芳香醛的快速反应合成苯并咪唑，反应可以在 3～5min 内完成；2014 年，Srinivasulu 等[8] 报道了 Zn（OTf)$_2$ 催化芳香醛与邻苯二胺反应合成 2-芳基苯并咪唑的方法；2015 年，Bala 等[9] 在水介质中，通过邻苯二胺与芳香醛在高温下反应，合成了苯并咪唑；2015 年，Sontakke 等[10] 用 H_5IO_6-SiO_2 催化 9-蒽醛与邻苯二胺反应合成了 2-(9-蒽基)-苯并咪唑。

除了以邻苯二胺和醛为原料合成苯并咪唑及其衍生物的方法之外，还有大量文献报道了以二羰基化合物和邻苯二胺为原料合成苯并咪唑及其衍生物的方法。2009 年，Wang 等[11] 以邻苯二胺和二羰基化合物为原料，在水中回流反应 5h，生成了相应的 2-取代苯并咪唑衍生物。研究发现，当二羰基化合物为环状结构时，生成产物的过程中并未发生 C-C 键的断裂，而是形成了一个具有羰基结构的苯并咪唑类化合物。当二羰基化合物为链状结构时，$C(sp^2)$ -$C(sp^3)$ 键断裂而形成的苯并咪唑结构中不含羰基。2016 年，Majumdar 等[12] 在乙醇介质中，用 SiO_2-$FeCl_3$ 作为催化剂，β-酮酯与邻苯二胺通过 $C(sp^2)$ -$C(sp^3)$ 键断裂合成了苯并咪唑。2018 年，Bhagat 等[13] 以 $NaICl_2$ 为催化剂，催化邻苯二胺与 β-二酮反应合成苯并咪唑，该方法以 20%（摩尔分数）的 $NaICl_2$ 为催化剂，在四氢呋喃中回流反应 2～3h，最高得到了 95%的产率。2014 年，Marri 等[14] 在 135℃无催化剂条件下，以仲醇和邻苯二胺为原料合成了苯并咪唑。2014 年，Li 等[15] 以邻苯二胺和 2-硝基乙烯为模板反应底物，在水中以硅胶为催化剂合成了苯并咪唑，产率最高可达 87%，该方法具有反应条件温和、高效等优点。

总之，至今已有不少关于 2-取代苯并咪唑及其衍生物合成的报道，但通过 $C(sp^2)$ -$C(sp^3)$ 键断裂而构筑含氮原子杂环的方法较少；而以酶作为生物催化剂，乙酰乙酸乙酯和邻苯二胺作为原料通过 C-C 键断裂形成苯并咪唑环的反应还未见报道，所以本章就介绍一种 α-糜蛋白酶催化合成 2-取代苯并咪唑的绿色方法，该方法具有较好的底物普适性和较高的反应产率（图 7-1）。

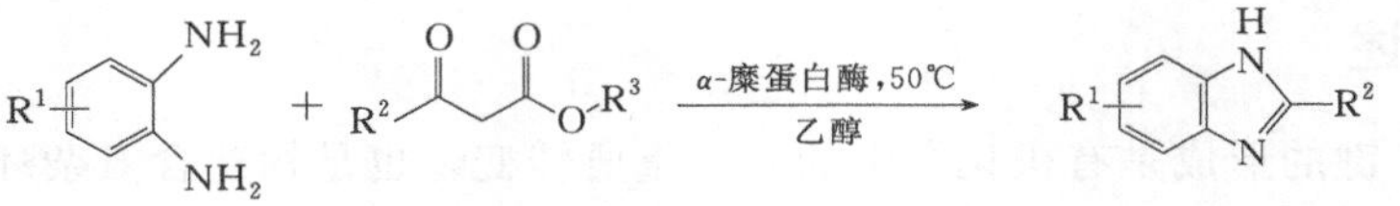

图 7-1 α-糜蛋白酶催化合成 2-取代苯并咪唑

二、α-糜蛋白酶催化合成 2-取代苯并咪唑类化合物

选择乙酰乙酸乙酯和邻苯二胺作为模板反应底物，分别考察酶、溶剂、反应温度、反应时间以及酶用量对模板反应的影响，并在最佳反应条件下研究了该酶促反应的底物适用性。

模板反应：在 10mL 锥形瓶中加入 0.25mmol 邻苯二胺、0.25mmol 乙酰乙酸乙酯、10mg α-糜蛋白酶和 2mL 乙醇，在 50℃的恒温振荡培养箱（200r/min）中反应（TLC 跟踪）。反应完成后利用柱色谱［V（石油醚）∶V（乙酸乙酯）＝1∶2］分离得到产物，并用核磁共振波谱进行了结构表征。

（一）酶的筛选

催化剂是影响反应的关键因素，所以首先考察了不同酶的催化效果，结果如表 7-1 所示。在没有酶的情况下没有检测到产物（表 7-1，序号 1），而 α-糜蛋白酶催化邻苯二胺和乙酰乙酸乙酯反应能得到产率为 98%的 2-甲基苯并咪唑（表 7-1，序号 2）。猪胃黏膜蛋白酶和猪胰脏脂肪酶分别得到了 45%和 48%的目标产物（表 7-1，序号 3 和 4）；其他水解酶，如佐氏曲霉蛋白酶、荧光假单胞菌脂肪酶、爪哇毛霉脂肪酶和地衣芽孢杆菌蛋白酶仅获得了较低的产率（表 7-1，序号 5～8）；在同样的反应条件下，木瓜乳蛋白酶、牛血清白蛋白、黑曲霉脂肪酶、洋葱假单胞菌脂肪酶、氨基酰化酶和南极假丝酵母酶 B 几乎无催化效果（表 7-1，序号 9～14）。同样，在 100℃下，经 8mol/L 尿素水溶液处理 8h 失活的 α-糜蛋白酶也没有催化活性（表 7-1，序号 15），未得到产物，这表明酶的特定结构对于催化该反应是必需的。

表 7-1 不同酶的催化效果

序号	酶	产率/%
1	空白(无催化剂)	0
2	α-糜蛋白酶	98
3	猪胃黏膜蛋白酶	45
4	猪胰脏脂肪酶	48
5	佐氏曲霉蛋白酶	23
6	荧光假单胞菌脂肪酶	11
7	爪哇毛霉脂肪酶	14
8	地衣芽孢杆菌蛋白酶	10
9	木瓜乳蛋白酶	0
10	牛血清白蛋白	<5
11	黑曲霉脂肪酶	<5
12	洋葱假单胞菌脂肪酶	<5
13	氨基酰化酶	<5
14	南极假丝酵母酶 B	<5
15	失活的 α-糜蛋白酶	0

（二）溶剂对反应的影响

反应介质是影响反应效果的一个重要因素，因此，在确定了最佳催化剂的情况下，又继续探索了溶剂对反应产率的影响（表 7-2）。通过实验发现，α-糜蛋白酶在乙醇、水、甲苯和四氢呋喃中均具有催化活性，分别获得了 98%、61%、17%和 43%的 2-甲基苯并咪唑，因此，选择乙醇作为最佳反应溶剂。

表 7-2 溶剂对反应效果的影响

序号	溶剂	产率/%
1	乙醇	98
2	水	61
3	甲苯	17
4	四氢呋喃	43

（三）温度对反应的影响

温度不仅是影响化学反应速率的重要因素，也是影响酶活性的重要因素，因此在确定了酶和溶剂后，又考察了温度对模板反应的影响。由图 7-2 可知，在相同时间内随着温度升高反应产率也逐渐升高；虽然反应 18h 时，50℃时的收率略低于 60℃的，但考虑酶长时间高温时会逐渐失活，并且 60℃需要更高的能耗，从经济角度考虑选择 50℃作为最佳反应温度，18h 作为最佳反应时间。

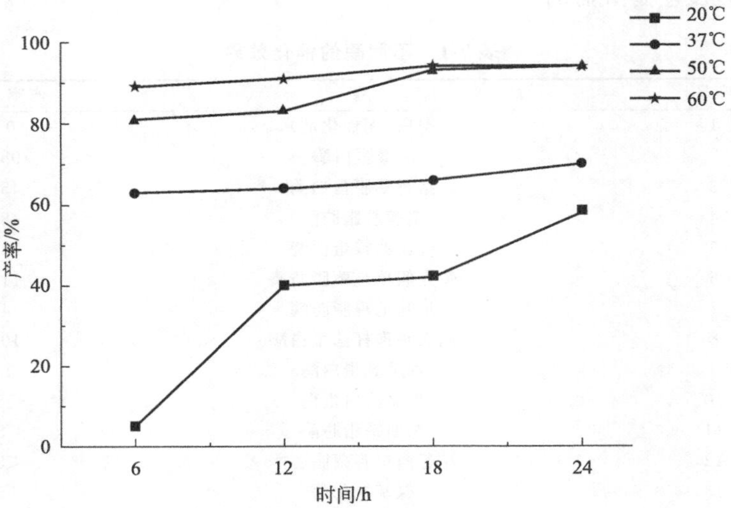

图 7-2　温度对模板反应的影响

(四) 酶用量对反应的影响

酶作为一种绿色、安全、高效的催化剂，生产成本较高，为保证其活性，酶的储存条件也比较严格，因此，选择合适的酶用量就显得格外重要。所以，在讨论了溶剂、温度以及反应时间后，考察了酶用量对模板反应的影响，结果如表 7-3 所示。结果显示，当酶用量由 5mg 增至 10mg 时，反应产率有较大幅度提高；当酶用量超过 10mg 时，产率增加已不明显，因此选择 10mg 作为最佳酶用量。

表 7-3　酶用量对模板反应的影响

序号	酶用量/mg	产率/%
1	5	70
2	10	93
3	15	95
4	20	95

(五) 底物拓展

为了验证 α-麋蛋白酶催化该类反应合成 2-取代苯并咪唑及其衍生物的可行性，在确立的最佳反应条件下拓展了一系列底物，结果表明，α-麋蛋白酶催化取代邻苯二胺与 β-酮酯反应生成 2-取代苯并咪唑具有不错的底物普适性（表 7-4）。该方法对取代基具有良好的耐受性，邻苯二胺苯环上取代基的位置和电子效应对该酶促反应影响不大，当邻苯二胺上取代基为 4-甲基、4-氯、4-氟、4-硝基和 4-三氟甲基时，得到 2-取代苯并咪唑的产率相差不大。

表 7-4 α-糜蛋白酶催化合成 2-取代苯并咪唑的底物普适性

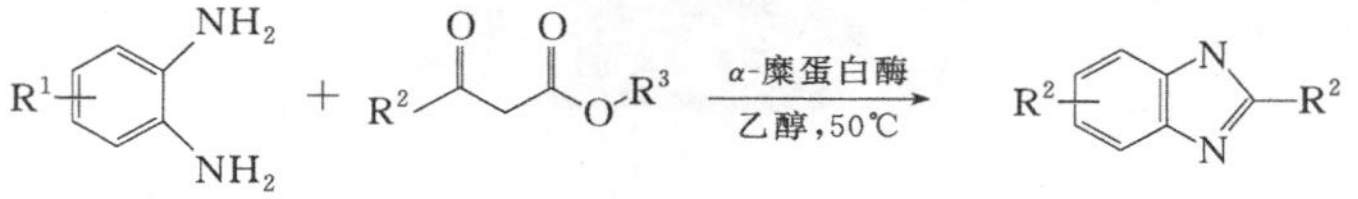

1(a～h) 2(a～b) 3(a～p)

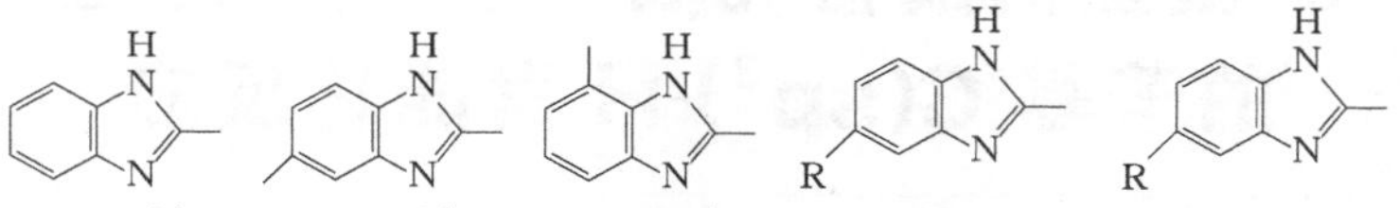

3a：93%　3b：91%　3c：83%　3d：91%（R=F）　3f：96%（R=CF_3）
3e：96%（R=Cl）　3g：95%（R=NO_2）

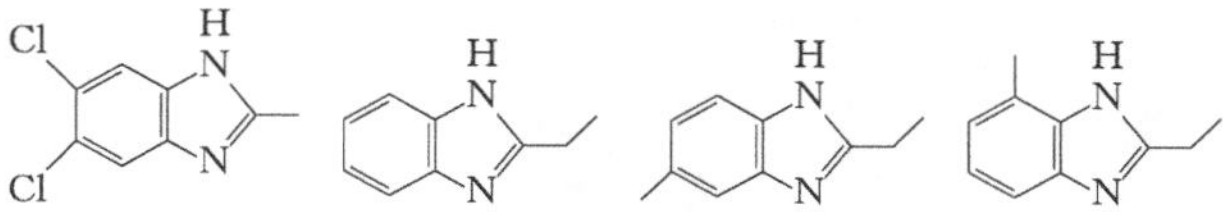

3h：94%　3i：88%　3j：87%　3k：73%

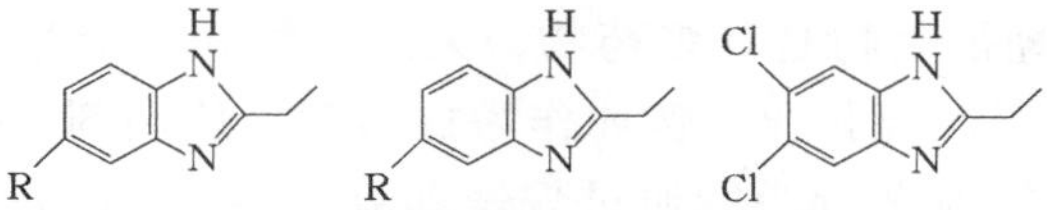

3l：88%（R=F）　3n：89%（R=CF_3）　3p：84%
3m：91%（R=Cl）　3o：82%（R=NO_2）

参考文献

［1］ Jitender B，ErikV D E. Chemical Society Reviews，2013，42：9283.

［2］ Wang Y F，Zhu X，Chiba S. Journal of the American Chemical Society，2012，134：3679.

［3］ Alaqeel S I. Journal of Saudi Chemical Society，2017，21：229.

［4］ Ho J Z，Mohareb R M，Hee A J，et al. Journal of Organic Chemistry，2003，68：109.

［5］ (a) Chanda K，Rajasekhar S，Maiti B，et al. Current Organic Synthesis，2016，13：1.
(b) Mukhopadhyay C，Tapaswi P K. Tetrahedron Letters，2008，49：6237.

［6］ Molander G A，Ajayi K. Organic Letters，2012，14：4242.

［7］ Pasha M A，Nizam A. Journal of Saudi Chemical Society，2012，16：237.

［8］ Srinivasulu R，Kumar K R，Satyanarayana P V V. Green and Sustainable Chemistry，2014，04：33.

［9］ Bala M，Verma P K，Sharma D，et al. Molecular Diversity，2015，19：263.

［10］ Sontakke V A，Kate A N，Ghosh S，et al. New Journal of Chemistry，2015，39：4882.

［11］ Wang Z X，Qin H L. Journal of Heterocyclic Chemistry，2009，42：1001.

［12］ Majumdar S，Chakraborty A，Bhattacharjee S，et al. Tetrahedron Letters，2016，57：4595.

［13］ Bhagat S B，Ghodse S M，Telvekar V N. Journal of Chemical Sciences，2018，130：10.

［14］ Marri M R，Peraka S，Macharla A K，et al. Tetrahedron Letters，2015，46：6520.

［15］ Li C，Zhang F，Zhen Y，et al. Tetrahedron Letters，2014，55：5430.

第八章

α-糜蛋白酶催化 2-甲基氮杂芳烃的苄基 $C(sp^3)$-H 官能化反应

一、概述

2-甲基氮杂芳烃衍生物是许多药物、天然产物和功能性有机物质的重要组分[1]，且广泛应用于医药行业，例如作为抗疟剂、抗癌剂、抗菌剂和分子探针等[2]。喹啉和吡啶等氮杂芳烃能通过烷基部分直接 $C(sp^3)$-H 官能化来进行修饰，以获得多种不同结构和功能的氮杂芳烃取代的药物分子；但由于烷基活性较低，所以烷基取代的氮杂芳烃 $C(sp^3)$-H 官能化反应是一项具有挑战性的研究，受到了科学家们的持续关注。2010 年，Qian 等[3] 首次发现了烷基取代氮杂芳烃和不饱和化学键的 $C(sp^3)$-H 键官能化反应。目前，已经报道了许多催化烷基芳烃 $C(sp^3)$-H 官能化反应的实例，例如 Brønsted 酸[4]、Lewis 酸[5] 和过渡金属[6] 催化以及微波辅助[7] 的反应等。

2014 年，Jamal 等[8] 在 120℃的条件下，以水为反应介质，通过 $CoCl_2$ 催化 2-甲基喹啉与芳香醛之间的 $C(sp^3)$-H 烯烃化反应，在 24h 内合成了一系列产率优良（68%～90%）的 2-甲基氮杂芳烃衍生物。2015 年，Wei 等[9] 在 170℃的条件下，以乙醇为反应溶剂，通过硫单质催化 2-甲基喹啉和邻苯二胺之间的缩合反应，在短时间内合成了一系列氮杂芳烃衍生物；该反应条件简单，但是合成温度较高。2012 年，Shaikh 课题组[10] 在二恶烷为溶剂的条件下，通过 $Yb(OTf)_3$ 催化 2-甲基喹啉和 α-缺电子羰基化合物发生亲核加成反应，生成了较高产率的三氟甲基醇类化合物。Brønsted 酸是一种能够提供质子的酸性催化剂，在氮杂芳烃 $C(sp^3)$-H 键官能化反应具有广泛的应用。2015 年，Wang 等[11] 在 125℃的条件下，以 NaOH 水溶液为反应介质，使用醋酸酐催化 2-甲基喹啉和芳香醛之间的 $C(sp^3)$-H 官能化反应，在 24h 之内合成了一系列 2-甲基氮杂芳烃衍生物；该反应操作简便，反应时间较短，实用性及适用性都较强。2013 年，Meshram 等[7] 在 105℃的条件下，以水作为溶剂，通过微波辅助 2-甲基喹啉与芳香醛进行 C(sp³)-H 官能化反应，在短时间内（15～45min）合成了一系列产率优良的 2-甲基氮杂芳烃衍生物。

虽说 2-甲基氮杂芳烃衍生物的合成已有较多成功的报道，但发展绿色、高效、简便的合成方法仍然具有很强的吸引力。近年来，研究人员发现酶不仅具有专一性，还具有非专一性，即酶具有催化多种非天然反应的能力。如脂肪酶可以催化 Mannich 反应[12]、Michael 加成反应[13] 和 Aldol 反应[14]，蛋白酶可以催化 Knoevenagel 反应[15]、Henry 反应[16] 和 Friedländer 反应[17] 等。本章主要介绍水介质中，α-糜蛋白酶催化 2-甲基氮杂芳烃的苄基 C(sp³)-H 官能化反应（图 8-1）。

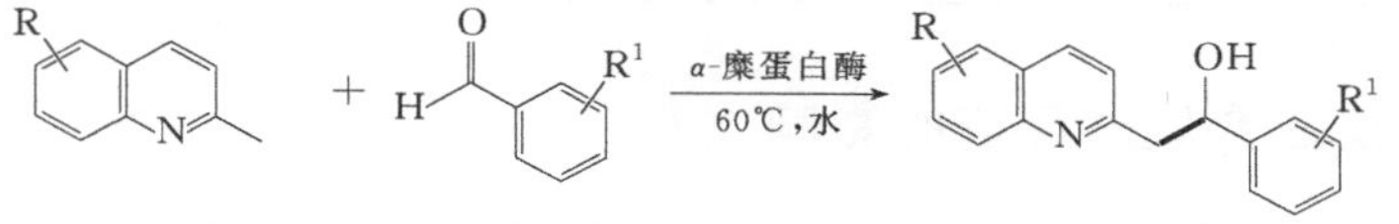

图 8-1　α-糜蛋白酶催化 2-甲基氮杂芳烃的苄基 C(sp³)-H 官能化反应

二、 2-甲基氮杂芳烃的苄基 C(sp³)-H 官能化反应

首先，以 2-甲基喹啉和 4-硝基苯甲醛间的反应为模板反应，考察了催化剂种类、反应介质、温度、底物摩尔比和酶用量等对该酶促反应的影响，并于最佳条件下考察了该酶促反应的底物适用情况。向 10mL 具塞试管中分别加入 0.3mmol 2-甲基氮杂芳烃、0.42mmol 芳香醛以及 15mg α-糜蛋白酶，然后加入 2mL 去离子水，在 60℃恒温油浴中反应 84h（200r/min）。利用 TLC 跟踪反应过程，反应完成后，冷却至室温，然后，用乙酸乙酯（3×15mL）萃取产物，有机相经减压浓缩得到粗产物，再经柱色谱分离 [V(石油醚)∶V(乙酸乙酯)=6∶1] 得到纯品，并用核磁共振波谱进行了结构表征。

（一）不同酶的催化活性

首先选择 2-甲基喹啉（0.3mmol）和 4-硝基苯甲醛（0.33mmol）为模板反应底物，乙醇（2mL）为溶剂，在 50℃下反应 84h 考察不同酶（15mg）对模板反应的催化能力。由表 8-1 可知，α-糜蛋白酶（来自猪胰腺）的催化效果较好，获得 18%的产率（表 8-1，序号 6），其他几种酶也显示出不同程度的催化活性。而非酶蛋白质——牛血清白蛋白和失活的 α-糜蛋白酶几乎无催化活性，产率和空白对照几乎相当。因此，α-糜蛋白酶被选作最佳催化剂，来进行下一阶段的研究。

表 8-1 不同酶的催化活性

序号	酶	产率/%
1	木瓜蛋白酶	5
2	佐氏曲霉蛋白酶	11
3	褶皱假丝酵母脂肪酶	13
4	胰蛋白酶	14
5	南极假丝酵母脂肪酶	10
6	α-糜蛋白酶	18
7	牛血清白蛋白	4
8	失活 α-糜蛋白酶	5
9	空白(无催化剂)	3

(二) 反应介质对反应的影响

溶剂含水量对酶活性影响较大，是维持酶构象灵活性的“分子润滑剂”。所以接下来分别考察了乙醇和甲醇的含水量对反应效果的影响，结果如图 8-2 所示。在乙醇和甲醇中，随着含水量的增加酶促反应的产率持续上升，当溶剂完全被水替代时，产率达到最大值 57%。

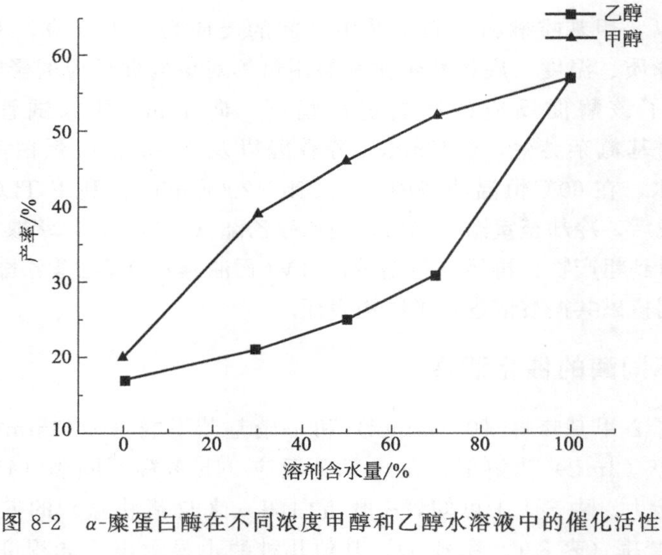

图 8-2 α-糜蛋白酶在不同浓度甲醇和乙醇水溶液中的催化活性

由上述结果可知，α-糜蛋白酶在水中的催化活性较强，为了筛选出最佳的反应介质，又考察了其在几种有机溶剂中的反应效果，结果如图 8-3 所示。由图可知，仍然是水作介质时反应效果最好，因此选择水作为最佳溶剂进行后续研究。

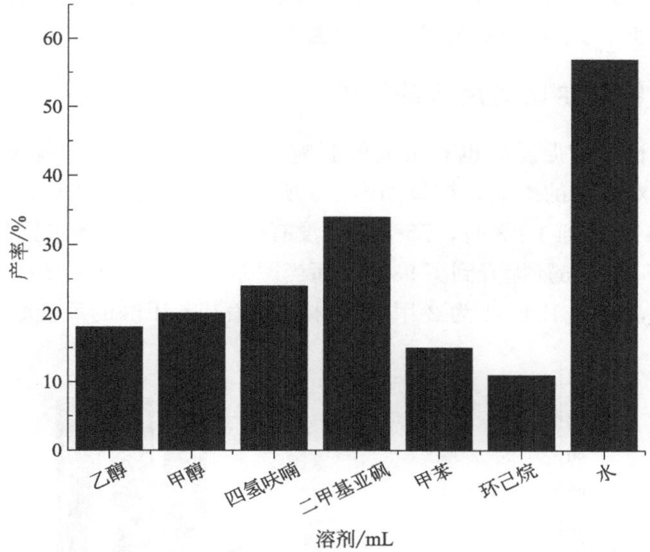

图 8-3 不同溶剂中 α-糜蛋白酶的催化活性

（三）温度对反应的影响

反应温度在酶促反应中也起着重要作用，因为它不仅影响化学反应的速率，而且还会影响酶的结构和活性。因此，以水为反应介质，研究了不同温度下α-糜蛋白酶的催化活性。如图 8-4 所示，产率随着温度的升高而增加，当反应温度为 60℃时，酶促反应的产率可以达到 75%；若继续提高温度产率增加则不明显，

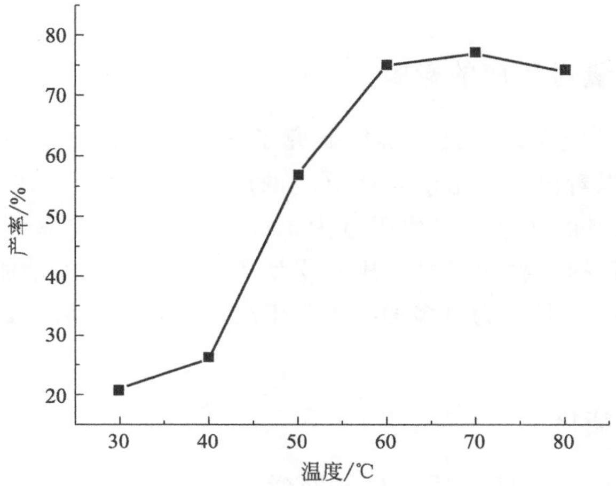

图 8-4 不同温度下 α-糜蛋白酶的催化活性

而当温度升至 80℃时产率还略有下降，可能是因为温度过高导致酶构象破坏，活性降低。因此，选择 60℃为最佳反应温度。

(四) 底物摩尔比对反应的影响

底物摩尔比对酶促反应也有很大的影响，因此研究了 2-甲基喹啉和 4-硝基苯甲醛的摩尔比对反应的影响，结果如图 8-5 所示。当 2-甲基喹啉与 4-硝基苯甲醛的摩尔比从 1∶1 变化到 1∶3 时，产率几乎没有变化；但是当摩尔比从 1∶1 变化到 1.4∶1 时，产率从 75%提升到了 93%，而当摩尔比继续增加至 2∶1 时，产率增加不明显。因此，选择 1.4∶1 为 2-甲基喹啉与 4-硝基苯甲醛的最佳摩尔比。

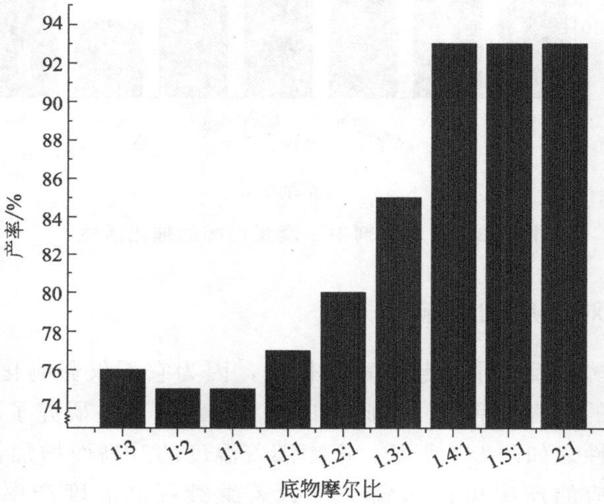

图 8-5 底物摩尔比对反应的影响

(五) 酶用量对反应的影响

受上述结果的鼓舞，紧接着继续研究了酶用量对模板反应的影响，结果如图 8-6 所示。可以看出，酶用量对该反应的产率影响显著；在 5mg 酶用量的情况下仅获得了 64%的产率，当酶用量为 10mg 时，反应产率可达 84%；当酶用量为 15mg 时，目标产物的产率提升至最大值 93%；再继续增加酶用量，产率反而略有下降，这可能是因为过多的酶不利于反应底物的扩散。最终选择 15mg 为最佳的酶用量。

(六) 底物拓展

优化出最佳反应条件之后，对 α-糜蛋白酶催化 2-甲基氮杂芳烃的苄基 C(sp^3)-H 官能化反应的底物普适性进行了考察，结果如表 8-2 所示。在去离子水

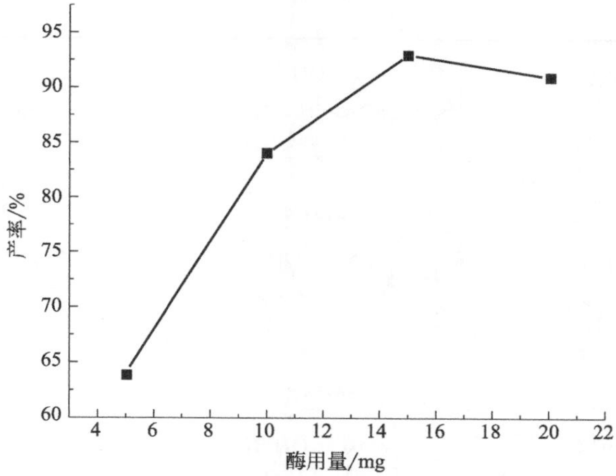

图 8-6　不同酶用量下 α-糜蛋白酶的催化活性

中，α-糜蛋白酶对一系列的 2-甲基喹啉和芳香醛之间的 C(sp³)-H 官能化反应均具有较好的催化效果。不过芳香醛苯环上所连的取代基对反应影响较大；当连有吸电子基团时，反应活性较强；而连有甲基、甲氧基等给电子基团时，反应效果很差（结果未给出）。因为吸电子基团可以降低羰基的电子云密度，使其具有更强的亲电性。

表 8-2　2-甲基芳烃的苄基 C(sp³)-H 官能化反应的底物普适性

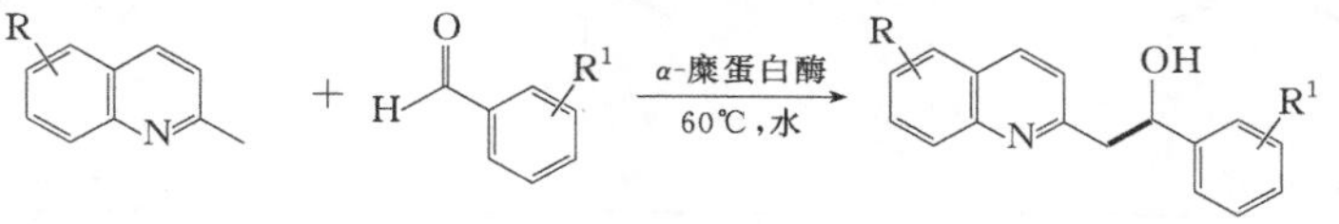

1(a～i)　　**2(a～g)**　　**3(a～x)**

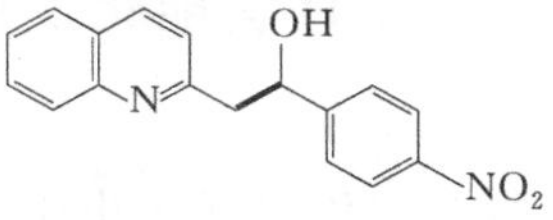

3a：93%

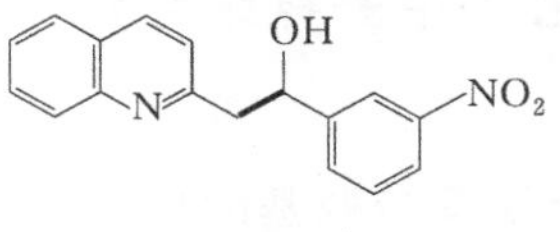

3b：72%

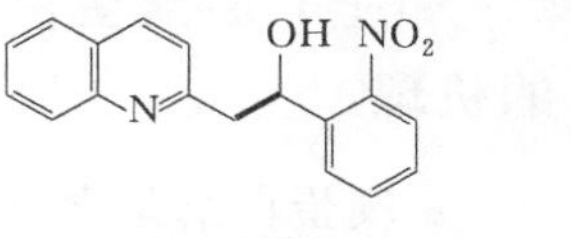

3c：87%

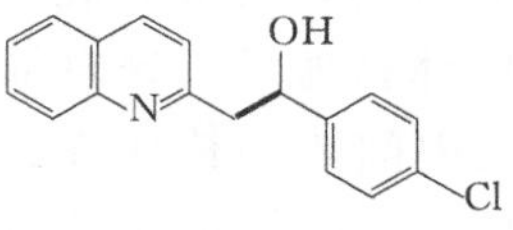

3d：64%

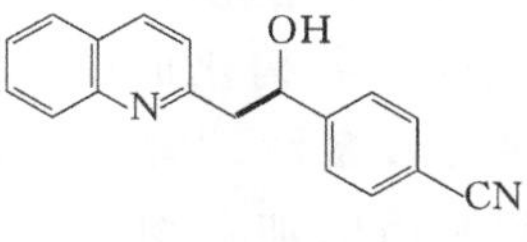

3e：71%

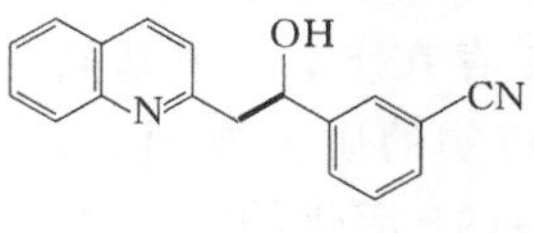

3f：66%

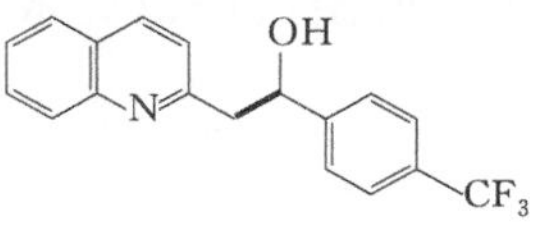

3g：67%

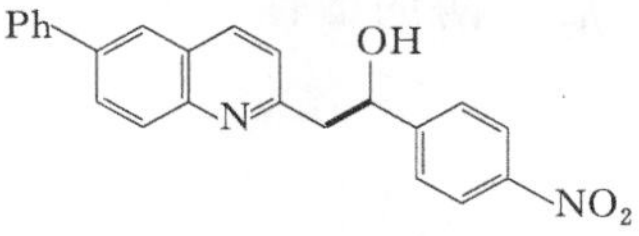

3h：51%

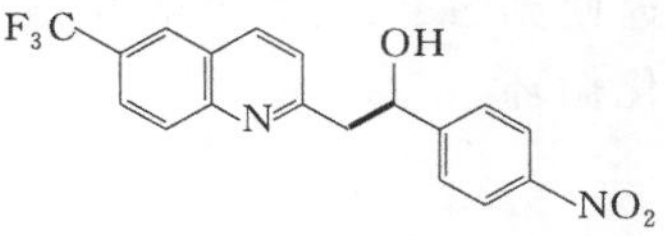

3i：71%

续表

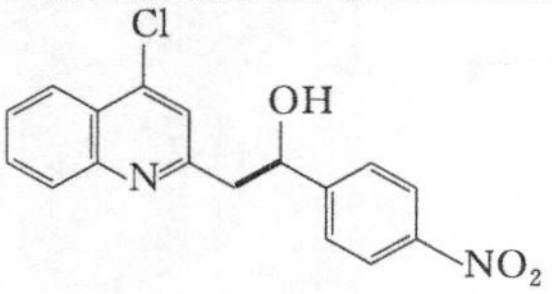 **3j**:51%	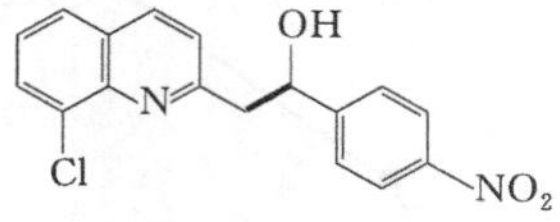 **3k**:81%	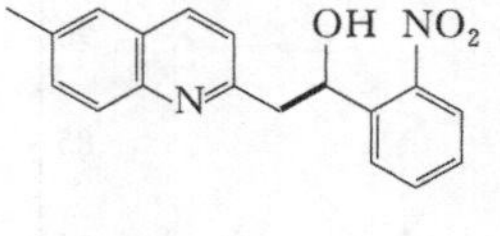 **3l**:81%
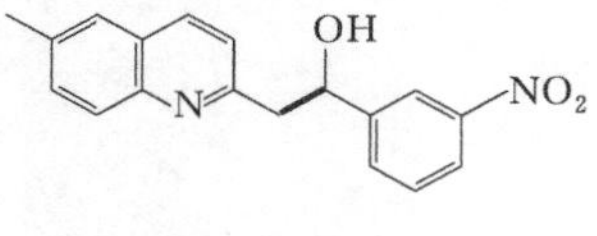 **3m**:75%	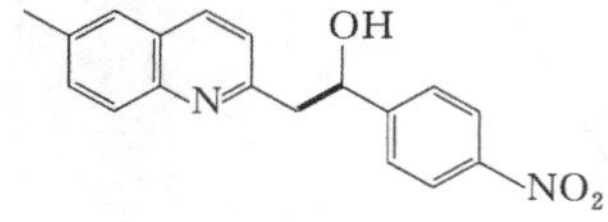 **3n**:84%	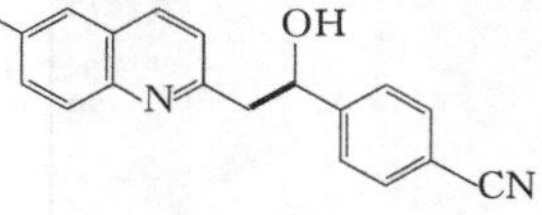 **3o**:77%
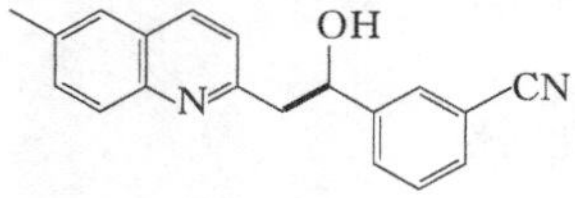 **3p**:59%	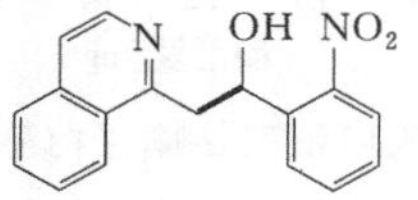 **3q**:86%	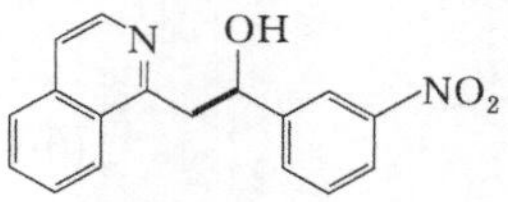 **3r**:81%
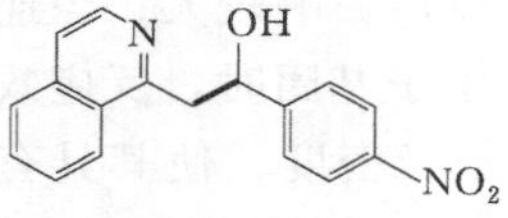 **3s**:90%	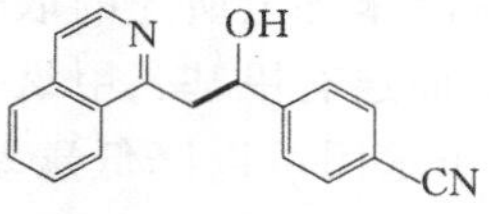 **3t**:76%	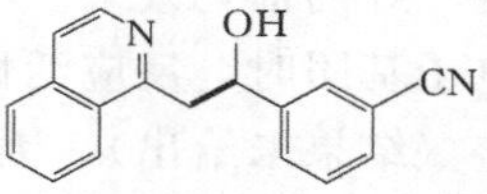 **3u**:69%
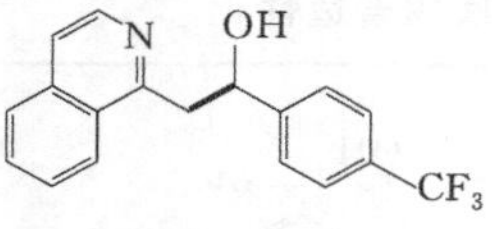 **3v**:90%	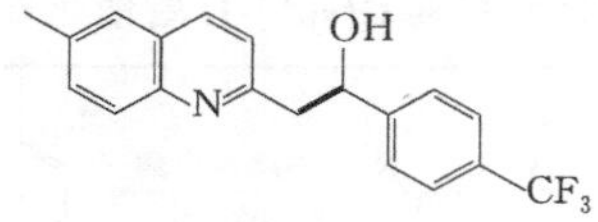 **3w**:61%	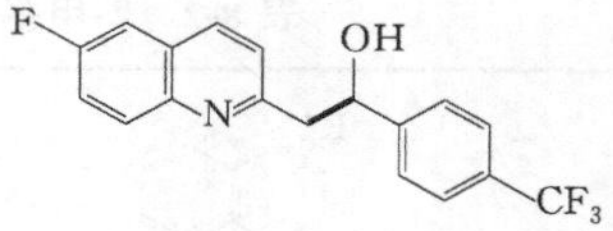 **3x**:69%

（七）α-糜蛋白酶催化 2-甲基氮杂芳烃苄基 C(sp^3)-H 官能化反应的机理

α-糜蛋白酶是含有 245 个氨基酸残基的丝氨酸蛋白酶，催化三联体由 His-57、Asp-102 和 Ser-195 组成。图 8-7 给出了一种可能的机理，首先，在 Ser-195 存在下，2-甲基氮杂芳烃倾向于异构化形成烯胺中间体；随后，来自烯胺对应物的质子被 His-57 拔去并有效激活；紧接着将烯胺中间体亲核加成到由 Ser-195 活化的芳香醛上，得到所需的加合物；最后，来自中间体捕获的质子返回到 Ser-195，产物生成并脱离酶的活性中心，再生成 α-糜蛋白酶以完成催化循环。

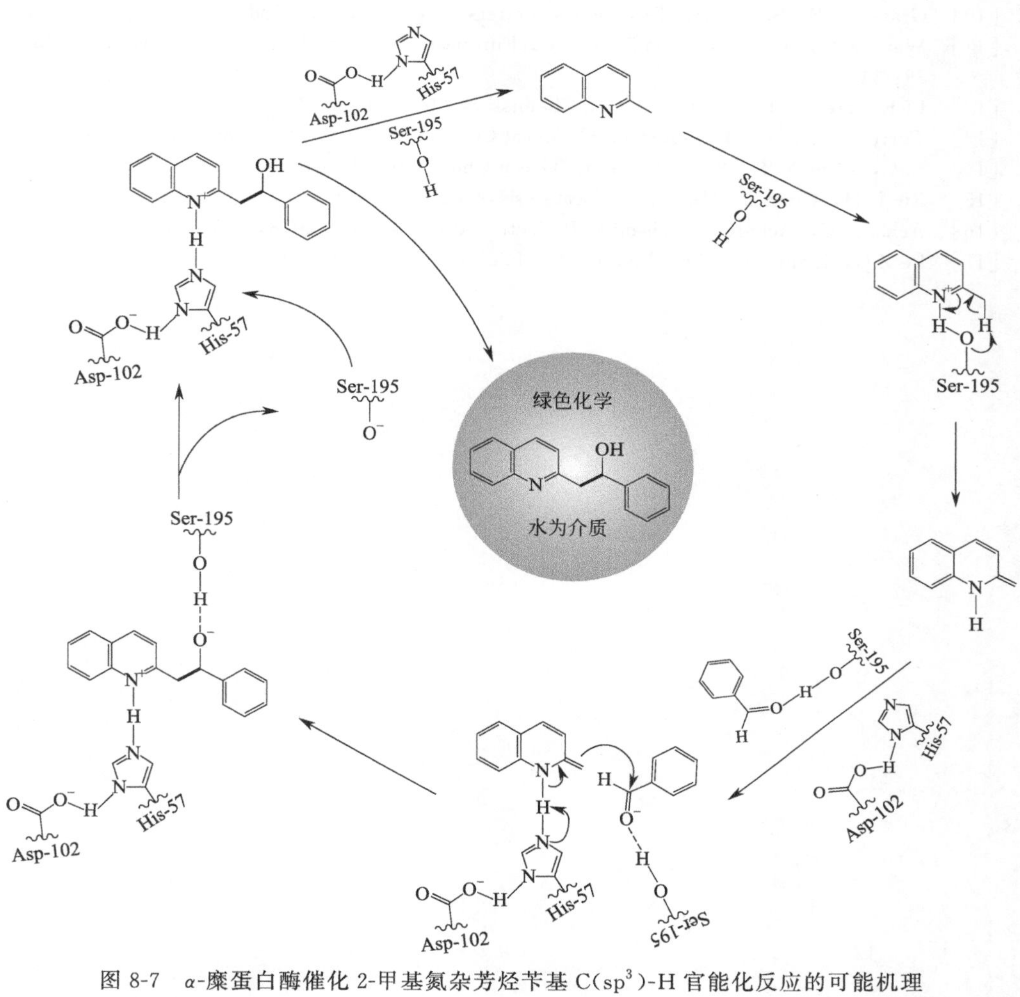

图 8-7　α-糜蛋白酶催化 2-甲基氮杂芳烃苄基 $C(sp^3)$-H 官能化反应的可能机理

参考文献

[1] Gulevich A V, Dudnik A S, Natalia C, et al. Chemical Reviews, 2013, 113: 3084.

[2] Houghton P J, Woldemariam T Z, Watanabe Y, et al. Planta Medica, 1999, 65: 250.

[3] Qian B, Guo S M, Shao J P, et al. Journal of the American Chemical Society, 2010, 41: 3650.

[4] Wang F F, Luo C P , Wang Y, et al. Organic & Biomolecular Chemistry, 2012, 10: 8605.

[5] Komai H, Yoshino T, Matsunaga S, et al. Organic Letters, 2011, 13: 1706.

[6] Jin J J, Niu H Y, Qu G R, et al. RSC Advances, 2012, 2: 5968.

[7] Rao N N, Meshram H M. Tetrahedron Letters, 2013, 54: 5087.

[8] Jamal Z, Teo Y C. Synlett, 2014, 25: 2049.

[9] Wei X F, Jiang Y Q, Cui X, et al. Journal of Coordination Chemistry, 2015, 68: 3825.

[10] Graves V B，Shaikh A. Tetrahedron Letters，2013，54：695-698.
[11] Wang X Q，Xia C L，Chen S B，et al. European Journal of Medicinal Chemistry，2015，89：349.
[12] Li K，He T，Li C，et al. Green Chemistry，2009，11：777.
[13] Torre O，Alfonso I，Gotor V. Chemical Communications，2004，35：1724.
[14] Li C，Feng X W，Wang N，et al. Green Chemistry，2008，10：616.
[15] Xie B H，Guan Z，He Y H. Biocatalysis，2012，30：238.
[16] Acharya C，Achari A，Jaisankar P. Tetrahedron Letters，2018，59：663.
[17] Le Z G，Liang M，Chen Z S，et al. Molecules，2017，22：762.

第九章

α-糜蛋白酶催化合成 β-脲基巴豆酸酯

一、概述

在研究α-糜蛋白酶催化脂肪醛参与的 Biginelli 反应中发现，乙酰乙酸乙酯与尿素可以发生反应，生成β-脲基巴豆酸酯，因而对该内容进行了探索。

β-脲基巴豆酸酯是合成 6-甲基嘧啶二酮及 3,4-二氢嘧啶二酮衍生物的重要中间体，6-甲基嘧啶二酮衍生物具有选择性抗肿瘤、抗病毒、抗结核和抗真菌等活性[1]，而 3,4-二氢嘧啶二酮衍生物具有钙通道阻断、抗菌和抗病毒[2] 等生物活性。但关于β-脲基巴豆酸酯合成的报道却很少，虽有报道用氯化锑[3]、三氟甲磺酸锌[4] 和盐酸[5] 等作催化剂合成该类物质，但反应条件较苛刻，所以寻找温和的合成方法仍具有积极意义。

酶作为生物体内大量生化反应的催化剂，其绿色、安全、高效的催化性能已得到化学家们的广泛关注，而酶的非专一性也已运用到多种有机合成反应中并取得了较好的效果[6]。于是，本章以α-糜蛋白酶为生物催化剂，通过 1,3-二羰基化合物和脲的缩合反应，合成了一系列β-脲基巴豆酸酯类化合物（图 9-1）。

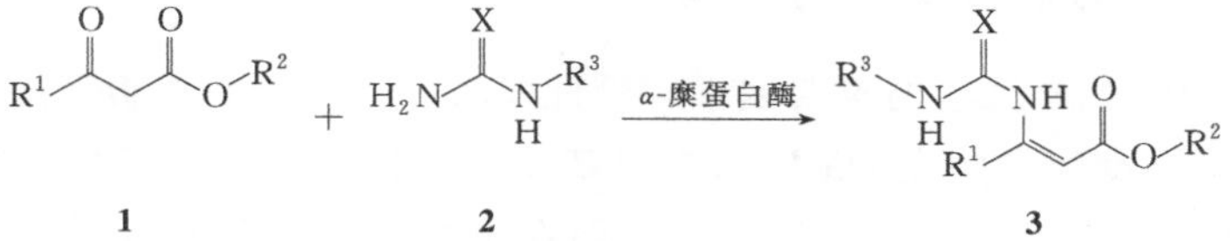

1　　2　　3

图 9-1　α-糜蛋白酶催化合成β-脲基巴豆酸酯

二、β-脲基巴豆酸酯的合成

在 10mL 具塞锥形瓶中，加入 3mmol 乙酰乙酸乙酯、1mmol 尿素、20mgα-糜蛋白酶和 3mL *N*,*N*-二甲基甲酰胺（DMF），于 37℃恒温摇床（200r/min）中反应 48h，经硅胶填充的吸附柱色谱分离［*V*(石油醚)∶*V*(乙酸乙酯)=2∶1］

得到目标产物，并用核磁共振波谱和高分辨质谱进行了结构表征。

(一) 催化剂对模板反应的影响

催化剂是影响反应的关键因素，所以研究了不同酶的催化效果。在3mL DMF中，以乙酰乙酸乙酯（3mmol）和尿素（1mmol）作为模板反应底物，于37℃下反应48h来考察各种酶的催化效率；在相同的反应条件下，只有α-糜蛋白酶（20mg）能催化乙酰乙酸乙酯和尿素的反应，得到了产率33%的β-脲基巴豆酸酯（表9-1，序号9）；而失活的α-糜蛋白酶（在100℃条件下，经8mol/L尿素溶液处理8h）没有催化活性。因此，选择α-糜蛋白酶作为催化剂进行后续研究。

表 9-1 不同酶对模板反应的催化效果

序号	酶	产率/%
1	胰酶	0
2	碱性蛋白酶	0
3	胰蛋白酶	0
4	木瓜蛋白酶	0
5	β-葡聚糖酶	0
6	脂肪酶	0
7	南极假丝酵母脂肪酶	0
8	纤维素酶	0
9	α-糜蛋白酶	33
10	失活的α-糜蛋白酶	0
11	空白(无催化剂)	0

(二) 溶剂对模板反应的影响

溶剂是影响化学反应的重要因素，因此又考察了溶剂对模板反应的影响。由表9-2可知，α-糜蛋白酶在DMF和二甲基亚砜（DMSO）等极性非质子溶剂中催化活性较好，最高可得33%的产率；而在甲醇、乙醇和水等质子溶剂中无产物生成，这可能是溶剂影响了酶的活性和稳定性所致，而溶剂$\log P$值对反应的影响并无明显的规律性，最终选择DMF为溶剂进行后续研究。

表 9-2 溶剂对模板反应的影响

溶剂	甲醇	乙醇	水	DMF	DMSO	乙腈
$\log P$	−0.27	0.07	—	−0.6	−1.49	0.17
产率/%	0	0	0	33	20	<5

（三）底物摩尔比对模板反应的影响

底物摩尔比对模板反应的影响见表 9-3，尿素过量时反应效果较差，而随着乙酰乙酸乙酯用量的增加产率不断提高，当乙酰乙酸乙酯∶尿素＝3∶1 时产率取得最大值 33％，之后，再增加乙酰乙酸乙酯用量产率反而降低。所以选择了乙酰乙酸乙酯∶尿素＝3∶1 为最佳底物摩尔比。

表 9-3　底物摩尔比对模板反应的影响

乙酰乙酸乙酯∶尿素	1∶1	1∶2	1∶3	2∶1	3∶1	4∶1
产率/％	26	17	＜5	27	33	32

（四）温度对模板反应的影响

温度不仅影响化学反应速率，也是影响酶活性的重要因素，因此又考察了温度对模板反应的影响，结果如表 9-4 所示。随着温度升高反应产率也逐渐升高，当温度为 37℃时产率取得最大值，之后再升高温度产率反而降低。因为酶是生物催化剂，过高的温度会使酶蛋白变性失活，从而影响其催化性能，导致反应产率降低。因此，最终选择 37℃作为最佳反应温度。

表 9-4　温度对模板反应的影响

温度/℃	20	30	37	40	50
产率/％	5	15	33	33	29

（五）催化剂用量对模板反应的影响

最后我们又对催化剂用量进行了优化，结果见表 9-5。不加催化剂时几乎无产物生成，当用 5mg 的 α-糜蛋白酶作催化剂时，取得了 7％的产率；当酶用量增加至 20mg 时，产率达到了最大值。因此，最佳酶用量为 20mg。

表 9-5　催化剂用量对模板反应的影响

酶/mg	0	5	10	15	20	25
产率/％	＜5	7	17	30	33	33

（六）底物拓展

在确定了酶促反应的最佳条件后，又选取了一系列 β-二羰基化合物和脲进行反应，以考察该方法的底物普适性。由表 9-6 可知，α-糜蛋白酶可以催化多种二羰基化合物和脲的缩合反应合成 β-脲基巴豆酸酯类化合物；同时也可以看出二羰基化合物和脲的结构对反应产率有较大影响。硫脲的反应效果较尿素和甲基脲好，且产率受二羰基化合物结构影响较小；当二羰基化合物与甲基脲反应时，区域选择性较好，分别只得到了 **$3a_1$**、**$3f_1$** 和 **$3i_1$**；丁酰乙酸乙酯与脲反应时的产率相对较低（表 9-6，序号 **3g**），可能是受到了空间效应的影响。

表 9-6　α-糜蛋白酶催化合成 β-脲基巴豆酸酯的底物普适性

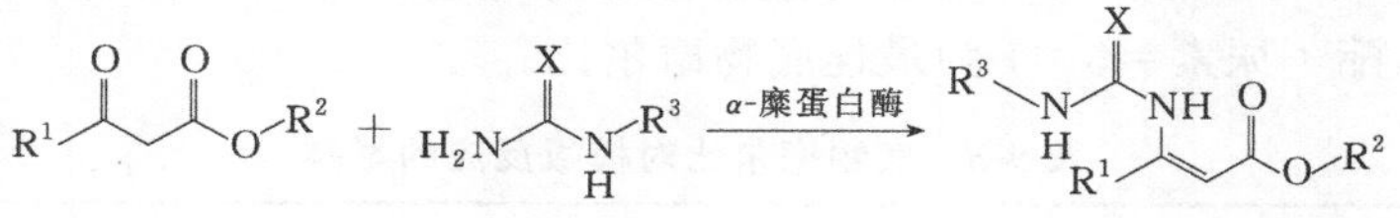

1(a～c)　　**2(a～c)**　　**3(a～i)**

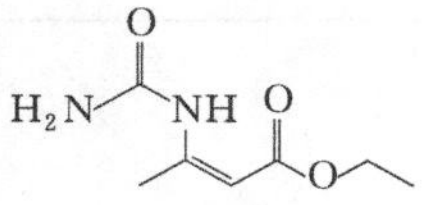	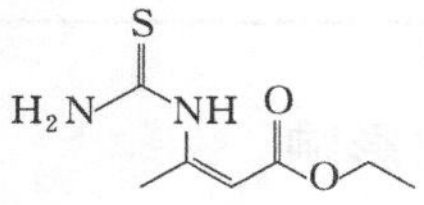	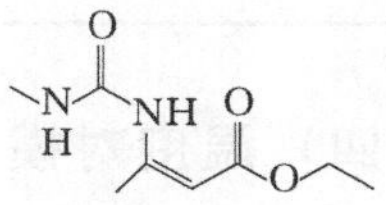
3a:33%	**3b**:59%	**$3c_1$**:27%
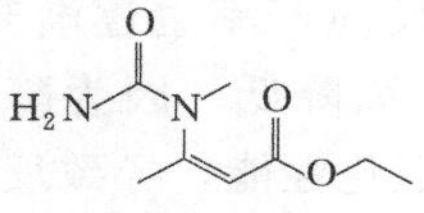	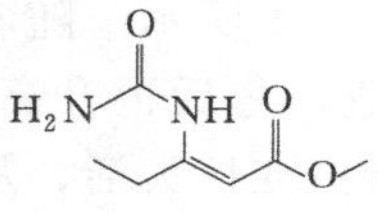	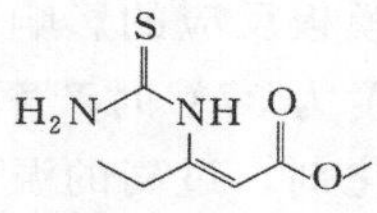
$3c_2$:0%	**3d**:35%	**3e**:63%
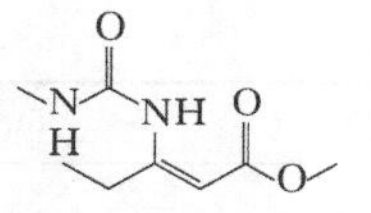	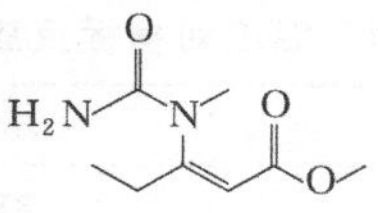	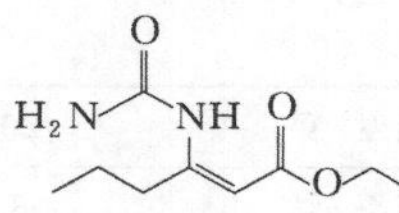
$3f_1$:34%	**$3f_2$**:0%	**3g**:15%
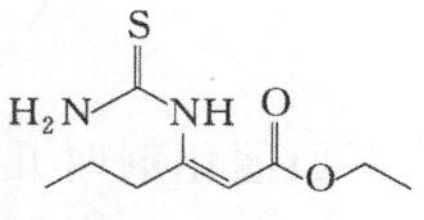	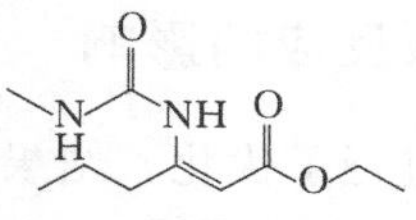	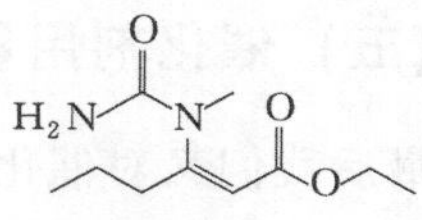
3h:61%	**$3i_1$**:9%	**$3i_2$**:0%

(七) 反应机理的推测

α-糜蛋白酶属于肽酶 S1 族的丝氨酸蛋白酶，由三个通过二硫键链接的多肽链组成，A 链（Cys1-Leu13），B 链（Ile16-Tyr146）和 C 链（Ala149-Asn245）。A 链是 13 个残基的短链，而 B 链和 C 链分别含有 131 和 97 个残基。催化三联体由 His57、Asp102 和 Ser195 组成[7]。参照相关文献[8]，推测出了 α-糜蛋白酶催化合成 β-脲基巴豆酸酯类化合物的可能机理。如图 9-2 所示，His57 先夺取脲氨基上的质子，使脲作为亲核试剂进攻被 Ser195 通过氢键活化了的羰基，生成一个过渡态，之后再通过 Ser195 发生脱水反应生成 β-脲基巴豆酸酯。

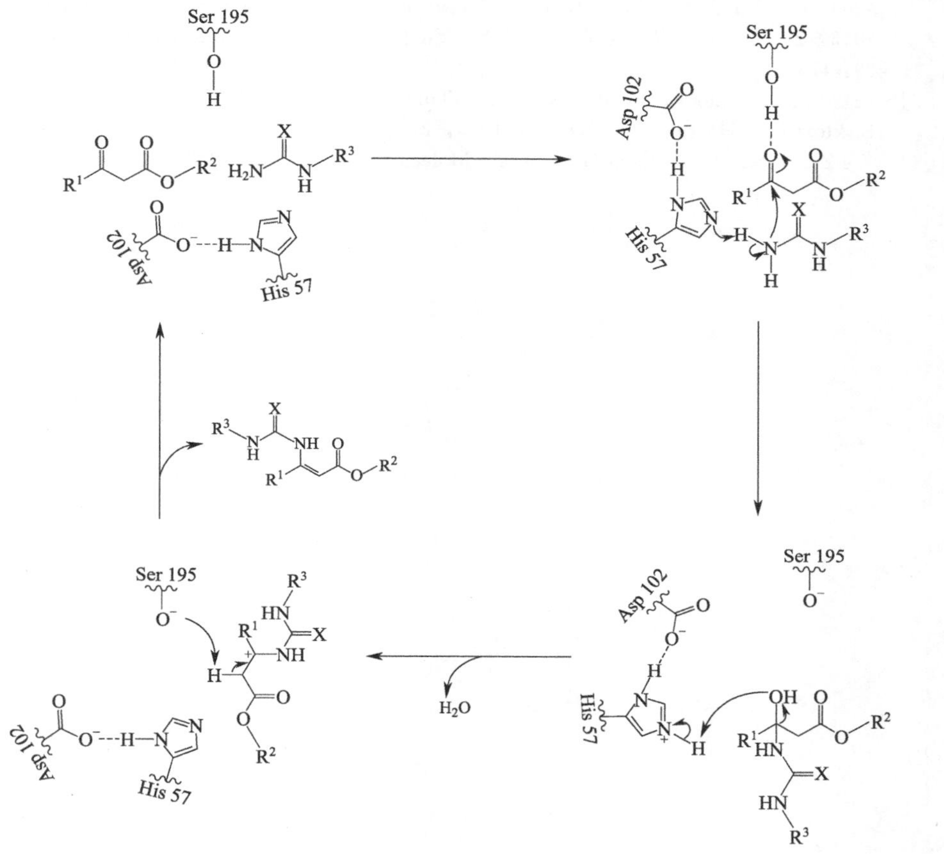

图 9-2　α-糜蛋白酶催化合成β-脲基巴豆酸酯的可能机理

参考文献

[1]　(a) Gilberg E, Stumpfe D, Bajorath J. F1000 Research, 2017, 6: 1505. (b) Mak J Y W, Xu W, Reid R C, et al. Nature Communications, 2017, 8: 14599.

[2]　(a) Janis R A, Silver P J, Triggle D J. Advances in Drug Research, 1987, 16: 309. (b) Mayer T U, Kapoor T M, Haggarty S J, et al. Science, 1999, 286: 971. (c) Osuagwu F C, Owoeye O, Avwioro O G, et al. African Journal of Medicine & Medical Sciences, 2007, 36: 103.

[3]　Schneider P, Stutz K, Kasper L, et al. Pharmaceuticals, 2011, 4: 1236.

[4]　Majee A, Kundu S K, Santra S, et al. Indian Journal of Chemistry Section B-Organic Chemistry Including Medicinal Chemistry, 2014, 53: 124.

[5]　Ehsan S, Khan B. Asian Journal of Chemistry, 2011, 23: 3202.

[6]　(a) Humble M S, Berglund P. European Journal of Organic Chemistry, 2011, 2011:

3391. (b) Eduardo B, Vicente G F, Vicente G. Chemical Society Reviews, 2010, 39: 4504. (c) Xin J Y, Yu J Q, Li H Y, et al. Journal of Molecular Catalysis (China), 2015, 29: 90. (d) Wang Y, Xin J Y, Yu J Q. Journal of Molecular Catalysis, 2015, 29: 476.

[7] (a) Ying L, Liu R. Food & Chemical Toxicology, 2012, 50: 3298. (b) Blow D M, Birktoft J J, Hartley B S. Nature, 1969, 221: 337.

[8] Xie Z B, Sun D Z, Jiang G F, et al. Molecules, 2014, 19: 19665.

第三篇

其他蛋白酶在有机合成中的应用

第十章

胃蛋白酶在有机合成中的应用

第一节　概　　论

随着“绿色化学”这一概念在有机合成中的不断深入和强化，探究绿色的有机化学合成方法成为了研究人员的重要研究方向。近年来，生物催化剂在化学合成中的应用不断增多，生物催化即以酶为催化剂的化学转化过程，酶以其高度的底物专一性和极高的催化效率备受研究者们青睐，胃蛋白酶也因其较好的催化活性，走进了人们的视野。

胃蛋白酶（Pepsin）是一种消化性蛋白酶，由胃黏膜主细胞（Gastric Chief Cell）所分泌，功能是将食物中的蛋白质分解为小的肽片段。胃蛋白酶不是由细胞直接生成的，主细胞分泌的是胃蛋白酶原，胃蛋白酶原经胃酸或者胃蛋白酶刺激后才形成胃蛋白酶。

胃蛋白酶是一种典型的天冬氨酸肽链内切酶，活性位点由 2 个天冬氨酸组成，在体内以酶原形式分泌，在 pH 小于 5.0 时酶原自动激活形成有活性的酶，在酸性条件下可降解多种蛋白质。胃蛋白酶的专一性较强，能水解位于多肽链中由芳香族氨基酸（如苯丙氨酸、酪氨酸）的氨基与酸性氨基酸（谷氨酸、天冬氨酸）的羧基形成酰胺键[1]。

近年来，猪胃黏膜蛋白酶被广泛用于有机合成中，帮助研究人员合成许多天然产物及人工合成物质。例如，在 2016 年，He 等[2] 发现猪胃黏膜蛋白酶可以催化 Knoevenagel/Michael/Michael 反应，合成螺氧吲哚衍生物，如图 10-1 所示。

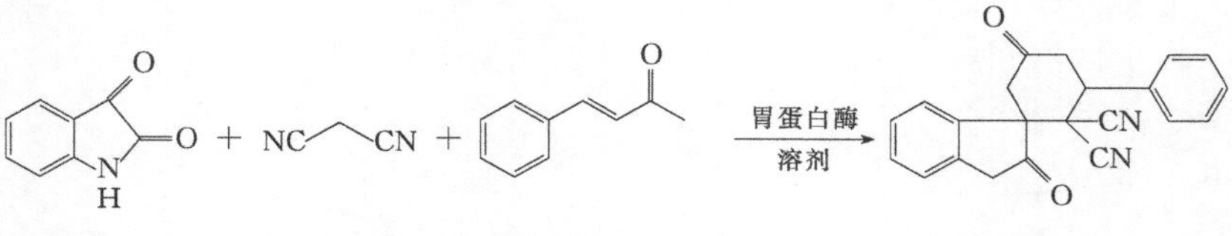

图 10-1　猪胃黏膜蛋白酶催化的 Knoevenagel/Michael/Michael 反应

同年，该课题组又报道了猪胃黏膜蛋白酶催化合成二氢喹啉类物质的方法，多数底物取得了理想的产率[3]，如图 10-2 所示。

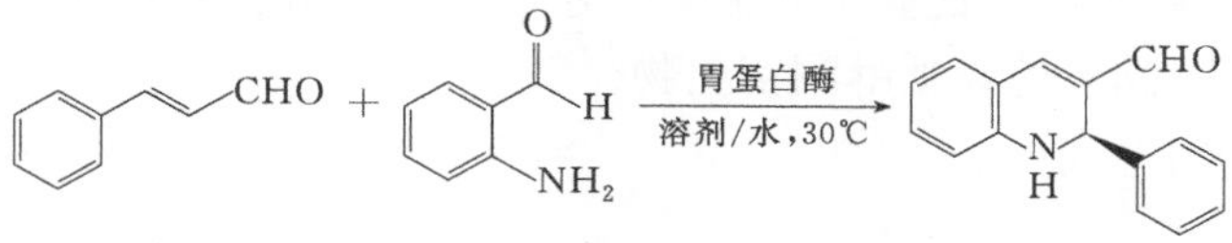

图 10-2 猪胃黏膜蛋白酶催化 aza-Michael/Aldol 反应合成二氢喹啉

如图 10-3 所示，猪胃黏膜蛋白酶还因其具有立体选择性，在不对称合成反应中也得到了应用[4]。

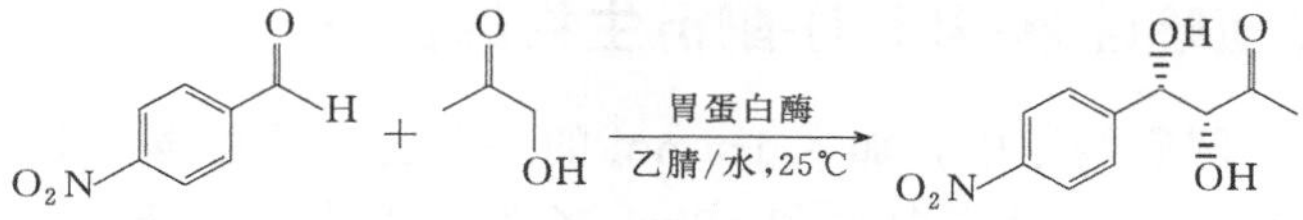

图 10-3 猪胃黏膜蛋白酶催化的不对称 Aldol 反应

本章介绍几种基于猪胃黏膜蛋白酶（简称胃蛋白酶）催化的有机合成反应，是胃蛋白酶在有机合成中应用的一个重要补充。

第二节 胃蛋白酶催化环缩合反应合成 2,3-二氢喹唑啉-4(1*H*)-酮

一、引言

2,3-二氢喹唑啉-4(1*H*)-酮衍生物广泛分布在天然产物及药物分子中，而且具有多种生物药理活性，因此，探究其合成方法有重要的意义。目前所报道的合成方法多数用酸性催化剂进行催化，如：$ZrCl_4$[5]、$CuCl_2$[6]、$TiCl_4$/Zn[7]、NH_4Cl[8]、杂多酸[9]、琥珀亚酰胺-*N*-磺酸[10]、对甲苯磺酸[11]、三氯乙酸[12]、2-吗啉乙磺酸[13] 等。近年来一些较为绿色、环境友好型催化剂被用于这一合成中，如离子液体[14]、十二水合硫酸铝钾[15]、硅胶硫酸[16]、纳米硫酸氧化锆[17]、β-环糊精-亚硫酸氢[18]、聚乙二醇-400[19] 等；另外，这些合成方法中多数以水、离子液体作为反应介质，或在无溶剂条件下进行。但这些合成方法还不能达到绿色有机合成目标，如催化剂的制作过程较为复杂，催化剂回收率低且活性损失较大，反应条件要求较高、操作复杂、反应时间长等。

本节将胃蛋白酶用于催化邻氨基苯甲酰胺与醛的环缩合反应中，合成了

2,3-二氢喹唑啉-4(1*H*)-酮衍生物（图 10-4），并对酶源、酶用量、温度、底物适应范围等反应条件进行优化，最终确定在乙醇介质中，65℃的反应温度下，用 10mg 的胃蛋白酶催化邻氨基苯甲酰胺与芳香醛（或脂肪醛）反应，合成了一系列产率为 84%～98%的喹唑啉酮衍生物。

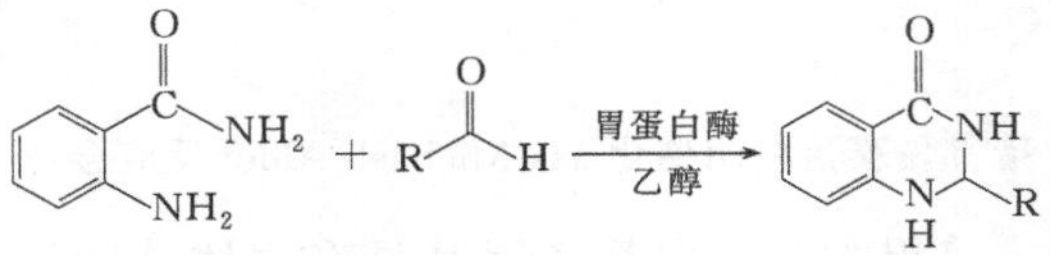

图 10-4　胃蛋白酶催化合成 2,3-二氢喹唑啉-4(1*H*)-酮衍生物

二、 2,3-二氢喹唑啉-4(1*H*)-酮衍生物的合成

在 25mL 的圆底烧瓶中，加入 1mmol 的 2-氨基苯甲酰胺、1.6mmol 的芳香醛（或脂肪醛）、10mg 胃蛋白酶和 10mL 乙醇，磁力搅拌下于 65℃油浴加热，TLC 跟踪反应进程（展开剂氯仿：乙酸乙酯＝4：1，体积比）。反应结束后向反应瓶中加入 15mL 蒸馏水，待反应液冷却后，过滤所得不溶固体即为目标粗产物。所得的粗产物可通过重结晶（80%乙醇水溶液）的方法进一步纯化。目标产物均已通过核磁共振波谱表征。

（一）酶的筛选

首先探究了不同种类的水解酶对模板反应的催化性能，选用 2-氨基苯甲酰胺（1mmol）和 4-甲基苯甲醛（1mmol）为模板反应底物，在 10mL 乙醇介质、40℃油浴和磁力搅拌条件下反应 2h，考察不同酶（20mg）的催化效果，结果见表 10-1。从表 10-1 可以看出，胃蛋白酶显示出了较强的催化能力，催化模板反

表 10-1　不同酶的催化活性

序号	酶	产率/%
1	碱性蛋白酶	20
2	胰蛋白酶	25
3	木瓜蛋白酶	19
4	胃蛋白酶	36
5	佐氏曲霉蛋白酶	22
6	洋葱假单胞菌脂肪酶	21
7	猪胰脂肪酶	20
8	蜂蜜曲霉淀粉酶	24
9	纤维素酶	19
10	木聚糖酶	17
11	果胶酶	21
12	牛血清白蛋白	21
13	失活的胃蛋白酶	22
14	空白(无催化剂)	21

应获得了36%的产率（表10-1，序号4）；而胰蛋白酶获得了25%的产率（表10-1，序号2）。其他的水解酶，如碱性蛋白酶、木瓜蛋白酶、佐氏曲霉蛋白酶、洋葱假单胞菌脂肪酶、猪胰脂肪酶、蜂蜜曲霉淀粉酶、纤维素酶、木聚糖酶、果胶酶等对模板反应均未表现出明显的催化活性（表10-1，序号1，3，5～11），所得结果与空白实验相当。为了进一步验证胃蛋白酶对模板反应的催化能力，牛血清白蛋白和失活的胃蛋白酶（经8mol/L尿素溶液，在110℃温度下处理）用于催化模板反应（表10-1，序号12～13），获得的产率均与空白实验相近（表10-1，序号14）。通过这两组对照实验排除了氨基酸催化反应的可能性，确定了胃蛋白酶独特的结构对催化模板反应的关键作用。因此，胃蛋白酶被选为最佳催化剂进行下一步的条件优化。

（二）温度对反应的影响

对于酶促反应来说，温度是一个及其重要的影响因素，它不仅影响酶的活性和酶自身的结构，还影响反应的速率。这主要是因为绝大多数的酶是蛋白质，反应的温度太高会使蛋白质变性失去活性，温度太低会降低酶的催化活性。下面使用20mg胃蛋白酶作为催化剂，通过改变温度，探究温度对胃蛋白酶催化合成2,3-二氢喹唑啉-4(1*H*)-酮衍生物的影响。结果如表10-2所示，在30～65℃的温度范围内，随着温度的升高，产物的收率从18%增加至71%（表10-2，序号1～6）；70℃时产物收率又降至63%（表10-2，序号7），这可能是因为酶长时间处于高温下，其蛋白质结构发生变化而导致酶活性下降，催化效果降低，产率也随之减少。综上数据可以看出，65℃为最佳的反应温度。

表10-2 温度对模板反应的影响

序号	温度/℃	产率/%
1	30	18
2	40	36
3	50	49
4	55	58
5	60	64
6	65	71
7	70	63

（三）底物摩尔比对反应的影响

底物摩尔比也是影响反应的一个重要因素。在65℃的条件下，用20mg胃蛋白酶催化不同摩尔比的2-氨基苯甲酰胺和4-甲基苯甲醛反应2h，实验结果如表10-3所示。2-氨基苯甲酰胺与4-甲基苯甲醛的摩尔比为1∶1时（mmol/mmol），产率为71%（表10-3，序号1），在底物摩尔比为1∶1.2时，产率提高到84%，底物摩尔比为1∶1.4时，产率增至95%（表10-3，序号3）；而随着4-甲基苯甲醛物质的量的继续增加，摩尔比为1∶1.6时产率仅提高了2%（表10-3，序号4）；当摩尔比为1∶1.8时，产率仍为97%（表10-3，序号5）。因此选择1∶1.6的底物摩尔比进行下一步实验。

表10-3 底物摩尔比对模板反应的影响

序号	底物摩尔比	产率/%
1	1∶1	71
2	1∶1.2	84
3	1∶1.4	95
4	1∶1.6	97
5	1∶1.8	97

（四）酶用量对反应的影响

在确定了使用2-氨基苯甲酰胺（1mol）和4-甲基苯甲醛（1.6mol）为反应底物后，接下来探究酶用量对模板反应的影响，结果如表10-4所示。在无催化剂条件下仅得到了69%的产率（表10-4，序号1）；当加入5mg胃蛋白酶作催化剂时，产物2-(4-甲苯基)-2,3-二氢喹唑啉-4(1*H*)-酮的产率显著增至94%（表10-4，序号2），从这一数据可以看出胃蛋白酶对该反应具有很好的促进作用。继续增加酶用量至10mg，产率为98%（表10-4，序号3），相比于5mg酶用量的产率，仅有轻微的升高；酶用量为15mg和20mg时，产率分别为98%和97%，与10mg酶用量的产率相近，并无提高。所以，选择10mg胃蛋白酶为最佳催化剂用量。

表10-4 酶用量对模板反应的影响

序号	酶用量/mg	产率/%
1	0	69
2	5	94
3	10	98
4	15	98
5	20	97

（五）底物拓展

通过对影响反应因素的优化，确立了最佳反应条件。在最佳条件下，研究胃蛋白酶催化合成2,3-二氢喹唑啉-4(1*H*)-酮的底物普适性，结果如表10-5所示。从表中我们可以看到，芳香醛苯环上的取代基对反应产率并无太大的影响，无论是吸电子基团或给电子基团均可获得较好的产率，如苯环上连有4-Cl、2-Cl、

3-Br、2-Br 等吸电子基团的芳香醛，反应的产率分别为 91%、85%、89%和 91%（表 10-5，序号 **3d**～**3g**）；含有给电子基团的芳香醛为反应底物时，也可以获得 89%～98%的优异产率。另外，正己醛等脂肪醛也被用作反应底物进行了考察，正己醛与邻氨基苯甲醛酰胺反应 3h，得到了 89%的产率；而辛醛为底物反应 2h 即可获得 95%的产率。总之，胃蛋白酶不仅能催化芳香醛与邻氨基苯甲酰胺进行环缩合反应，对脂肪醛也具有较好的催化能力，均可获得较高的产物收率。

表 10-5　胃蛋白酶催化合成 2,3-二氢喹唑啉-4(1*H*)-酮的底物普适性

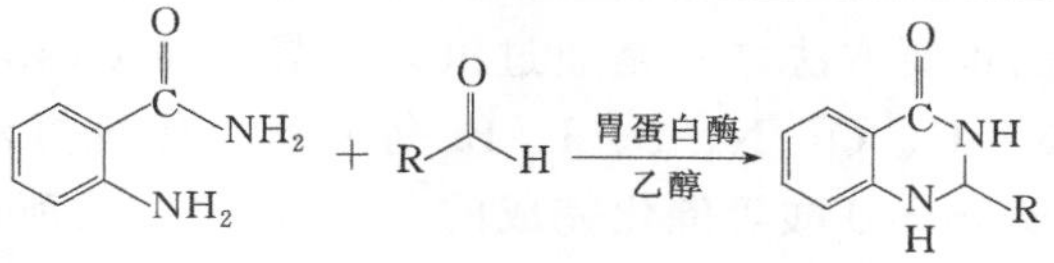

1a　　**2(a～o)**　　**3(a～o)**

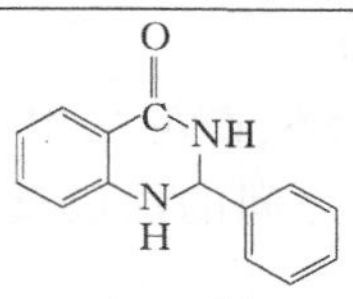 **3a**:91%	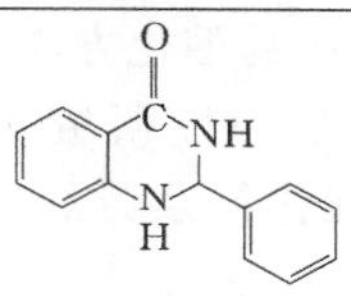 **3b**:98%	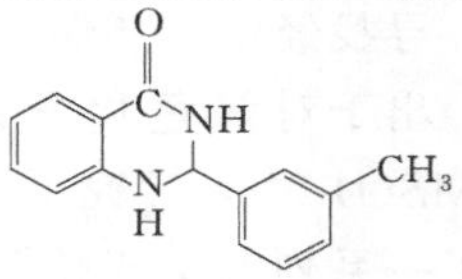 **3c**:96%
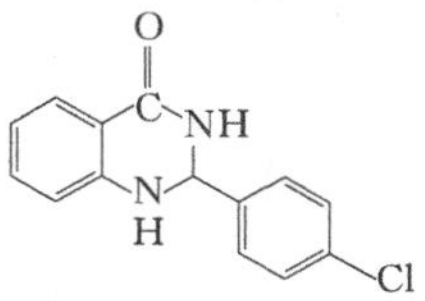 **3d**:91%	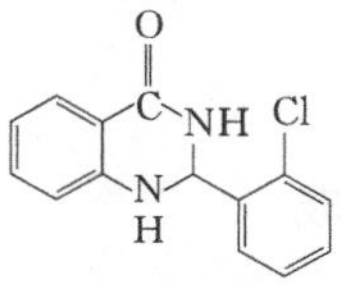 **3e**:85%	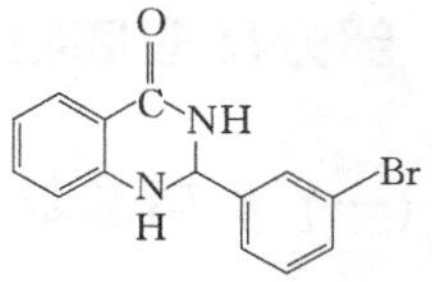 **3f**:89%
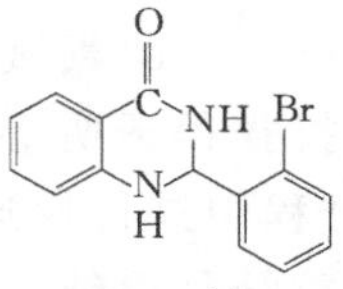 **3g**:91%	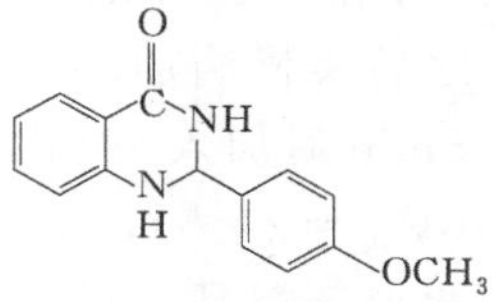 **3h**:94%	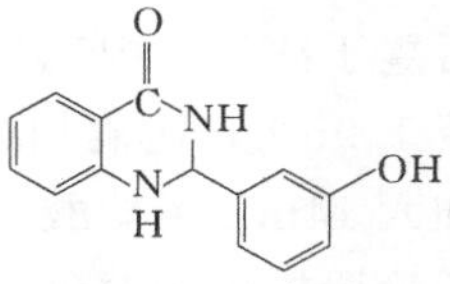 **3i**:95%
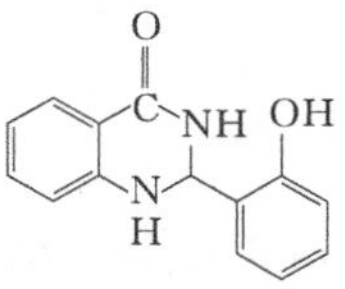 **3j**:92%	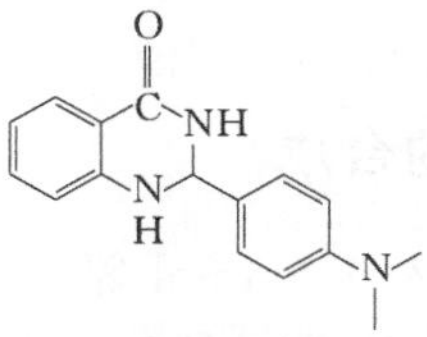 **3k**:85%	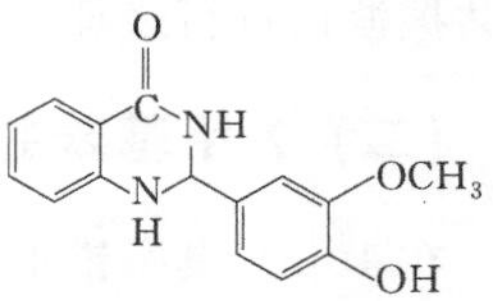 **3l**:98%
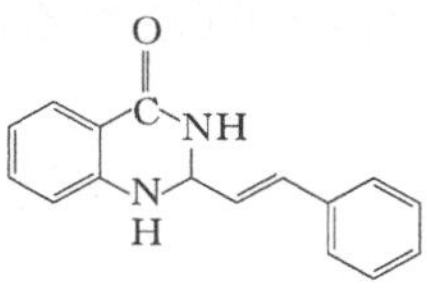 **3m**:84%	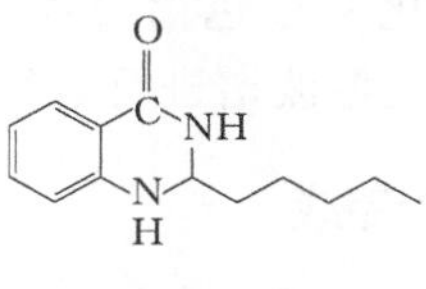 **3n**:89%	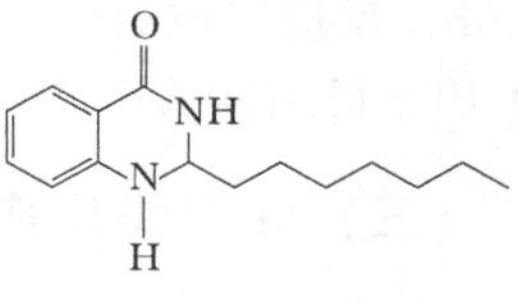 **3o**:95%

第三节 胃蛋白酶催化2-甲基氮杂芳烃的苄位 $C(sp^3)$-H 官能化反应

一、引言

以喹啉、吡啶等为骨架的氮杂芳烃衍生物是很多具有生物活性的药物中间体的重要结构单元，并且在有机催化以及材料合成等领域有广泛的应用[20]。而合成氮杂芳烃衍生物的重要方法之一是通过氮杂芳烃苄位 $C(sp^3)$-H 官能化反应，构建对应的C-X（X＝C、O、N、S、I、Br 等）键。传统方法主要是由过渡金属、Lewis 酸或者 Brønsted 酸等催化完成的[21]，这些方法所使用的催化剂会对环境造成一定的污染，而且操作步骤也较为复杂，存在不够绿色环保的缺点，因此，寻找经济、环保、高效、简便的催化方法显得十分迫切。

出于对绿色化学以及酶非专一性研究的持续关注，本节在二甲基亚砜（DMSO）中，探究了胃蛋白酶催化氮杂芳烃与缺电子烯烃之间的加成反应，合成了一系列氮杂芳烃衍生物。

二、部分反应底物的合成

（一）β-硝基苯乙烯的合成

在100mL烧杯中加入4mL甲醇、18mmol苯甲醛和20mmol硝基甲烷，混匀后置于冰盐浴中充分冷却，之后缓慢滴加已预冷的10.5mol/L的氢氧化钠水溶液1.9mL，边滴加边搅拌，5min后加入20mL冰水继续搅拌得透明溶液，然后加入14mL稀盐酸（$V_{浓盐酸}:V_{水}=2:5$），加入稀盐酸过程中进行快速搅拌，随后静置析出淡黄色沉淀，抽滤得到粗品，再用95%乙醇重结晶得纯品，用核磁共振波谱进行表征。

（二）2-甲基苯并咪唑的合成

在10mL具塞锥形瓶中加入0.5mmol邻苯二胺、0.5mmol乙酰乙酸乙酯和10mgα-糜蛋白酶，再加入2mL乙醇，在50℃恒温振荡培养箱（200r/min）中反应5h。反应完成后混合物用氧化铝柱色谱分离［V(石油醚)：V(乙酸乙酯)＝1：1］，得到纯的产品，用核磁共振波谱进行表征。

（三）喹啉类反应底物的合成

向10mL具塞试管中加入0.3mmol 2-氨基芳基酮（邻氨基苯乙酮、2-氨基二苯甲酮）、0.36mmol α-亚甲基酮（乙酰丙酮、乙酰乙酸甲酯、乙酰乙酸乙酯）和 10mg α-糜蛋白酶，再加入 1mL 甲醇，在 60℃恒温振荡培养箱（200r/min）中反应 24h。反应完成后，用乙酸乙酯（3×5mL）萃取产物，有机相经减压浓缩后，再经柱色谱分离［V(石油醚)：V(乙酸乙酯)＝10：1］，得到纯的产品，用核磁共振波谱进行表征。

三、 2-甲基氮杂芳烃的苄位 $C(sp^3)$-H 官能化反应

以 2-甲基喹啉和 N-苯基马来酰亚胺间的反应为模板反应（图 10-5），考察酶原、反应介质、酶用量、反应温度、底物摩尔比及反应时间对该酶促反应的影响，并在最佳条件下考察该酶促反应的底物适用性。

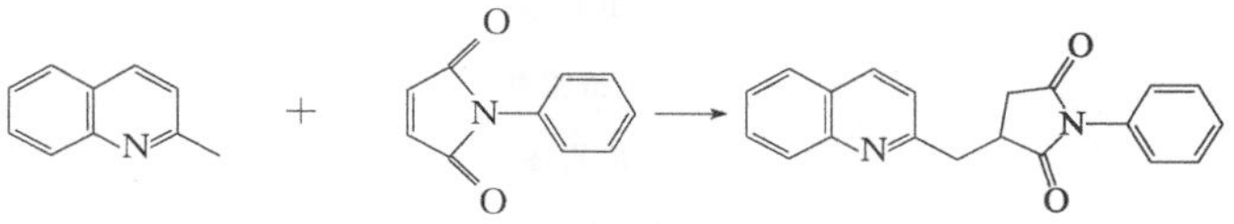

1a　　**2a**　　**3a**

图 10-5　模板反应方程式

在 10mL 具塞锥形瓶中加入 1mmol 2-甲基氮杂芳烃、1.4mmol 缺电子烯烃、20mg 胃蛋白酶和 2mL DMSO，在 60℃恒温振荡培养箱（200r/min）中反应 60h。反应完成后冷却至室温，先加入 20mL 去离子水，然后用乙酸乙酯（3×30mL）萃取产物，有机相经减压浓缩后，再经柱色谱分离［V(石油醚)：V(乙酸乙酯)＝2：1］，得到纯的产品。目标产物用核磁共振波谱进行表征。

（一）酶的筛选

首先考察了一些酶的催化效果，在 10mL 具塞锥形瓶中加入 0.5mmol 2-甲基喹啉、0.75mmol N-苯基马来酰亚胺、20mg 酶和 2mL DMSO，混匀后在 50℃反应 48h，结果如表 10-6 所示。在所考察的酶中，胃蛋白酶（表 10-6，序号 1）表现出了最好的催化活性，可得到 54%的产率，以 α-糜蛋白酶、猪胰脂肪酶、褶皱假丝酵母脂肪酶及胰酶为催化剂的反应也可得到较好的产率（表 10-6，序号 2，5～7）。而其他水解酶（酰基转移酶、果胶酶、纤维素酶）的催化效果较差（表 10-6，序号 8～10），与变性失活的胃蛋白酶（表 10-6，序号 11，在 100℃条件下，经 8mol/L 尿素溶液处理）及无酶对照（表 10-6，序号 12）所得的产率相似，这也排除了非特异性氨基酸催化的可能性，从而说明了胃蛋白酶特定的空间构象在催化该反应过程中起着关键作用，因此选择胃蛋白酶为催化该模板反应的最佳催化剂进行后续研究。

表 10-6　不同酶的催化效果

序号	酶	产率/%
1	胃蛋白酶	54
2	α-糜蛋白酶	45
3	脂肪酶	38
4	黑曲霉脂肪酶	31
5	猪胰脂肪酶	48
6	褶皱假丝酵母脂肪酶	44
7	胰酶	49
8	酰基转移酶	12
9	果胶酶	13
10	纤维素酶	12
11	失活的胃蛋白酶	15
12	空白(无催化剂)	12

(二) 反应介质对反应产率的影响

反应介质是影响酶催化反应的一个重要因素，用 20mg 胃蛋白酶作为催化剂，保持其他条件不变，考察几种溶剂对该酶促反应的影响情况，结果如图 10-6 所示。胃蛋白酶在极性溶剂中，如二甲基亚砜（DMSO）、水、四氢呋喃、乙醇、乙腈和丙酮中都表现出了一定的催化活性，分别获得了 68%、51%、36%、19%、21%和 11%的产率，而在甲醇、二氯甲烷和四氯化碳中无产物生成（结果未给出）。虽然该反应在水中也有较好的效果，但由于整个反应体系处于非均相状态，需进行特殊处理，因此，我们选择 DMSO 为胃蛋白酶催化后续反应的最佳介质。

(三) DMSO 含水量对反应产率的影响

由图 10-6 可知，该反应在 DMSO 和水中均有较好的效果，因此我们就研究了 DMSO 含水量对反应的影响，结果如图 10-7 所示。随着含水量[0%～100%，H_2O/（H_2O+DMSO），体积比]的增加，产率不断降低；由此可见，加入水对反应是不利的，所以，我们选择在纯的 DMSO 中进行后续研究。

(四) 酶用量对反应产率的影响

酶用量是酶促反应的重要影响因素之一，因此我们对此条件也进行了优化，结果如图 10-8 所示。酶用量从 0mg 增加至 20mg 时，产率大幅增加，但从 20mg

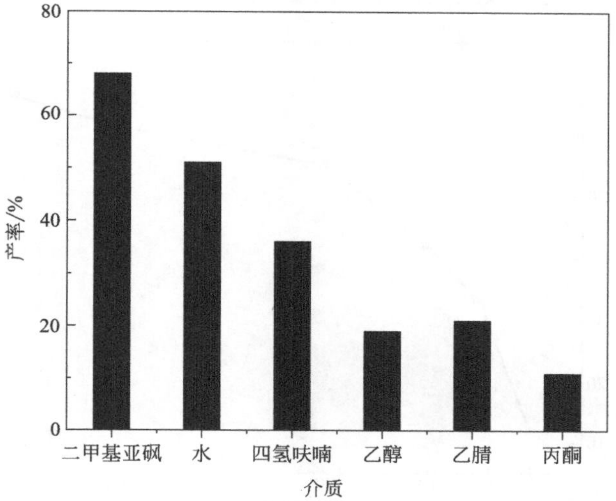

图 10-6 不同反应介质中胃蛋白酶的催化活性

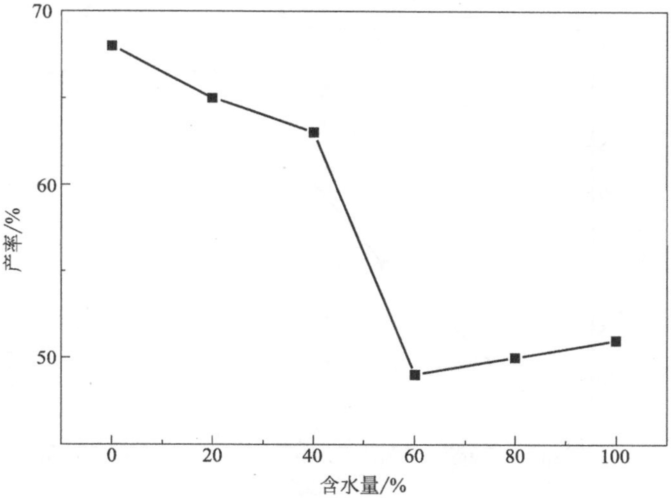

图 10-7 DMSO 含水量对反应产率的影响

增加至 30mg 时，产率仅增加了 3%，继续增加酶用量，产率也没有明显的增加，因此我们选择 20mg 为最佳酶用量。

（五）温度对反应的影响

随后我们又对反应温度进行了优化，结果如图 10-9 所示，随着温度的升高，目标产物产率也不断增加，但当温度从 60℃升高至 70℃时，产率没有明显的变化，因此选定 60℃为后续反应的最适温度。

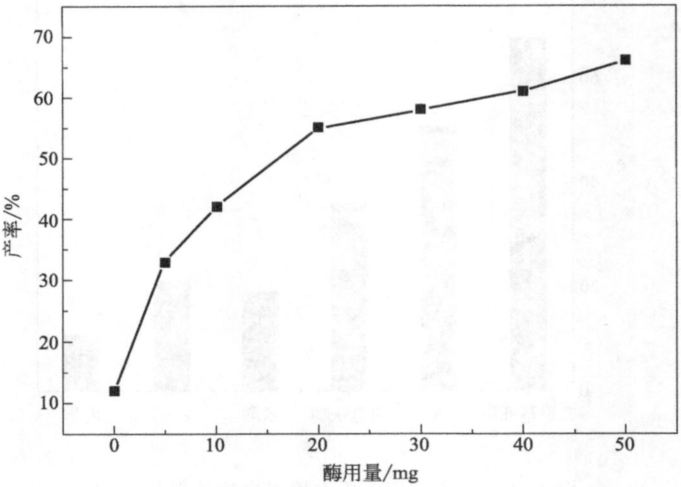

图 10-8 酶用量对反应产率的影响

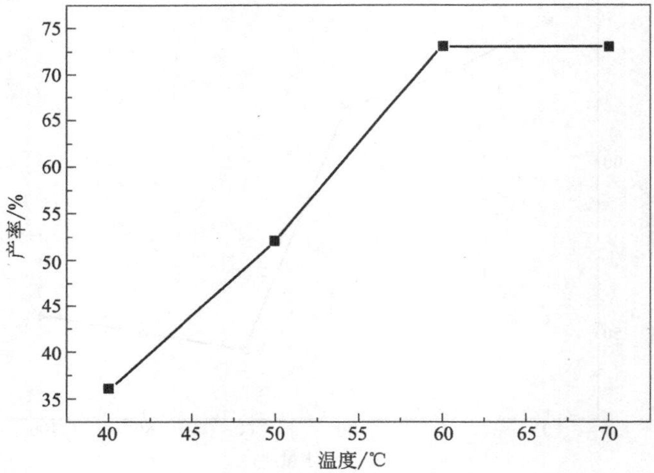

图 10-9 温度对反应产率的影响

(六) 底物摩尔比对反应产率的影响

为了进一步优化实验条件，又考察了底物摩尔比对反应产率的影响，结果如表 10-7 所示。目标产物的产率受底物摩尔比的影响比较明显，当摩尔比为 1∶1.4 时目标产物产率达到最大值。所以 1mmol 2-甲基喹啉和 1.4mmol *N*-苯基马来酰亚胺被选作反应的最佳底物摩尔比。

表 10-7 底物摩尔比对反应产率的影响

序号	2-甲基喹啉/mmol	N-苯基马来酰亚胺/mmol	产率/%
1	0.5	0.5	59
2	0.75	0.75	64
3	1	1	67
4	1.25	1.25	66
5	1.2	1.2	71
6	1	1.2	74
7	1	1.3	76
8	1	1.4	79
9	1	1.5	77

(七) 最佳反应时间的确定

由图 10-10 可知，当反应进行 12h 时，产率仅为 27%；反应到 24h 时，产率可以达到 59%；当反应 60h 时达到平衡，产率达到最高 84%，因此我们选择 60h 为最佳反应时间。

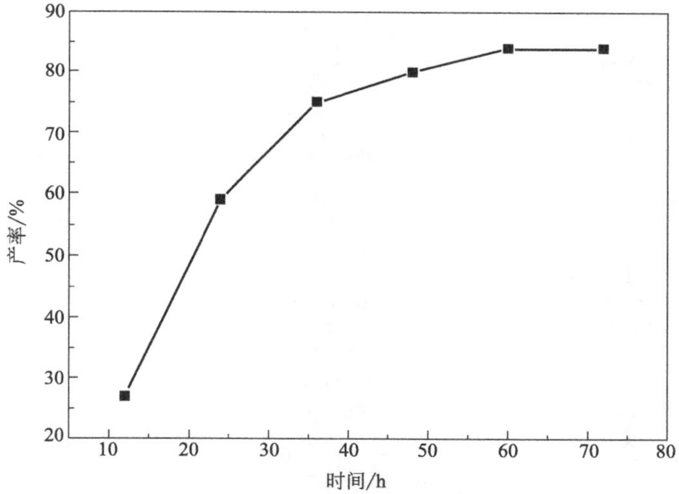

图 10-10 最佳反应时间的确定

(八) 底物拓展

最后，我们选用 20mg 胃蛋白酶为催化剂，2mL DMSO 为反应介质，在 60℃恒温振荡培养箱（200r/min）中反应 60h 作为最佳反应条件，考察了一系列 2-甲基氮杂芳烃（1mmol）和缺电子烯烃（1.4mmol）的反应情况，结果如表 10-8 所示。胃蛋白酶对所考察的多数底物有较好的催化效果，其中以 2-甲基喹啉为骨架的底物与 N-苯基马来酰亚胺反应时均能得到良好的产率，2-甲基喹啉与其他缺电子烯烃的反应结果也不错。

表 10-8 胃蛋白酶催化 2-甲基氮杂芳烃苄位 $C(sp^3)$-H 键官能化反应的底物普适性

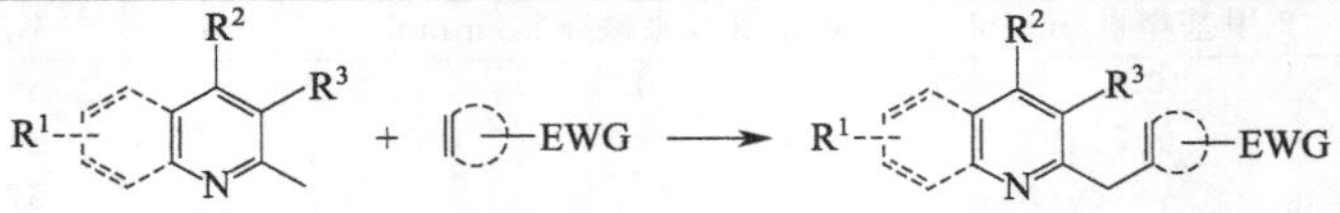

1(a～0) 2(a～e) 3(a～s)

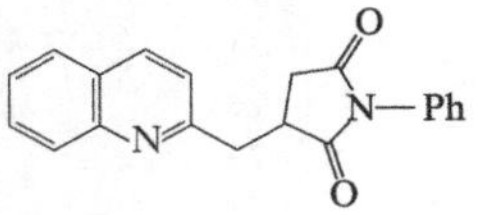

3a:84%

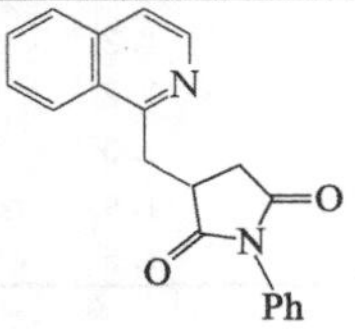

3b:76%

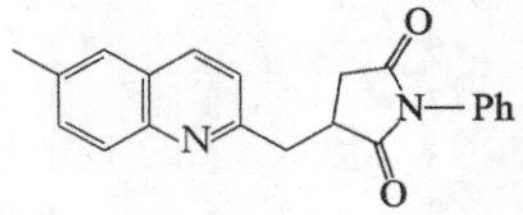

3c:73%

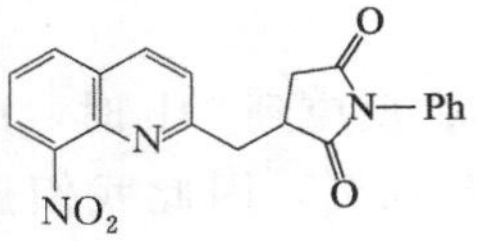

3d:71%

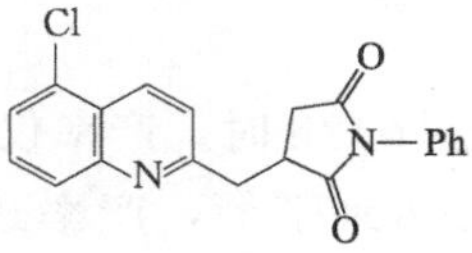

3e:75%

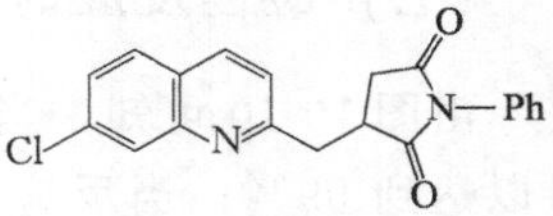

3f:82%

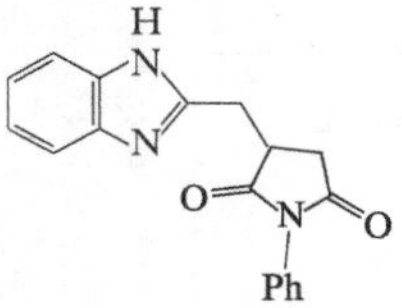

3g:37%

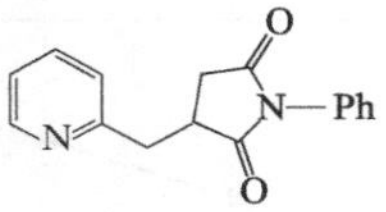

3h:18%

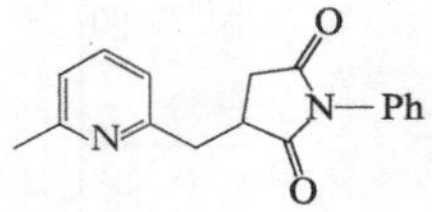

3i:12%

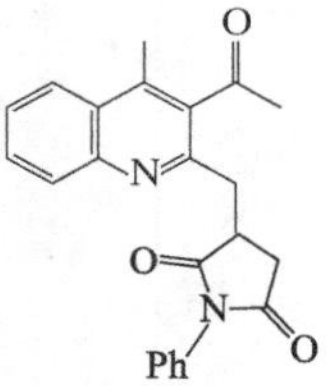

3j:48%

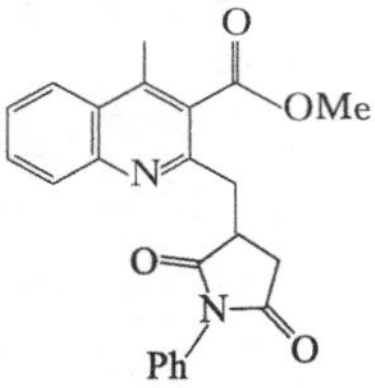

3k:51%

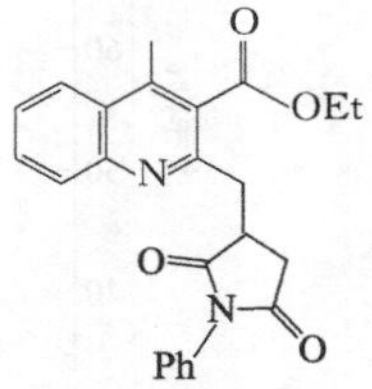

3l:56%

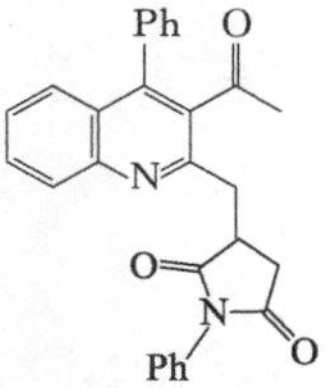

3m:51%

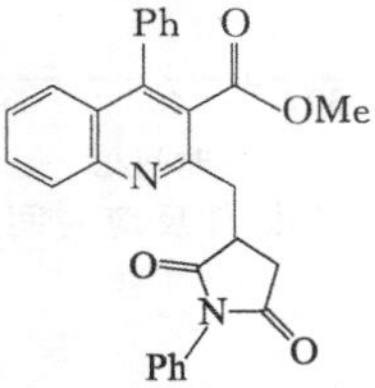

3n:56%

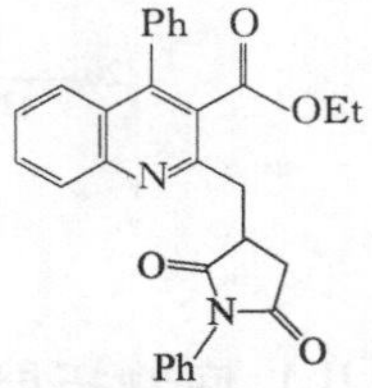

3o:58%

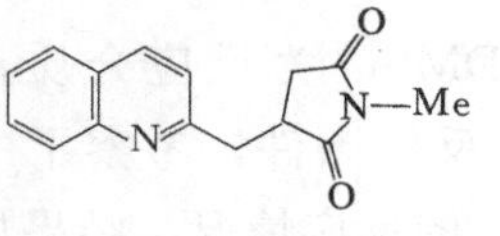

3p:59%

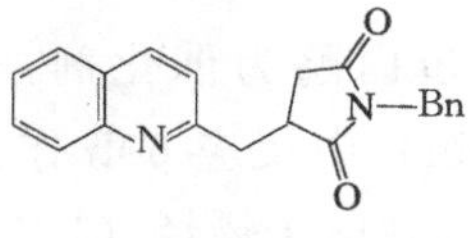

3q:87%

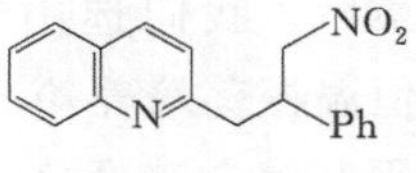

3r:64%

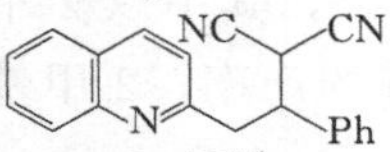

3s:72%

第四节　胃蛋白酶催化合成氮杂环并喹唑啉类化合物

一、引言

喹唑啉衍生物是一类具有良好生物活性的含氮杂环化合物，许多天然产物中也能发现喹唑啉骨架[22]。喹唑啉类化合物广泛应用于医药及农药行业，可运用于抗癌[23]、抗疟[24]、抗炎[25]、杀螨和杀菌[26]等领域。一些喹唑啉类衍生物已经商品化或进行了医学临床试验，因此，喹唑啉类化合物的合成受到了科学家们的广泛关注。

传统喹唑啉类化合物通常以 Brønsted 酸[27]、Lewis 酸[28]、过渡金属[29]及离子液体[30]等作为催化剂来合成，虽然这些催化方法效率都还不错，但也存在一些不足，如操作过程繁杂、催化剂不可回收或降解、成本过高、底物适用范围小等，与达到绿色化学的目标还有一定的差距。因此，开发经济、环保，且适用范围更广的绿色合成喹唑啉类化合物的方法具有积极意义。

基于生物催化的高效、低毒、温和及选择性强等特点，本节在甲醇水溶液中，通过胃蛋白酶催化 2-(*N*,*N*-二烷基)氨基苯甲醛与芳香胺之间的缩合反应，合成了一系列产率优良的氮杂环并喹唑啉衍生物，如图 10-11 所示。

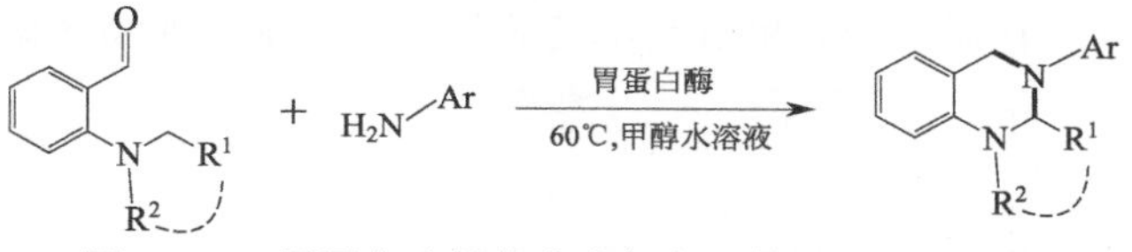

图 10-11　胃蛋白酶催化合成氮杂环并喹唑啉衍生物

二、氮杂环并喹啉类化合物的合成

向 10mL 具塞试管中加入 0.2mmol 芳香胺、0.4mmol 2-(*N*,*N*-二烷基)氨基苯甲醛和 30mg 胃蛋白酶，以 2mL 50%的甲醇水溶液作为溶剂，在 60℃油浴中磁力搅拌反应 36h。利用 TLC 跟踪反应过程，反应完成后用石油醚（3×15mL）萃取产物，有机相经减压浓缩得到粗产物，再经柱色谱分离［*V*(石油醚)∶*V*(乙酸乙酯)=10∶1 或 *V*(正己烷)∶*V*(二氯甲烷)=1∶1］，得到纯的产品。目标产物通过核磁共振波谱进行表征。

（一）酶的筛选

选用 2-(1-吡咯烷基)苯甲醛（0.2mmol）和苯胺（0.22mmol）为模板反应底物，2mL 乙醇作为溶剂，在 50℃下反应 36h，考察了不同酶（15mg）的催化活性。结果如表 10-9 所示，只有 5 种酶具有催化效果，其中胃蛋白酶的催化活性最高，产率能达到 23%（表 10-9，序号 5）；牛胰蛋白酶和 α-糜蛋白酶的效果次之，产率分别为 18%和 16%（表 10-9，序号 6 和 1）；猪胰脂肪酶和碱性蛋白酶催化效果较差，产率均低于 5%（表 10-9，序号 2 和 3）；而南极假丝酵母脂肪酶和爪哇毛霉脂肪酶更是未检测到产物的生成（表 10-9，序号 4 和 7）。另外，非酶蛋白质——牛血清白蛋白（表 10-9，序号 8）及无酶空白对照（表 10-9，序号 9）也没有检测到目标产物的生成，因此选择胃蛋白酶为最佳催化剂。

表 10-9　不同酶的催化活性

序号	酶	产率/%
1	α-糜蛋白酶	16
2	猪胰脂肪酶	≤5
3	碱性蛋白酶	≤5
4	南极假丝酵母脂肪酶	0
5	胃蛋白酶	23
6	牛胰蛋白酶	18
7	爪哇毛霉脂肪酶	0
8	牛血清白蛋白	0
9	空白(无催化剂)	0

(二) 溶剂对反应的影响

考虑溶剂对酶促反应效果的较大影响，将模板反应在多种溶剂中进行，结果如图 10-12 所示，在质子型有机溶剂中反应效果明显优于非质子溶剂，其中在甲

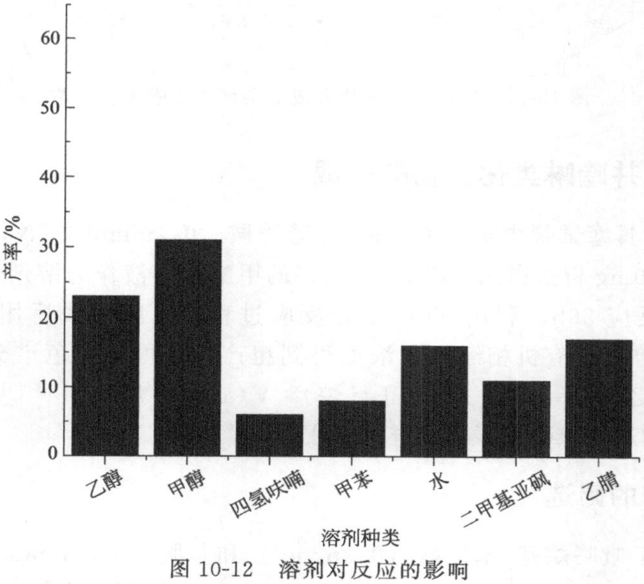

图 10-12　溶剂对反应的影响

醇中的反应效果最好，产率可达31%；乙醇次之，产率为23%；而胃蛋白酶在四氢呋喃、甲苯、水、DMSO和乙腈中的催化效果较差，因此，选择甲醇为最佳溶剂并进行下一步研究。

相关研究表明，介质的含水量对酶的活性至关重要，是维持酶构象灵活性的"分子润滑剂"[31]。所以我们继续考察了乙醇和甲醇中的含水量对实验结果的影响。如图10-13所示，在甲醇中添加去离子水后，产率逐渐上升，在含水量为30%时，产率为35%；当含水量为50%时，产率达峰值41%；含水量继续增加则产率开始下降。而在乙醇中，酶活性随含水量的变化趋势与在甲醇中类似，当含水量为50%时反应效果最好，产率为28%。综合以上数据，我们选择50%的甲醇水溶液作为最佳反应介质。

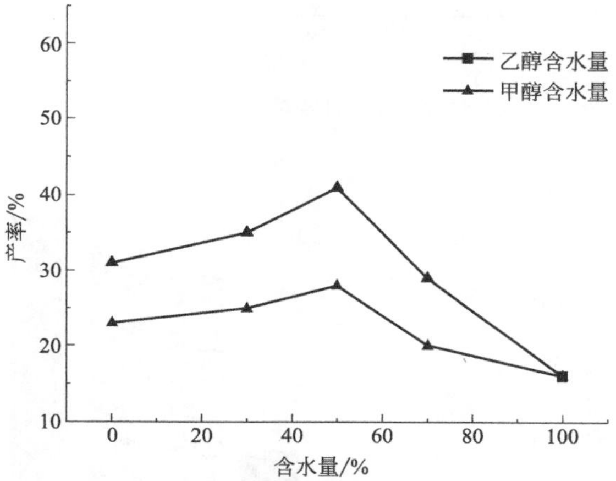

图10-13　甲醇及乙醇含水量对反应的影响

(三) 温度对反应的影响

温度不仅影响化学反应的速率，对酶的结构和活性也有着非常大的影响。因此，我们在50%的甲醇水溶液中，考察了不同温度下胃蛋白酶的催化活性。如图10-14所示，随着温度的上升，产率增加，当反应温度为60℃时，酶促反应的产率可以达到最大值52%；而80℃时的产率又明显下降，这可能是因为温度过高导致酶的变性失活，也可能是因为溶剂挥发所致。因此，选择60℃为最佳反应温度进行后续研究。

(四) 底物摩尔比对反应的影响

在有机反应中，底物摩尔比对反应效果的影响也较大，因此在60℃条件下，又研究了底物摩尔比对模板反应的影响。如图10-15所示，当2-(1-吡咯烷基)苯甲醛与苯胺的摩尔比从1∶1调整至1∶3时，产率仅由51%提升到52%；而当2-(1-吡咯烷基)苯甲醛过量，摩尔比从1∶1变化到2∶1时，产率从51%提升到

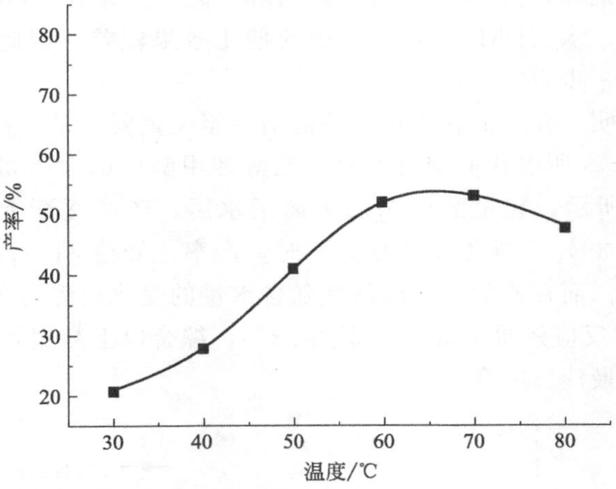

图 10-14　温度对反应的影响

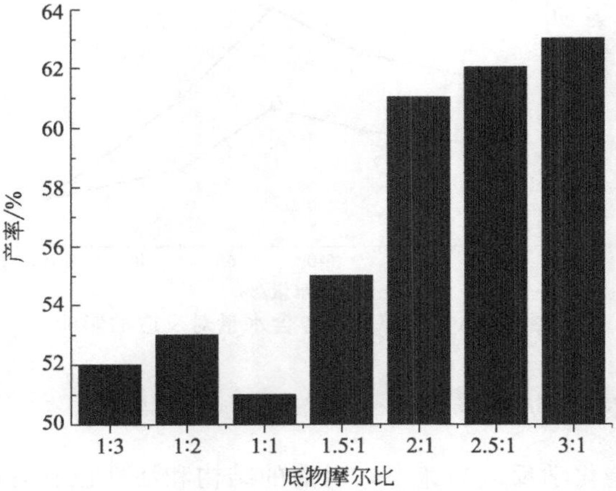

图 10-15　底物摩尔比对反应的影响

61%，之后产率的增加已不明显。因此，选择 2-(1-吡咯烷基)苯甲醛和苯胺的摩尔比为 2∶1 进行下一步实验。

(五) 酶用量对反应的影响

在上述条件实验的基础上，我们又研究了酶用量对反应的影响，结果如图 10-16 所示，可以看出酶用量对反应产率影响显著，当酶用量为 5mg 时，仅得到了 33%的目标产物；酶用量增加至 30mg 时，产率可提升至 75%；再继续增加酶用量，产率变化不明显。结果表明，30mg 为最适酶用量。

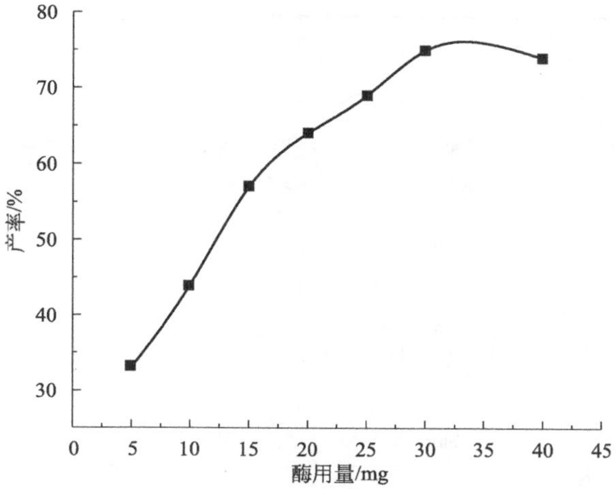

图 10-16 酶用量对反应的影响

(六) 底物拓展

在确定了反应的最佳条件后，对反应底物进行了拓展，结果如表 10-10 所示。在甲醇水溶液中，胃蛋白酶催化该类反应具有较广的底物范围，一系列2-(N,N-二烷基) 氨基苯甲醛和芳香胺均可参与反应，并取得较好的催化效果。

表 10-10 胃蛋白酶催化合成氮杂环并喹唑啉类化合物的底物普适性

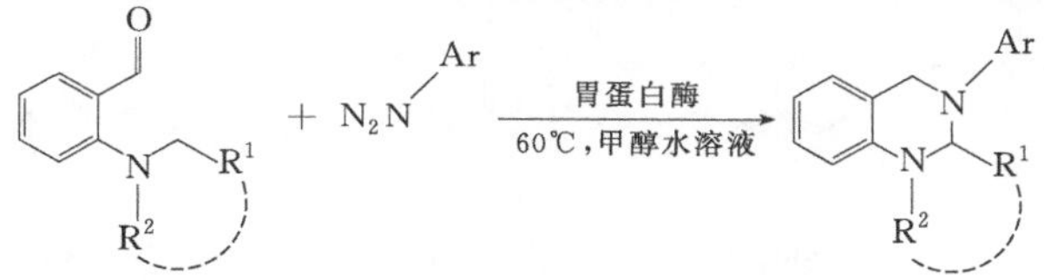

1(a～c) **2(a～q)** **3**

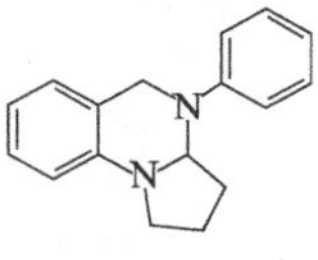

3aa:75%

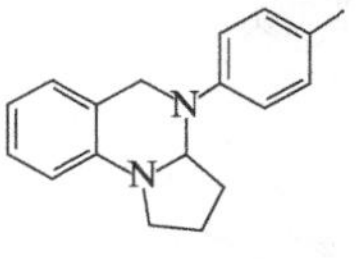

3ab:66%

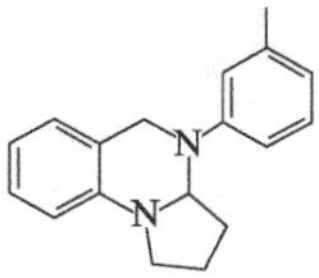

3ac:68%

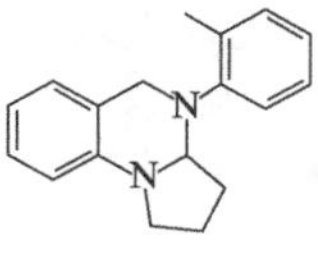

3ad:55%

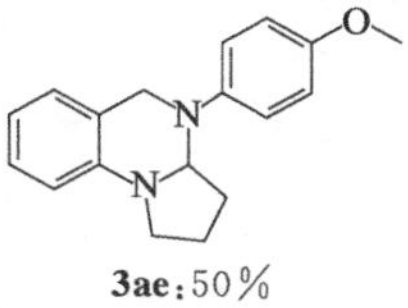

3ae:50%

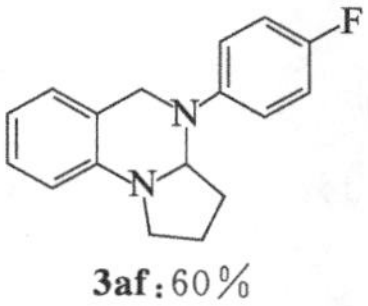

3af:60%

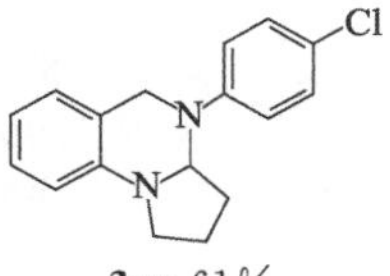

3ag:61%

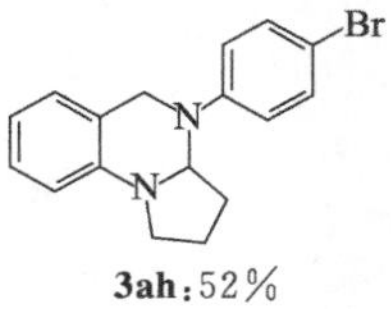

3ah:52%

续表

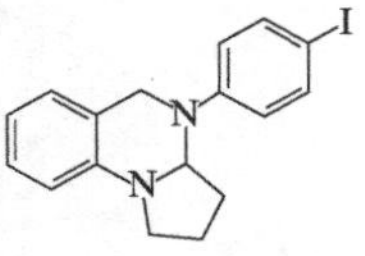

3ai:43%

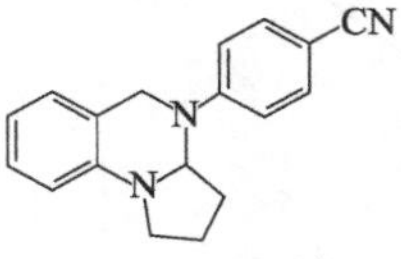

3aj:49%

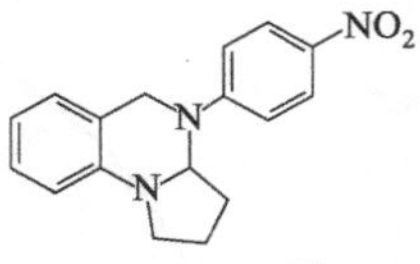

3ak:43%

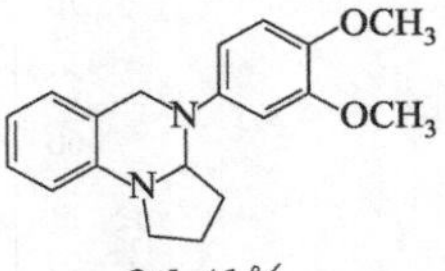

3al:41%

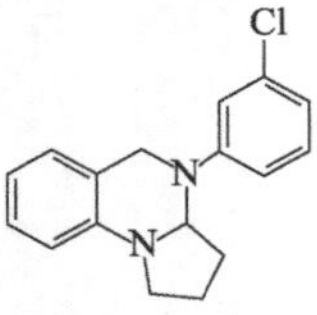

3am:74%

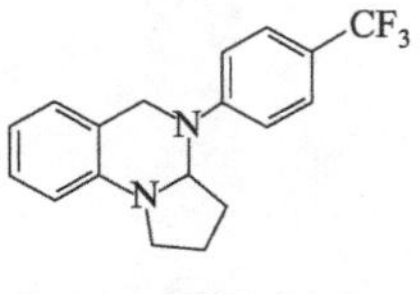

3an:76%

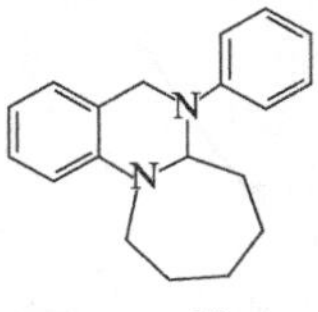

3ba:84%

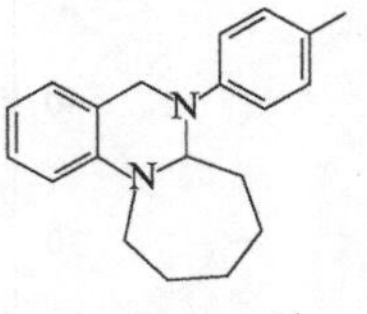

3bb:92%

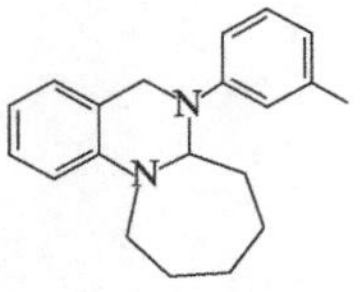

3bc:89%

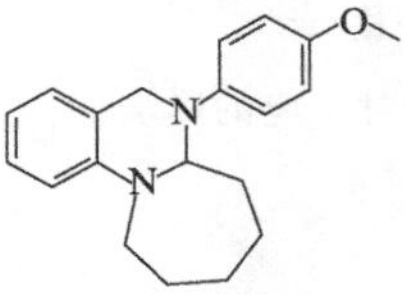

3bd:95%

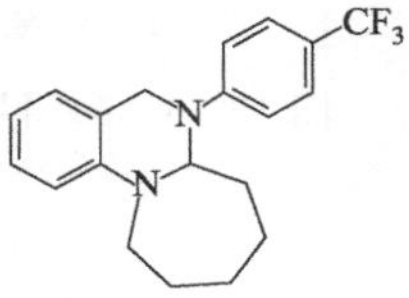

3be:82%

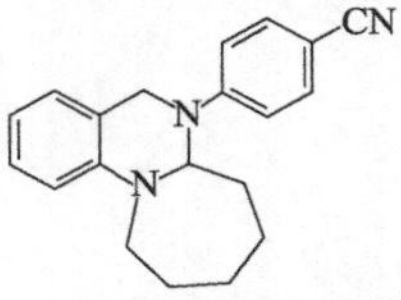

3bf:83%

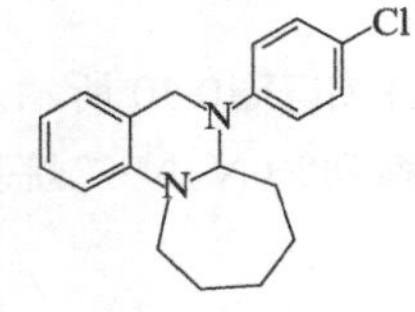

3bg:85%

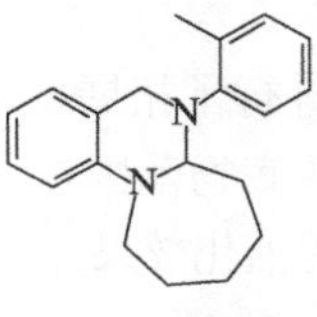

3bh:90%

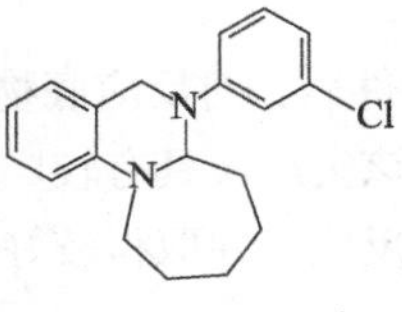

3bi:82%

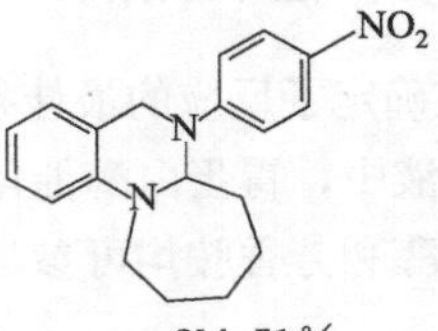

3bj:71%

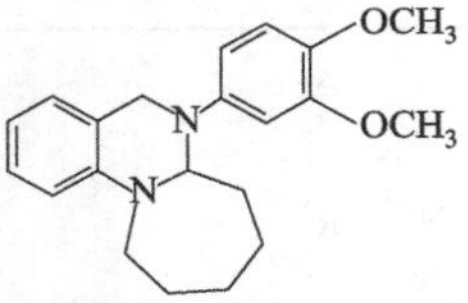

3bk:89%

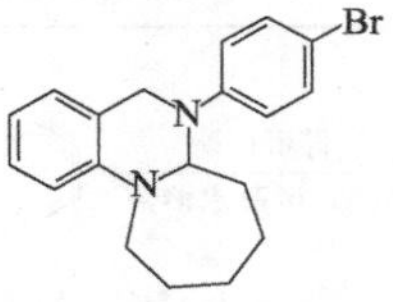

3bl:88%

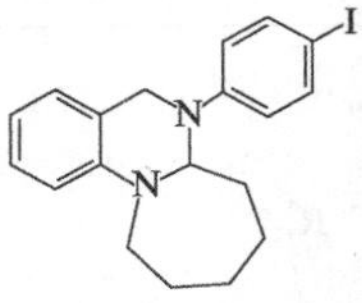

3bm:93%

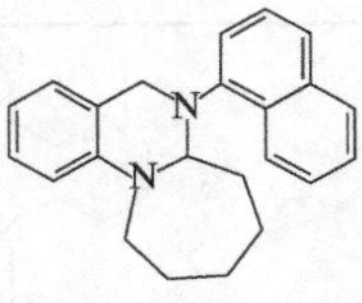

3bn:78%

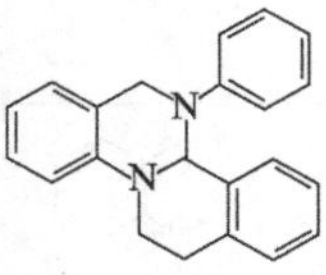

3ca:88%

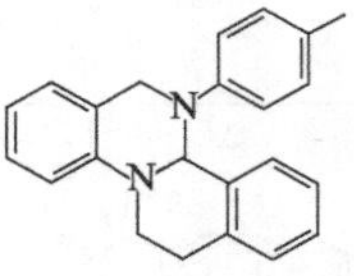

3cb:93%

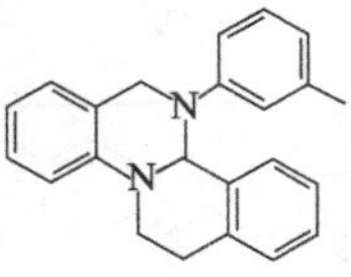

3co:86%

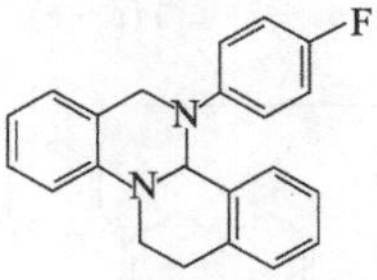

3cf:81%

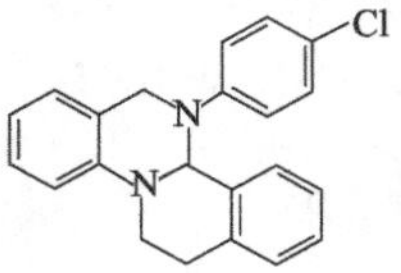

3cg:67%

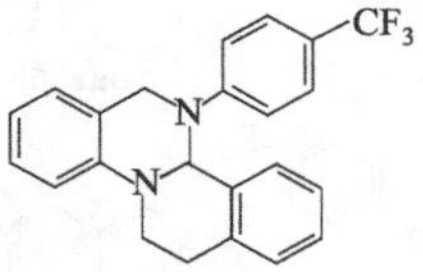

3cn:71%

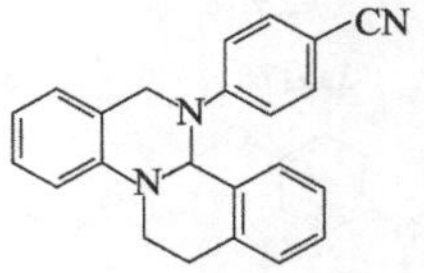

3cj:43%

参考文献

[1] Kageyama H，Ueda H，Tezuka T，et al. Journal of Biochemistry，2010，147：167.
[2] He Y H，He T，Guo J T，et al. Catalysis Science & Technology，2016，6：2239.
[3] Zhang X D，Guan Z，He Y H. Chinese Chemical Letters，2016，47：964.
[4] Li L Y，Yang D C，Guan Z，et al. Tetrahedron，2015，71：1659.
[5] Abdollahi-Alibeik M，Shabani E. Chinese Chemical Letters，2011，22：1163.
[6] Abdel-Jalil R J，Voelter W，Saeed M. Tetrahedron Letters，2004，45：3475.
[7] Shi D Q，Rong L C，Wang J X，et al. Tetrahedron Letters，2003，44：3199.
[8] Shaabani A，Maleki A，Mofakham H. Synthetic Communications，2008，38：3751.
[9] Zong Y X，Zhao Y，Luo W C，et al. Chinese Chemical Letters，2010，21：778.
[10] Ghashang M，Mansoor S S，Aswin K. Research on Chemical Intermediates，2015，41：3447.
[11] Xu B L，Chen J P，Qiao R Z，et al. Chinese Chemical Letters 2008，19：537.
[12] Zahed K J，Leila Z. Acta Chimica Slovenica，2013，60：178.
[13] Labade V B，Shinde P V，Shingare M S. Tetrahedron Letters，2013，54：5578.
[14] (a) Shaterian H R，Aghakhanizadeh M. Research on Chemical Intermediates，2014，40：1655. (b) Wang J，Zong Y，Fu R，et al. Ultrasonics Sonochemistry，2014，21：29. (c) Davoodnia A，Allameh S，Fakhari A R，et al. Chinese Chemical Letters，2010，21：550. (d) Safaei H R，Shekouhy M，Shafiee V，et al. Journal of Molecular Liquids，2013，180：139. (e) Yassaghi G，Davoodnia A，Allameh S，et al. Bulletin of the Korean Chemical Society，2012，33：2724.
[15] Dabiri M，Salehi P，Otokesh S，et al. Tetrahedron Letters，2005，46：6123.
[16] Dabiri M，Salehi P，Baghbanzadeh M，et al. Catalysis Communications，2008，9：785.
[17] Abdollahi-Alibeik M，Shabani E. Journal of the Iranian Chemical Society，2014，11：351.
[18] Dhanunjaya Rao A V，Vykunteswararao B P，Bhaskarkumar T，et al. Tetrahedron Letters，2015，56：4714.
[19] Parthasaradhi Y，Rakhi C，Suresh S，et al. European Journal of Chemistry，2013，4：462.
[20] (a) Schubert U S，Eschbaumer C. Angewandte Chemie International Edition 2002，41：2892. (b) Hu Y Q，Gao C，Zhang S，et al. European Journal of Medicinal Chemistry，2017，139：22. (c) Naik S R，Harindran J，Varde A B. Journal of Biotechnology，2001，88：1. (d) Weber A E. Journal of Medicinal Chemistry. 2004，47：4135.
[21] (a) Jin J J，Wang D C，Niu H Y，et al. Tetrahedron，2013，69：6579. (b) Yan Y Z，Xu K，Fang Y，et al. The Journal of Organic Chemistry，2011，76：6849. (c) Qian B，Xie P，Xie Y J，et al. Organic Letters，2011，13：2580. (d) Naidu K R M，Dadapeer E，Reddy C B，et al. Synthetic Communications，2011，41：3462.
[22] Gibson K H. U. S. Patent 5770，599. 1998-6-23.
[23] Noolvi M N，Patel H M，Bhardwaj V，et al. European Journal of Medicinal Chemistry，2011，46：2327.
[24] Bhattacharjee A K，Hartell M G，Nichols D A，et al. European Journal of Medicinal Chemistry，2004，39：59.
[25] Chandrika P M，Yakaiah T，Rao A R R，et al.，European Journal of Medicinal Chemistry，2008，43：846.
[26] Dreikorn B A，Kaster S V，Kirby N V，et al. U. S. Patent 5326. 766. 1994-7-5.

[27] Mori K，Ohshima Y，Ehara K，et al. Chemistry Letters，2009，38：524.
[28] Luo Y，Wu Y，Wang Y，et al. RSC Advances，2016，6：66074.
[29] McGowan M A，McAvoy C Z，Buchwald S L. Organic Letters，2012，14：3800.
[30] Panja S K，Saha S. RSC Advances，2013，3：14495.
[31] Hult K，Berglund P. Trends in Biotechnology，2007，25：231.

第十一章

碱性蛋白酶在有机合成中的应用

第一节 概 述

碱性蛋白酶是指在碱性条件下能够水解蛋白质肽键的酶，最适 pH 在 9～11 范围内。常见的碱性蛋白酶有两种，一种为 Novo 蛋白酶，另一种为 Carsberg 蛋白酶，两者的性质和构造相近，分别含 275 和 274 个氨基酸残基，均由一条多肽链构成。碱性蛋白酶的活性中心含有丝氨酸，故称为丝氨酸蛋白酶[1]。

碱性蛋白酶主要存在于放线菌、细菌和真菌中。目前为止，商业用途的碱性蛋白酶主要依靠芽孢杆菌生产，生产碱性蛋白酶的菌株有地衣芽孢杆菌（*Bacillus licheniformis*）[2]，莫哈韦芽孢杆菌（*Bacillus mojavensis*）[3]，棒曲霉（*Aspergillus clavatus*）[4]，铜绿假单胞菌（*Pseudomonas aeruginosa*）[5]，嗜麦芽黄单胞菌（*Xanthomonas maltophilia*）[6]，奔涌弧菌菌株（*Vibrio fluvialis strain*）[7] 和麦契尼可夫弧菌（*Vibrio metschnikovii*）[8] 等。

碱性蛋白酶的主要应用领域包括洗涤剂、制革、丝绸、饲料、医药、食品、环保等[9]，它的用途主要源自对蛋白质肽键的水解功能。

21 世纪以来，生物催化法因反应条件温和、选择性高、副反应少、绿色环保、产物易于纯化以及催化剂可以回收再利用等优点[10]，在有机合成领域已经得到大力发展。

2004 年，Yao 课题组[11] 报道了碱性蛋白酶催化的咪唑与丙烯酸酯的 Michael 加成反应（图 11-1）。

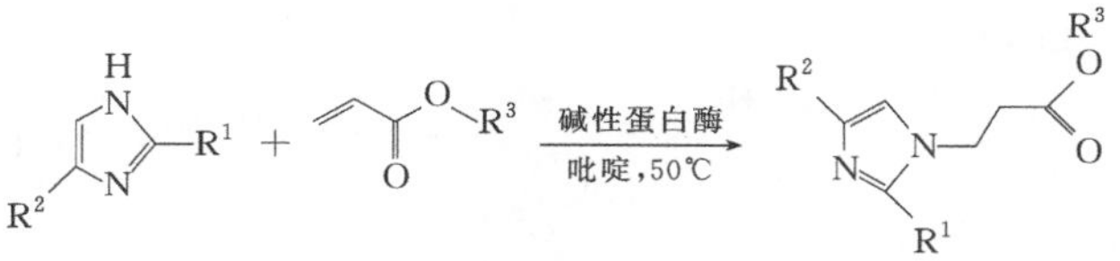

图 11-1 碱性蛋白酶催化的 Michael 加成反应

2010 年，邓祥等[12] 报道了碱性蛋白酶催化的 Henry 反应（图 11-2）。

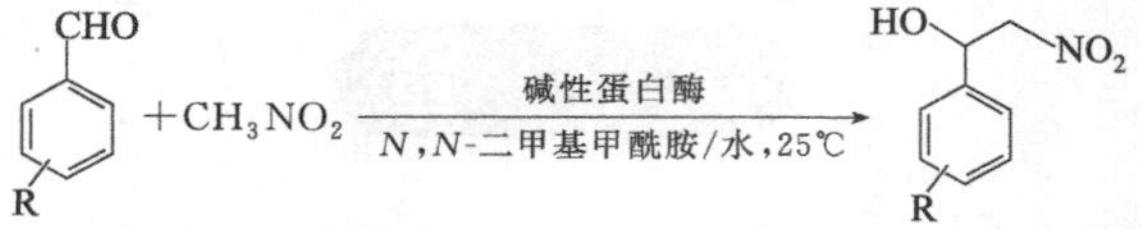

图 11-2　碱性蛋白酶催化苯甲醛与硝基甲烷的反应

2011 年，官智课题组[13] 报道了有机溶剂中，骨型碱性磷酸酶催化芳香醛和环状酮之间的直接不对称 Aldol 反应（图 11-3）。

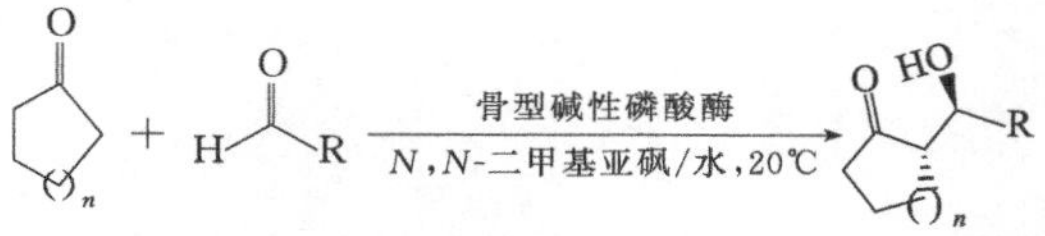

图 11-3　骨型碱性磷酸酶催化的不对称 Aldol 反应

本章介绍碱性蛋白酶催化的两种有机合成反应，从而拓展碱性蛋白酶在有机合成领域的应用。

第二节　碱性蛋白酶催化 Michael-Aldol 串联反应合成 3-羟基-5-苯基四氢噻吩并[2,3-C]吡咯-4,6(5*H*)-2-酮

一、引言

噻吩及其衍生物[14] 因其特殊的结构而具有广泛的生物及药理活性[15]，是合成有机物[16] 以及材料[17] 的重要中间体。目前为止，合成四氢噻吩衍生物的方法有多种，李月红等[18] 利用溶剂热法合成了含噻吩基的 3,4-二氢吡啶-2-酮衍生物，取得中等的产率。王红梅等[19] 以 5,6,7,8-四氢苯并噻吩膦亚胺和烷基异氰酸酯为原料，合成了一系列 2-二烷氨基-3-烷基-5,6,7,8-四氢苯并噻吩［2,3-d］并嘧啶酮衍生物。胡扬根等[20] 用碳二亚胺与仲胺反应生成中间体，然后在醇钠的催化下发生关环反应得到 2-二烷氨基噻吩并［2,3-d］嘧啶-4（3*H*）-酮衍生物。但用 1,4-二硫-2,5-二醇（又叫 2,5-二羟基-1,4-二噻烷，可看作是巯基乙醛的二聚体）作为底物来合成四氢噻吩衍生物的报道较少。Duan 等[21] 以硫酸镁为催化剂，在二氯甲烷中以吲哚化合物和 1,4-二硫-2,5-二醇为原料合成了噻吩类化合物，如图 11-4 所示。

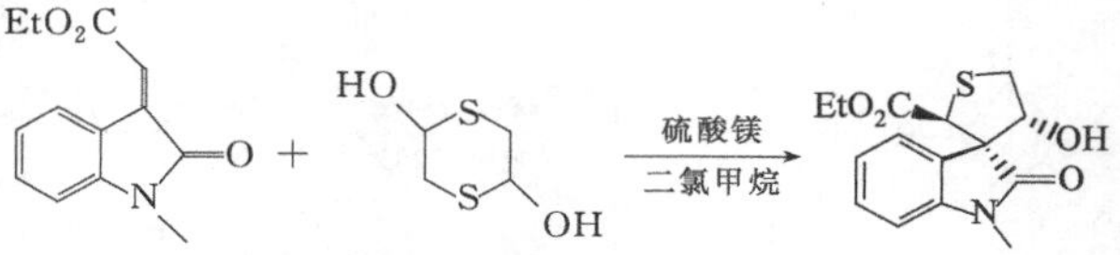

图 11-4　硫酸镁催化合成噻吩衍生物

Kumar 等[22] 利用三乙胺催化 2-苯乙烯基-1-茚酮与 1,4-二硫-2,5-二醇在水溶液中反应合成了四氢噻吩衍生物。李英贺等[23] 在常温下，用方酰胺催化 2-(吲哚-3-甲酰基)-3-苯基丙烯腈与 1,4-二硫-2,5-二醇的反应合成了一系列的噻吩衍生物。多种方法都获得了较高的产率和非对映选择性，如 Zhong 等[24] 利用三乙烯二胺催化的 Michael-Aldol 串联反应合成了四氢噻吩衍生物（图 11-5），取得了高达 97%的产率和 20∶1 的非对映选择性。但从溶剂和催化剂的角度考虑，不少合成方法与绿色化学理念相违背，因此探索合成噻吩类化合物的绿色方法具有重要意义。

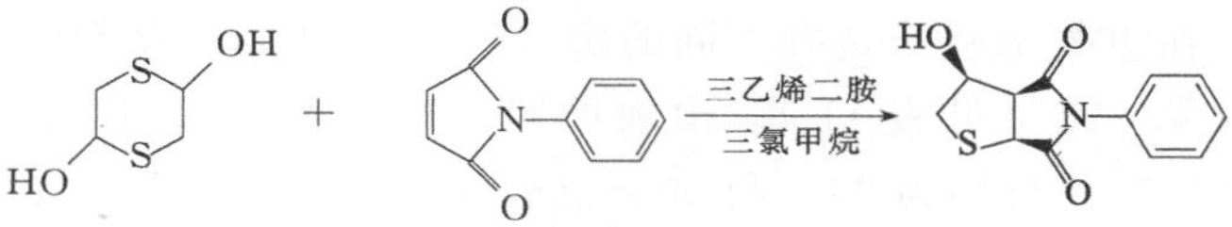

图 11-5 三乙烯二胺催化合成四氢噻吩衍生物

酶是一种天然的生物催化剂，具有催化效率高、专一性好、反应条件温和等优点，因此引起广大化学家的兴趣[25]。近年来的研究发现，许多酶还能够催化天然反应外其他多种类型的化学反应，即酶的催化多功能性，又叫酶的催化非专一性[26]；酶的催化非专一性不仅拓展了生物催化在有机合成中的应用，同时也促进了绿色化学和酶促反应方法学的发展，受到了研究者的普遍关注。水解酶作为自然界中应用最广泛的酶类[27]，其催化非专一性已被应用于多种有机反应中，如 Aldol 反应[28]、Knovenegal 反应[29] 等。2014 年，彭瑞光等[30] 以 DMSO/H_2O 作为反应介质，以爪哇毛霉脂肪酶作为绿色催化剂，利用 4-羟基香豆素和 β-不饱和酮的为原料，通过 Michael 加成反应合成了抗凝血剂苄丙酮香豆素及其衍生物（图 11-6）。

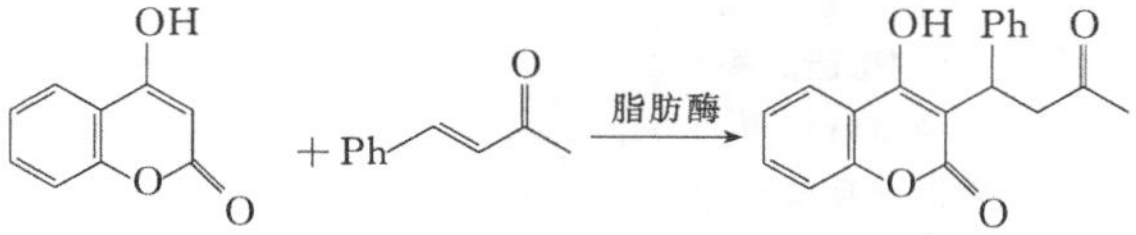

图 11-6 脂肪酶催化的 Michael 加成反应

本节以去离子水为反应介质，建立碱性蛋白酶催化合成 3-羟基-5-苯基四氢噻吩并［2,3-C］吡咯-4，6（5*H*）-2-酮的绿色实验方法（图 11-7）。

图 11-7 碱性蛋白酶催化合成 3-羟基-5-苯基四氢噻吩并［2,3-C］吡咯-4,6（5*H*）-2-酮

二、目标产物的合成

将 0.15mmoL 1,4-二硫-2,5-二醇、0.1mmoL *N*-苯基马来酰亚胺、10mg 酶

和 3mL 去离子水加入 10mL 锥形瓶中，在 40℃的恒温振荡培养箱（200r/min）中反应 2h（TLC 跟踪）；反应完成后过滤，旋转蒸发除去溶剂，经薄层色谱（硅胶板，$V_{二氯甲烷}:V_{乙酸乙酯}=4:1$）分离得到产物，并经过真空干燥后备用，反应产物经核磁共振波谱及高分辨质谱进行表征。

（一）催化剂对反应的影响

首先，考虑酶的水溶性及温度对酶活性的影响，以 1,4-二硫-2,5-二醇（0.15mmol）和 N-苯基马来酰亚胺（0.1mmol）为原料，以去离子水（3mL）为反应介质，在40℃条件下选择不同的酶（10mg）作为催化剂反应2h，考察11种酶的催化效果，结果见表 11-1。由表可知，碱性蛋白酶和木瓜蛋白酶催化效果比较好，反应产率分别为 93%与 90%（表 11-1，序号 1 和 2）；而空白对照的产率较低，仅有 35%（表 11-1，序号 12）；其他实验用酶也有不同程度的催化效果，取得 60%～86%的产率（表 11-1，序号 3～11）。因此本实验选择碱性蛋白酶作为下一步反应的催化剂。

表 11-1　不同酶的催化效果

序号	酶	产率/%	dr(A∶B)
1	碱性蛋白酶	93	3∶1
2	木瓜蛋白酶	90	3∶1
3	葡聚糖酶	64	4∶1
4	牛胰脂肪酶	74	3∶1
5	果胶酶	60	2∶1
6	纤维素酶	60	3∶1
7	木聚糖酶	62	4∶1
8	中温 α-淀粉酶	82	3∶1
9	猪胰脏脂肪酶	86	3∶1
10	氨基酰化酶	72	3∶1
11	蜂蜜曲霉淀粉酶	85	3∶1
12	空白对照(无酶)	35	3∶1

注：dr 为非对映体过量，dr（A∶B）是物质 A 与物质 B 的物质的量比。

（二）溶剂对反应的影响

考虑催化剂和反应底物在不同介质中溶解性的差异，及溶剂对酶活性的影响，我们探索了模板反应在不同溶剂（3mL）中的效果（表 11-2）；结果表明，在乙醇中的反应效果较好，获得高达 95%的产率，略好于在水中的 93%产率，而非对映异构体选择性（dr）相近（表 11-2，序号 4～5）；但在乙酸乙酯、氯仿和正己烷介质中几乎不反应（表 11-2，序号 1～3）；在乙腈与丙酮中，取得中等偏好的产率和 dr 值（表 11-2，序号 6，7）。考虑水有绿色、环保、廉价、易得的优势，从而选择水作为反应的最佳介质。

表 11-2 溶剂对反应的影响

序号	溶剂	产率/%	dr(A∶B)
1	乙酸乙酯	<5	未测定
2	氯仿	<5	未测定
3	正己烷	<5	未测定
4	水	93	3∶1
5	乙醇	95	3∶1
6	乙腈	81	2∶1
7	丙酮	65	2∶1

(三) 温度对反应的影响

反应温度是影响反应的另一个重要因素。温度高，活化分子数就多，反应速率就越高；但温度过高又可能导致酶的变性失活，影响催化效果，因此，我们探究温度对反应的影响，结果见表 11-3。由表可知，当温度从 25℃升至 40℃时，产率逐渐增大，25℃时的产率为 56%（表 11-3，序号 1），当温度升高到 40℃时，产率升至 93%（表 11-3，序号 3）。继续升高温度，反应产率无明显变化，因此选择 40℃为最佳反应温度。

表 11-3 温度对反应的影响

序号	温度/℃	产率/%	dr(A∶B)
1	25	56	4∶1
2	30	65	2∶1
3	40	93	3∶1
4	50	93	4∶1
5	60	93	4∶1
6	70	93	4∶1

经过对反应条件的优化，我们建立了一种合成 3-羟基-5-苯基四氢噻吩并[2，3-C]吡咯-4，6（5H）-2-酮的绿色实验方法：以去离子水为反应介质，40℃下碱性蛋白酶催化该反应可取得 93%的产率和 3∶1 的 dr 值。该方法具有反应条件温和、反应时间短、后处理方法简单等优点。

第三节 碱性蛋白酶催化合成喹唑啉酮

一、引言

喹唑啉酮衍生物是一类结构中含有两个氮原子和一个羰基的苯并氮杂环化合物，具有消炎、抗肿瘤、抗疟疾、抑制高血压等生物活性，因此，一直广受化学家和医药工作者的关注。

虽然合成喹唑啉酮的方法已被大量报道，但如何安全、高效、绿色、低成本地合成喹唑啉酮类化合物依然是化学工作者探讨的热门话题之一。2014 年，Pouramini 和 Tamaddon[31] 在乙醇水溶液中，以大孔径树脂 Amberlyst A-26 (OH) 作为催化剂，通过 2-氨基苯甲腈与羰基化合物反应，建立了一种合成喹唑啉酮的方法。该方法具有操作简单、催化剂对环境影响小和产率较高的优点，产率可高达 93%（图 11-8）。

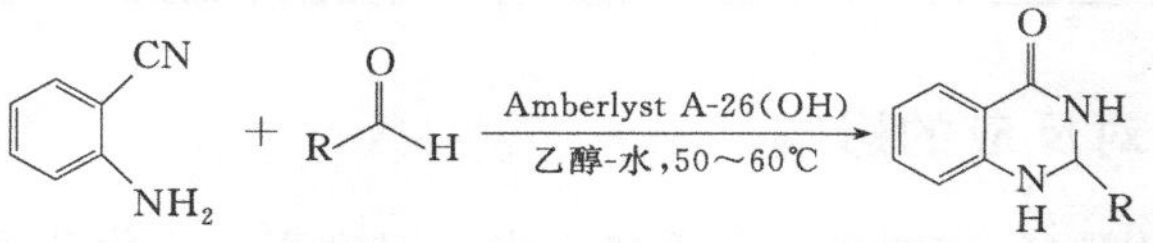

图 11-8 2-氨基苯甲腈与羰基化合物反应合成喹唑啉酮

酶是一种高效的生物催化剂，具有高效性、多功能性、高选择性、来源广泛及使用方便等特点，被广泛应用于多种有机合成反应中[32]，如 Michael 加成反应[33]、Henry 反应[34] 等。本节介绍一种碱性蛋白酶催化合成喹唑啉酮类化合物的绿色方法（图 11-9）。

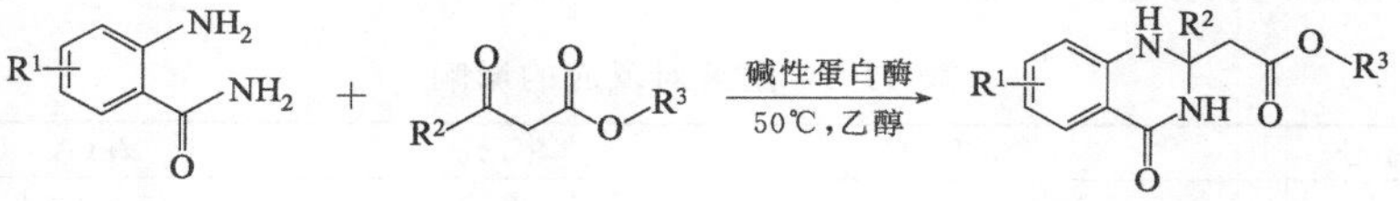

图 11-9 碱性蛋白酶催化合成喹唑啉酮类化合物

二、喹唑啉酮的合成

在 10mL 锥形瓶中加入 0.2mmoL 邻氨基苯甲酰胺、0.2mmol 乙酰乙酸乙酯、10mg 碱性蛋白酶和 2mL 乙醇，在 50℃的恒温振荡培养箱（200r/min）中反应 3d（TLC 法跟踪）。反应完成后经薄层色谱（硅胶板，$V_{石油醚}:V_{乙酸乙酯}=1:2$）分离得到产物，并经真空干燥后备用，目标产物用核磁共振波谱及高分辨质谱进行表征。

（一）催化剂对反应的影响

首先，考察了不同酶的催化效果，以乙醇（2mL）为反应介质，以邻氨基苯甲酰胺（0.2mmol）和乙酰乙酸乙酯（0.2mmol）为模板反应底物，在 50℃下考察了 27 种酶（10mg）的催化活性，结果如表 11-4 所示。在碱性蛋白酶催化下，产率可高达 91%（表 11-4，序号 1），而其他酶均无催化活性（表 11-4，序号 2～27）；同样在不加酶的情况下，反应也无法进行（表 11-4，序号 28）。由此可见碱性蛋白酶对催化该反应有特异性，因此选为最佳催化剂进行下一步实验。

表 11-4　不同酶的催化效果

序号	酶	产率/%
1	碱性蛋白酶	91
2	胰蛋白酶	—
3	牛胰蛋白酶	—
4	胰脂肪酶	—
5	牛血清白蛋白	—
6	脂肪酶	—
7	α-糜蛋白酶	—
8	胃蛋白酶	—
9	蜂蜜曲霉蛋白酶	—
10	木瓜乳蛋白酶	—
11	黑曲霉脂肪酶	—
12	洋葱假单胞菌脂肪酶	—
13	佐氏曲霉蛋白酶	—
14	荧光假单胞菌脂肪酶	—
15	爪哇毛霉脂肪酶	—
16	地衣芽孢杆菌蛋白酶	—
17	蜂蜜曲霉淀粉酶	—
18	褶皱假丝酵母脂肪酶	—
19	木瓜蛋白酶	—
20	葡聚糖酶	—
21	牛胰脂肪酶	—
22	果胶酶	—
23	纤维素酶	—
24	木聚糖酶	—
25	中温 α-淀粉酶	—
26	猪胰脏脂肪酶	—
27	氨基酰化酶	—
28	空白对照(无酶)	—

（二）溶剂对反应的影响

接下来我们又考察了溶剂（2mL）对实验的影响，结果如表 11-5 所示。在乙醇和水等极性溶剂中反应效果较好，其中在乙醇中更好一些，这可能与反应底物在乙醇中的溶解度较大有关（表 11-5，序号 1 和 2）。而在非极性溶剂甲苯中，反应无法进行（表 11-5，序号 3）；在极性较小的四氢呋喃和乙腈中反应效果较差（表 11-5，序号 4 和 5）。最终选择乙醇为最佳反应介质。

表 11-5　溶剂对反应的影响

序号	溶剂	产率/%
1	水	61
2	乙醇	91
3	甲苯	0
4	四氢呋喃	11
5	乙腈	27

（三）温度对反应的影响

我们对反应温度进行了优化，由图 11-10 可知，温度对该酶促反应效果的影响较大，随着温度的升高，反应产率逐渐增加，当温度升高至 50℃时产率达到最大值，之后继续升温产率无明显上升趋势。

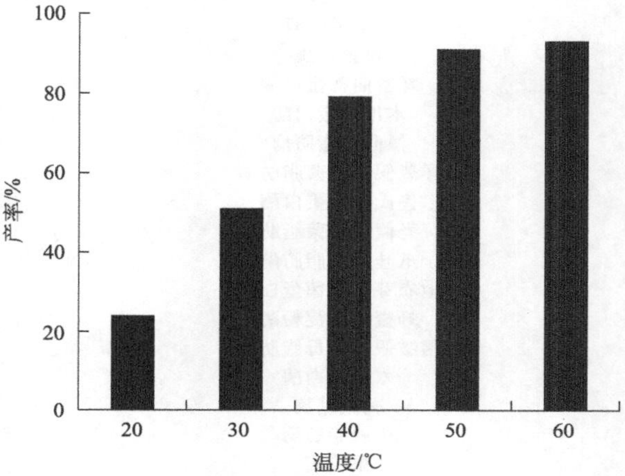

图 11-10　温度对反应的影响

（四）酶用量对反应的影响

我们对酶的用量进行了筛选，由表 11-6 可知，不加催化剂时，没有产物生成，当用 5mg 的 α-糜蛋白酶作为催化剂时，可取得 63%的产率；继续改变酶用量时发现，当酶用量由 5mg 增至 10mg 时，产率增加显著，达到了 91%，之后增加趋势变缓。综合考虑反应效果和成本，我们选择 10mg 作为最佳酶用量。

表 11-6　酶用量对反应的影响

序号	酶用量/mg	产率/%
1	0	0
2	5	63
3	10	91
4	15	95
5	20	95

（五）底物拓展

为了验证碱性蛋白酶催化合成喹唑啉酮类化合物的底物普适性，在确定的最佳条件下（0.2mmoL 邻氨基苯甲酰胺，0.2mmol 乙酰乙酸乙酯，10mg 碱性蛋白酶和 2mL 乙醇，50℃反应 3d），拓展了一系列取代邻氨基苯甲酰胺和 β-酮酯，结果如表 11-7 所示。由结果可知，该方法具有不错的底物适应性，但随着 β-酮酯碳链的增长，产率略有降低（表 11-7，序号 **3a** 和 **3c**，序号 **3d** 和 **3f**，序号 **3g** 和 **3i**），可能是因为空间位阻增大的原因。

表 11-7　碱性蛋白酶催化合成喹唑啉酮的底物普适性

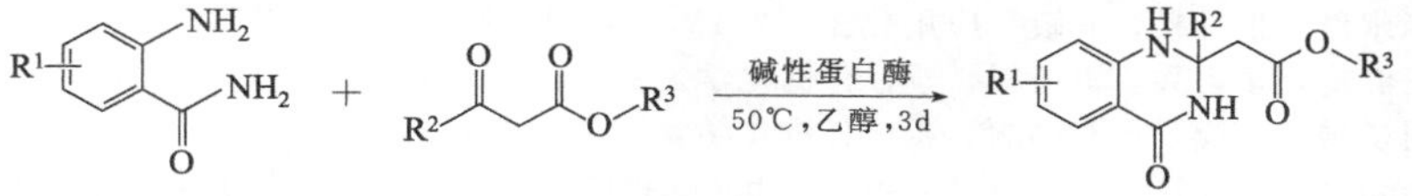

1(a～c)　　**2(a～c)**　　**3(a～j)**

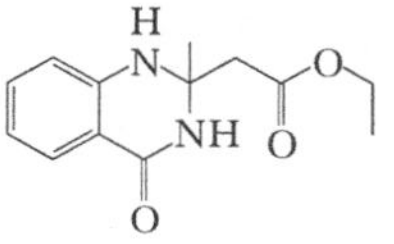

3a:91%

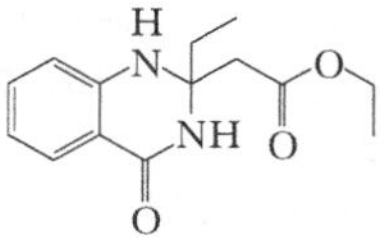

3b:85%

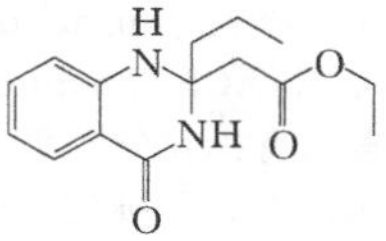

3c:74%

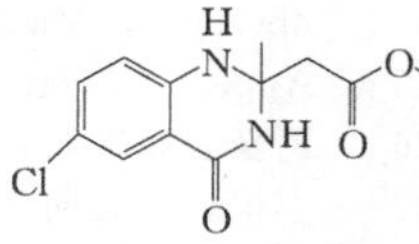

3d:95%

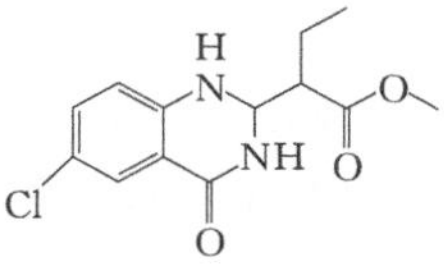

3e:87%

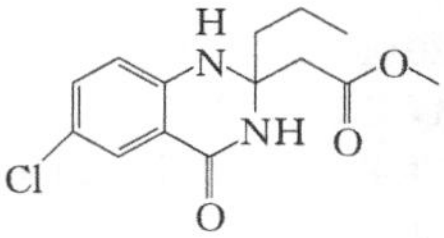

3f:77%

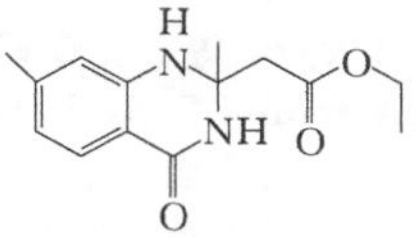

3g:89%

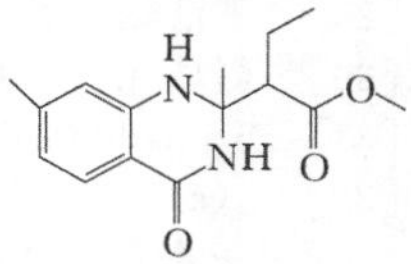

3h:81%

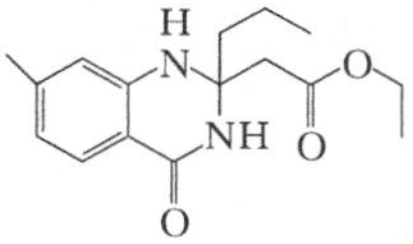

3i

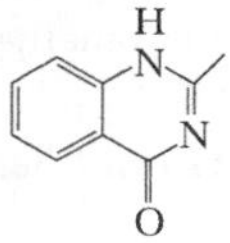

或

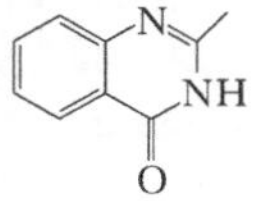

3j

注：**3j** 是两种物质的混合物。

参考文献

[1]　周德庆．徐士菊．微生物学词典．天津：天津科学技术出版社，2005.

[2]　Hadj-Ali N E，Agrebi R，Ghorbel-Frikha B，et al. Enzyme & Microbial Technology，2007，40：515.

[3]　Beg Q K，Gupta R. Enzyme & Microbial Technology，2003，32：294.

[4]　Hajji M，Nasri K M，Gharsallah N. Process Biochemistry，2007，42：791.

[5]　Yen Y H，Li P L，Wang C L，et al，Enzyme & Microbial Technology，2006，39：311.

[6]　Debette J. Current Microbiology，1991，22：85.

[7]　Venugopal M，Saramma A V. Process Biochemistry，2006，41：1239.

[8]　Yong T K，Jin O K，Sun Y M，et al. Biotechnology Letters，1994，16：413.

[9]　金敏，王忠彦，胡永松．食品与发酵科技，1999：6.

[10]　(a) Palomo C，Oiarbide M，Laso A. European Journal of Organic Chemistry，2010，2007：2561. (b) Rosini G，Ballini R. Synthesis，1988，1988：833.

[11]　Cai Y，Yao S P，Wu Q，et al. Biotechnology letters，2004，26：525.

[12]　邓祥，黄小梅．四川文理学院学报，2011，21：48.

[13] Li H H，He Y H，Guan Z. Catalysis Communications，2011，12：580.
[14] 陆咏，袁少波．精细与专用化学品，2002，10：5.
[15] (a) 朱文仓，田乃林，谢辉，等．承德石油高等专科学校学报，2004，6：4. (b) 肖田梅，王晓晖，李久明．内蒙古民族大学学报（自然汉文版），2004，19：659.
[16] Begley T P. Natural Product Reports，2006，23：15.
[17] Schopf G，Kossmehl G Polythiophenes-electrically conductive polymers，1997.
[18] 李永红，张月松，王敏．应用化工，2015，44：1668.
[19] 王红梅，郭树兵，胡扬根，等．有机化学，2015，35：1075.
[20] 胡扬根，吕茂云，宋鹤丽，等．有机化学，2005，25：295.
[21] Duan S W，Li Y，Liu Y Y，et al. Chemical Communications，2012，48：5160.
[22] Kumar S V，Prasanna P，Perumal S. Tetrahedron Letters，2013，54：6651.
[23] 李英贺．北京：北京理工大学，2015.
[24] Zhong Y，Ma S，Li B，et al. Journal of Organic Chemistry，2015，80：6870.
[25] Appel M J，Bertozzi C R. ACS Chemical Biology，2014，10：72.
[26] 葛新，赖依峰，陈新志．有机化学，2013，33：1686.
[27] 李恒，王大明，龚劲松，等．精细化工，2014，31：1466.
[28] 于潇潇，王琦，周烨，等．高等学校化学学报，2015，36：2454.
[29] 王浩然．长春：吉林大学，2015.
[30] 彭瑞光，杨禹，樊大业，等．化学研究，2014，25：593.
[31] Tamaddon F，Pouramini F. Synlett，2014，25：1127.
[32] (a) 张晓鸣，周健，刘巧瑜，等．食品与生物技术学报，2006，25：120. (b) 张占军，王富花，曾晓雄．中国酿造，2010，29：4.
[33] (a) Cai J F，Guan Z，He Y H. Journal of Molecular Catalysis B：Enzymatic，2011，68：240. (b) Mather B D，Viswanathan K，Miller K M，et al. Progress in Polymer Science，2006，31：487.
[34] Xu F，Wang J，Liu B，et al. Green Chemistry，2011，13：2359.

第十二章

蜂蜜曲霉蛋白酶催化 2-甲基喹啉的苄基 $C(sp^3)$- H 官能化反应

一、概述

碳碳键的形成是有机化学中的一种重要转变。2-烯基氮杂芳烃[1] 和 2-烷基氮杂芳烃[2] 类化合物的合成，大多是以烷基喹啉和吡啶衍生物为原料的，该类化合物具有重要的生物、化学和药学活性[3]，因此，近年来有较多合成该类化合物的方法被报道[4]。

2011 年，Komai 等[5] 报道了三氟甲磺酸钪催化甲基氮杂芳烃与苯烯酮反应合成 2-烷基氮杂芳烃类化合物的方法，反应产率最高达到了 96%（图 12-1）。

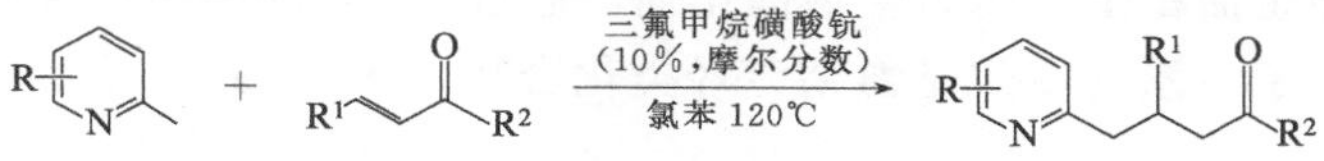

图 12-1 三氟甲磺酸钪催化甲基氮杂芳烃苯烯酮的反应

2014 年，刘森生等[6] 以 2-甲基喹啉和苯甲醛为模板反应底物，报道了醋酸铁/三氟乙酸催化合成 2-烯基氮杂芳烃的方法；经过对催化剂、添加剂及溶剂等条件的筛选，得到了最佳反应条件：以 5%摩尔分数的醋酸铁为催化剂，以甲苯为溶剂，在 10%摩尔分数的三氟乙酸存在下，100℃下反应 24h，得到了 98%的产率。该方法可以选择性合成反式-2-烯基氮杂芳烃化合物，水是唯一的副产物（图 12-2）。

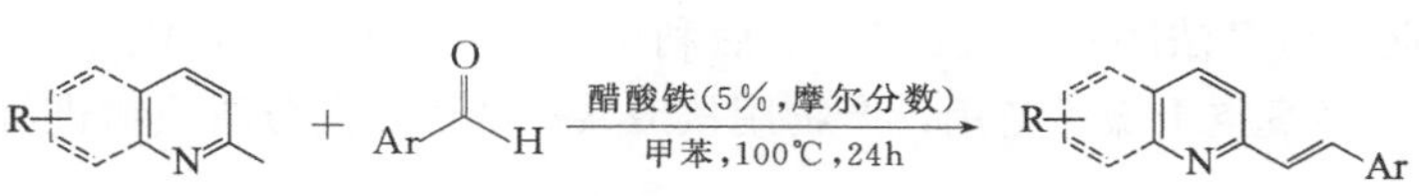

图 12-2 铁催化 2-烯基氮杂芳烃的绿色合成

同年，Zhang 等[7] 利用酸性离子液体 [Hmim] [H_2PO_4] 为催化剂，以 2,6-二甲基吡啶和对硝基苯甲醛为模板反应底物，100℃下，在二氧六环/水的混合溶剂中反应 24h，产率可达 92%（图 12-3）。该方法具有反应条件温和，效率高等优点，同时符合绿色化学的理念。

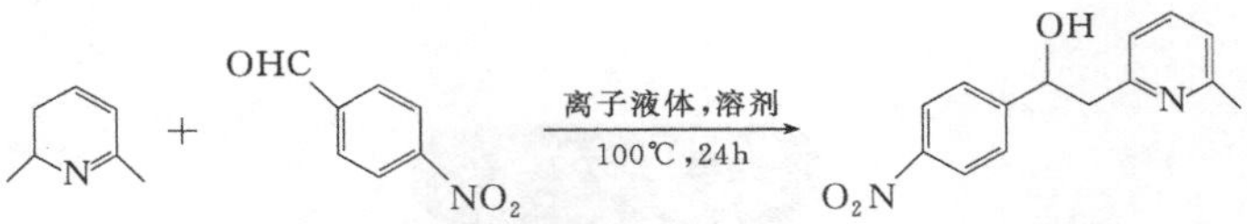

图 12-3　酸性离子液体催化合成氮杂芳烃

相关报道虽然取得了一些较好的结果，但寻找绿色高效的反应方法仍具有积极意义。酶是一种具有特殊三维空间结构的蛋白质，同时也是一种天然的生物催化剂，具有催化效率高、专一性好、反应条件温和等优点，成为了绿色化学的首选催化剂[8,9]。近年来的研究发现，许多酶除了具有天然催化功能外，还能催化其他多种类型化学反应，又叫酶的催化非专一性[10]；酶的催化非专一性不仅拓展了生物催化的研究领域，也可以促进绿色化学和酶促反应方法学的发展，引起了研究者的普遍关注。水解酶作为自然界中应用最广泛的酶类，其催化非专一性已被应用于多种类型的有机反应中，如 Mannich 反应[11]、Michael 加成反应[12] 等。Li 等[13] 首次报道了丙酮、芳香醛和苯胺一锅法进行的 Mannich 反应，生成了 β-氨基酮；猪胰脂肪酶、南极假丝酵母脂肪酶等都能催化该反应（图 12-4）。

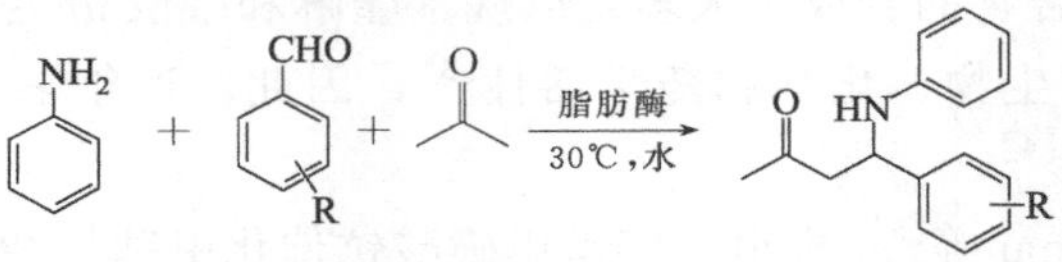

图 12-4　脂肪酶催化的 Mannich 反应

本章以蜂蜜曲霉蛋白酶为生物催化剂，通过 2-甲基喹啉的苄基 C(sp^3)-H 官能化反应合成了一系列 2-烷基氮杂芳烃类化合物（图 12-5）。

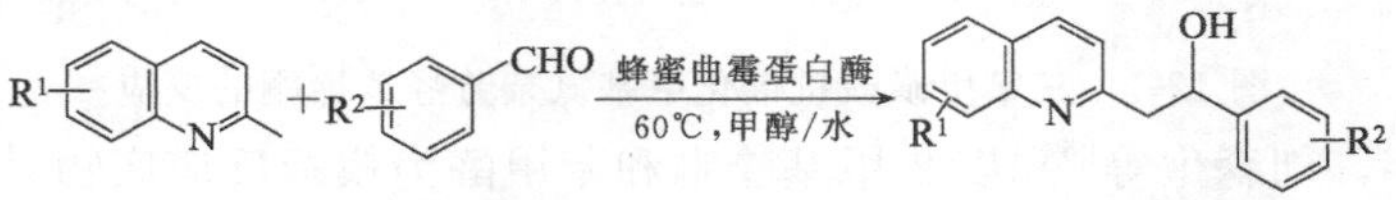

图 12-5　2-甲基喹啉的苄基 C(sp^3)-H 官能化反应

二、目标产物的合成

在 10mL 锥形瓶中加入 0.2mmol 2-甲基喹啉、0.2mmol 2-硝基苯甲醛、10mg 蜂蜜曲霉蛋白酶和 2mL 溶剂（$V_{甲醇}$ ：$V_{水}$ =1：1），在 60℃的恒温振荡培养箱（200r/min）中反应（TLC 法跟踪）。反应完成后利用柱色谱（$V_{石油醚}$：$V_{乙酸乙酯}$ =6：1）分离得到产物，经真空干燥后备用，产物用核磁共振波谱及高分辨质谱进行表征。

（一）不同酶的催化效果

以 2-甲基喹啉（0.2mmol）和 2-硝基苯甲醛（0.2mmol）为原料，以无水乙醇（2mL）为反应介质，在 50℃条件下考察了 27 种酶（10mg）的催化效果，结果见表 12-1。由表可知，所有酶的催化效果都不太理想，可能是因为酶不溶于无水乙醇，漂浮在有机溶剂上，使其催化效果减弱。蜂蜜曲霉蛋白酶催化效果相对较好，产率为 25%（表 12-1，序号 2），因此选用蜂蜜曲霉蛋白酶作为最佳催化剂进行后续研究。

表 12-1　不同酶的催化效果

序号	酶	产率/%
1	胰蛋白酶	19
2	蜂蜜曲霉蛋白酶	25
3	褶皱假丝酵母脂肪酶	21
4	其他酶	<15
5	空白(无催化剂)	5

（二）溶剂对反应的影响

考虑催化剂和反应底物的溶解性，我们进一步探索了溶剂（2mL）对反应效果的影响，结果如表 12-2 所示。由表可知，在多种有机溶剂中都会发生反应，但是反应的效果仍不理想；在甲醇、乙腈和四氢呋喃中，产率都低于 20%（表 12-2，序号 1、3 和 4）；而在氯仿、甲苯及丙酮中，几乎不发生反应，产率低于 5%。因此又向有机溶剂中加入了等体积的水，考察水对反应的影响；结果发现，向甲醇中加水后产率有了明显的提高，升至 44%（表 12-2，序号 6）。向乙醇中加了水后产率大幅度降低，降至 15%（表 12-2，序号 7），因此，选甲醇水溶液作为反应溶剂。

表 12-2　溶剂对反应的影响

序号	溶剂	产率/%
1	甲醇	7
2	乙醇	25
3	乙腈	14
4	四氢呋喃	15
5	氯仿、甲苯、丙酮	<5
6	甲醇：水	44
7	乙醇：水	15

（三）甲醇含水量对反应的影响

紧接着又考察了甲醇含水量对反应的影响，结果如表 12-3 所示。由表得知，甲醇含水量对反应效果影响较大，当 $V_{甲醇}:V_{水}=1:1$ 时，反应产率最高，过低或过高的含水量对该反应都不利，可能是要兼顾底物和酶溶解性的原因。

表 12-3　甲醇含水量对反应的影响

序号	$V_{甲醇}:V_{水}$	产率/%
1	3∶1	12
2	2∶1	16
3	1∶1	44
4	1∶2	19
5	1∶3	21

（四）酶用量对反应的影响

由图12-6可知，随着酶用量的增加，产率出现先升高再降低的趋势，最终选择10mg蜂蜜曲霉蛋白酶作为最佳催化剂。

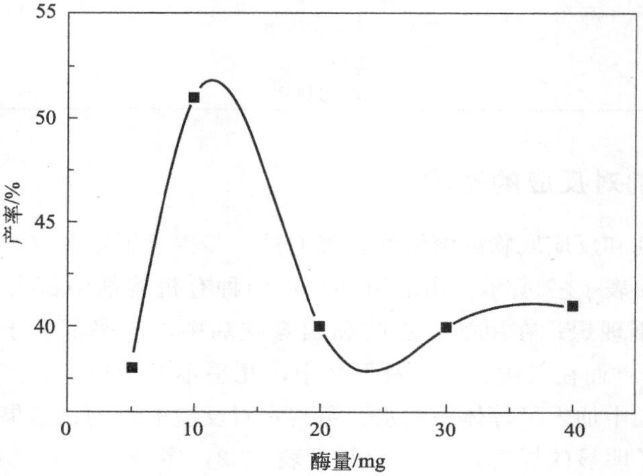

图12-6　酶用量对反应的影响

（五）温度对反应的影响

温度是影响酶促反应的又一重要因素，最后我们以蜂蜜曲霉蛋白酶（10mg）为催化剂，在甲醇水溶液（$V_{甲醇}:V_{水}=1:1$）中对反应温度进行了优化，结果如表12-4所示。室温下的产率仅为12%（表12-4，序号1），随着温度的升高，产率明显增加，60℃时产率达60%（表12-4，序号5）；而60℃时的无酶空白对照实验仅得到16%的产率（表12-4，序号6），这表明酶的催化效果较为明显。考虑甲醇的沸点以及长时间高温会使酶失活，本实验没有进一步提高反应温度，选择60℃为最佳反应温度。

表12-4　温度对反应的影响

序号	温度/℃	产率/%
1	室温	12
2	30	14
3	40	31
4	50	54
5	60	60
6	60(无催化剂)	16

（六）底物拓展

在最佳反应条件下，探索了该方法的底物普适性，结果见表 12-5。首先对不同的醛进行了考察，结果表明，脂肪醛不发生反应（结果未给出）；所试芳香醛都会发生反应，而连有吸电子基团的醛反应效果略好一些。而不同取代的 2-甲基喹啉的反应效果都不是很好。总之，该方法虽有一定的底物普适性，但反应效果仍不太理想，有待进行进一步的研究。

表 12-5　蜂蜜曲霉蛋白酶催化 2-甲基喹啉苄基 C（sp^3）-H 官能化反应的底物普适性

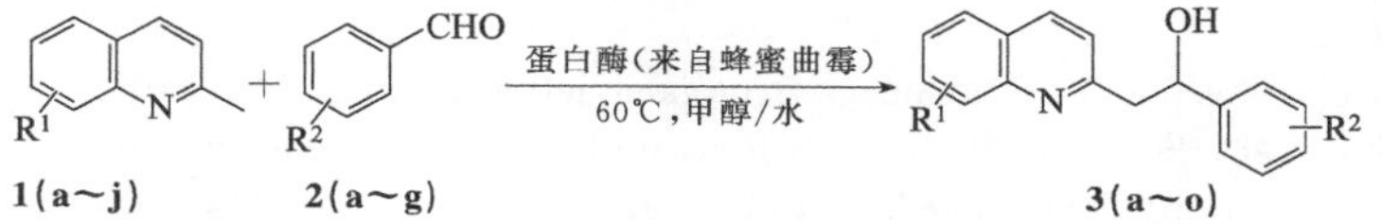

1(a～j)　　2(a～g)　　3(a～o)

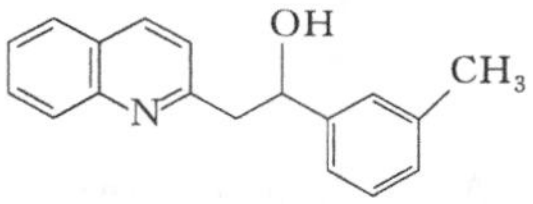

3a：11%

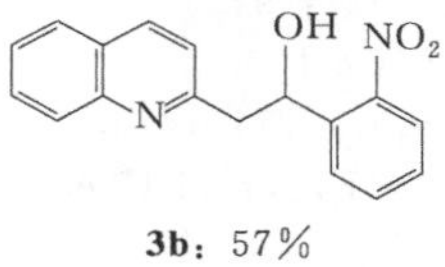

3b：57%

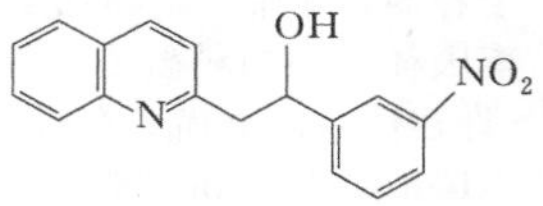

3c：49%

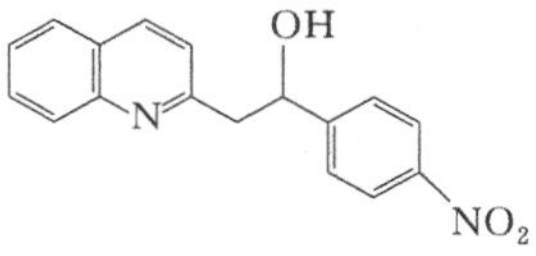

3d：72%

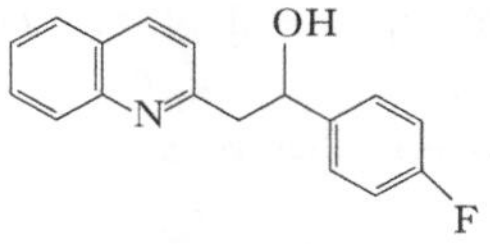

3e：21%

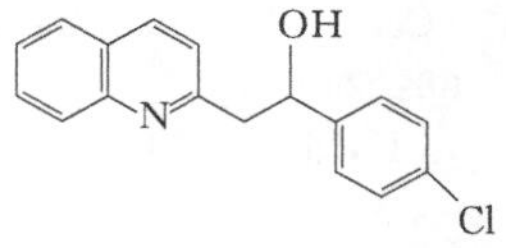

3f：39%

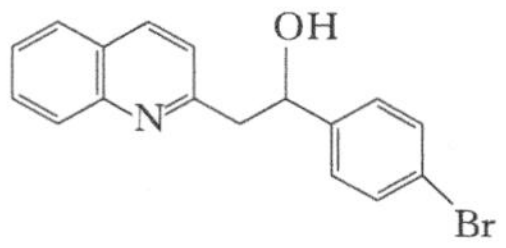

3g：31%

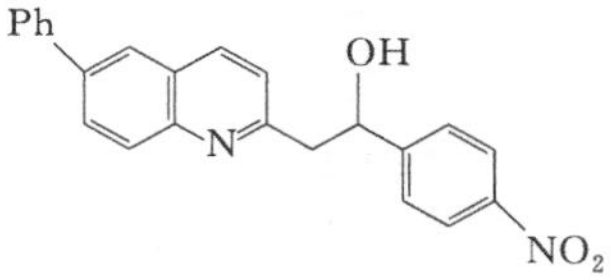

3h：21%

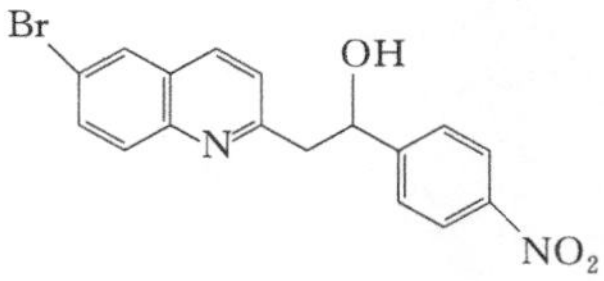

3i：20%

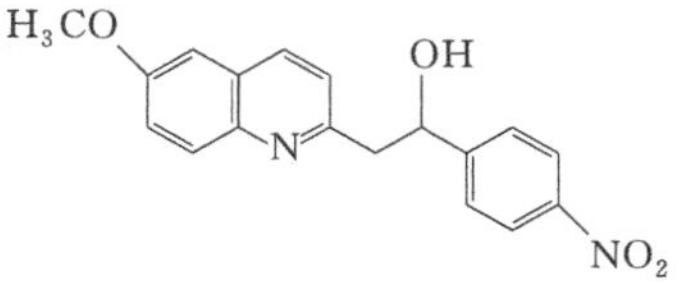

3j：31%

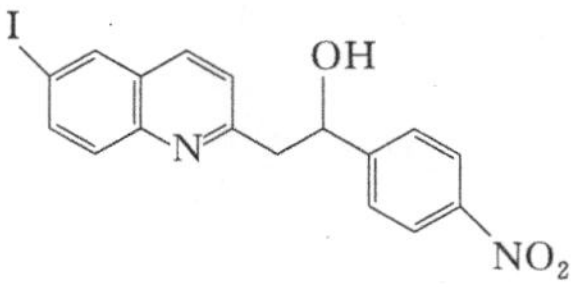

3k：49%

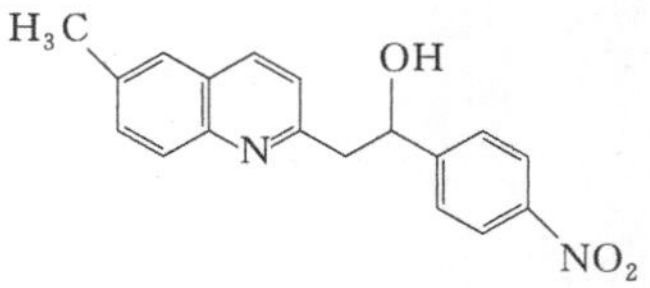

3l：39%

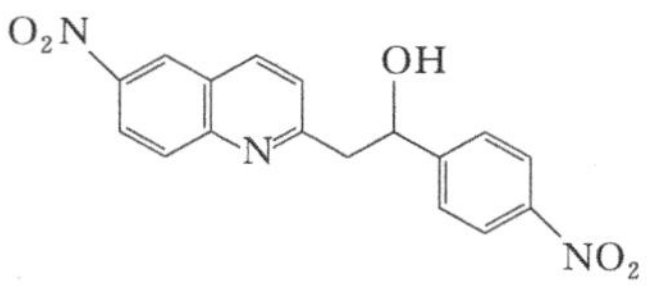

3m：36%

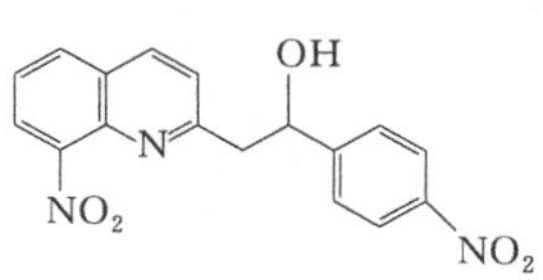

3n：50%

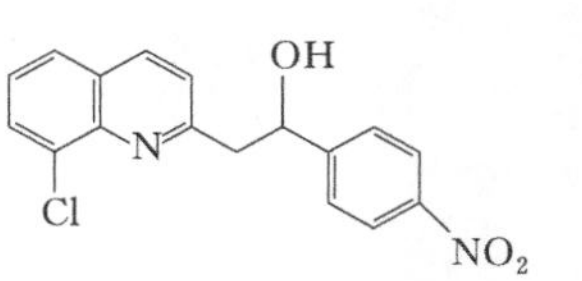

3o：21%

参考文献

[1]　(a) Nakayama H, Loiseau P M, Bories C, et al. Antimicrobial Agents & Chemotherapy, 2005, 49: 4950. (b) Fournet A, Mahieux R, Fakhfakh M A, et al. Bioorganic & Medicinal Chemistry Letters, 2003, 13: 891.
[2]　(a) Carey J S, Laffan D, Thomson C, et al. Organic & Biomolecular Chemistry, 2006, 4: 2337. (b) Felpin F X, Lebreton J. European Journal of Organic Chemistry, 2003, 2003: 3693.
[3]　Bagley M C, Glover C, Merritt E A. Synlett, 2007: 2459.
[4]　Wang F F, Luo C P, Wang Y, et al. Organic & Biomolecular Chemistry, 2012, 10: 8605.
[5]　Komai H, Yoshino T, Matsunaga S. Organic letters, 2011, 13: 1706.
[6]　刘森生，姜坤，皮单违，等. Chinese Journal of Organic Chemistry, 2014, 34: 1369.
[7]　Zhang X Y, Dong D Q, Yue T, et al. Tetrahedron Letters, 2014, 55: 5462.
[8]　王春丽，柳伟. 生物加工过程，2014: 94.
[9]　李庆林. 中国科教创新导刊，2010: 180.
[10]　许建明，林贤福. 有机化学，2007, 27: 1473.
[11]　Ismail I, Zou W B, Magnus E, et al. Chemistry - A European Journal, 2005, 11: 7024.
[12]　Cai J F, Guan Z, He Y H. Journal of Molecular Catalysis B: Enzymatic, 2011, 68: 240.
[13]　Li K, He T, Li C, et al. Green Chemistry, 2009, 11: 777.

第十三章

W/IL 包水微乳液中胰蛋白酶和咪唑协同催化 Aldol 反应

一、概述

Aldol 反应是有机合成中有效构建 C-C 键的方法之一，广泛应用于普通方法难以合成的天然产物或者非天然有机化合物的合成中[1]。近年来关于不对称 Aldol 反应的研究受到研究者的广泛关注[2]。总体来说，催化不对称 Aldol 反应的催化剂可分为三种类型[3]：①布朗斯特碱和路易斯酸；②有机小分子催化剂；③生物催化剂。其中，布朗斯特碱和路易斯酸催化的不对称 Aldol 反应，一般易发生消除、缩合等副反应[4]；小分子催化直接不对称 Aldol 反应一般反应速率快、转化率高，但小分子催化剂价格昂贵，且制备过程复杂，其苛刻的反应条件也会造成严重的环境污染和能源浪费[5]；由酶催化的 Aldol 反应，因反应条件温和、选择性好、能耗低、副产物少、催化效率高等优点备受化学家们的青睐[6]。酶催化的有机合成反应一般在有机溶剂或水介质中进行，但酶在多数有机溶剂中的溶解性差、反应活性低，而大部分有机反应底物又难溶于水，从而影响了酶的催化效果，限制了酶在有机合成反应中的应用。

“离子液体包水微乳液”（即 W/IL 微乳液）是兼顾酶活性、溶解性和稳定性的有效介质。通过适宜的表面活性剂将微小水滴（水滴直径 $d<0.1\mu m$）分散于疏水性离子液体中，酶分子分布于水滴中，通过表面活性剂层与离子液体体系隔开，可有效避免酶与离子液体的接触，从而使酶展现出良好的溶解性、稳定性和活性。Zhou 等[7] 在 W/［Bmim］［PF_6］微乳液中研究了木质素过氧化物酶和漆酶的活性。结果显示：相对于纯离子液体或水饱和的离子液体，在 W/IL 微乳液中酶活性明显提高；同时离子液体的黏度也因形成微乳液而降低。朱朝俞等[8] 将离子液体包水微乳液用作酶促 Aldol 反应介质，研究表明，离子液体包水微乳液能有效避免酶与离子液体的不利接触，从而使酶展现出良好的溶解性、稳定性和反应活性。离子液体包水微乳液体系作为反应介质或催化剂具有许多优点，如热力学稳定、组成灵活、可设计性、反应体系污染小、条件温和等；该体系在绿色、清洁的有机合成中具有潜在的应用价值。本章研究了 TX-100/H_2O/

[Bmim][PF_6]微乳液中（TX-100：曲拉通 X-100；[Bmim][PF_6]：1-丁基-3-甲基咪唑六氟磷酸盐），胰蛋白酶和 *N*-杂环化合物协同催化芳香醛与酮的 Aldol 反应，发展了一种新的酶促 Aldol 反应方法（图 13-1）。

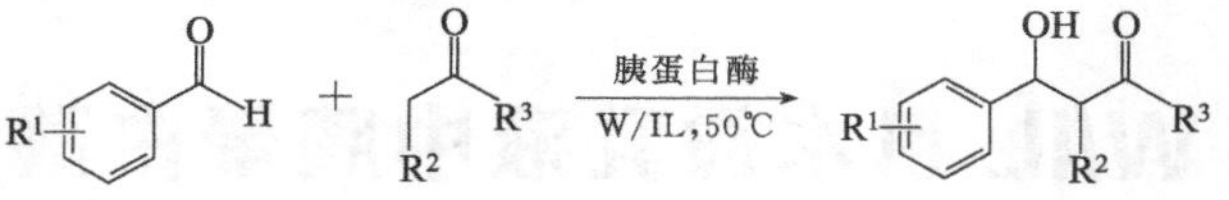

$R^2,R^3 = H,CH_3;(CH_2)_4$

图 13-1　W/IL 微乳液中的 Aldol 反应

二、胰蛋白酶和咪唑协同催化 Aldol 反应

在 10mL 锥形瓶中加入醛（1mmol）、酮（5mmol）、W/IL 包水微乳液（1mL）、咪唑（10mg）及胰蛋白酶（50mg），置于 50℃的恒温摇床（260r/min）中振荡反应，TLC 追踪反应过程（展开剂为乙酸乙酯/石油醚，比例根据产物的极性而定，紫外和碘显色）。反应结束后用乙酸乙酯（3×20mL）从微乳液中萃取反应混合物，将有机相减压蒸馏除去溶剂，残余物通过快速柱色谱（硅胶）纯化（展开剂为乙酸乙酯/石油醚），得目标产物。所有产物均为已知物，经核磁共振波谱表征。条件优化时产率用高效液相色谱（HPLC）测定，条件为：SunFireTM C_{18} 色谱柱（4.6mm × 250mm，5μm），流动相为甲醇/水（体积比 65∶35），流速 0.5mL/min，检测波长 254nm，进样量 10μL。

（一）离子液体的合成及微乳液的配制

如图 13-2 所示，根据文献[9]合成[Bmim][PF_6]离子液体，然后参考文献[10]中的微乳液相图配制 TX-100/H_2O/[Bmim][PF_6]微乳液。

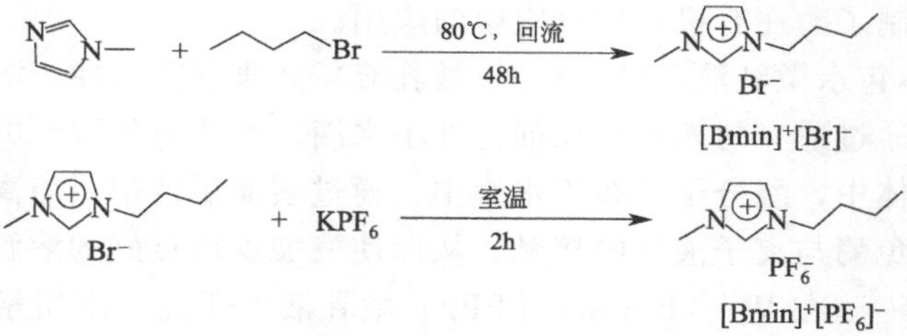

图 13-2　[Bmim][PF_6]的合成

（二）催化剂的筛选

催化剂对反应有显著的影响，首先选择 4-硝基苯甲醛（1mmol）和丙酮（5mmol）为反应底物，以 TX-100/H_2O/[Bmim][PF_6]微乳液为反应介质（1mL，水 16.7%，TX-100 60%，[Bmim][PF_6] 23.3%，质量分数），咪唑

(5mg) 为助催化剂，置于50℃恒温摇床（260r/min）中反应进行酶的筛选。从表13-1可以看出，在所尝试的催化剂中，胰蛋白酶、α-糜蛋白酶和牛血清白蛋白都表现出了一定的催化活性，产率分别为58%、25%和15%（表13-1，序号1,10和11）。其他酶，如氨基酰化酶、胰脂肪酶、爪哇毛霉脂肪酶等几乎无催化活性（表13-1，序号2～9）。由对照实验可知，在无催化剂（表13-1，序号12）、仅有微乳液（表13-1，序号14）、仅有咪唑（表13-1，序号15）以及仅有反应原料（表13-1，序号16）的情况下反应几乎无目标产物生成。同时还验证了[Bmim][PF_6]对反应的催化效果，也没有检测到目标产物（表13-1，序号13）。由此可知，在TX-100/H_2O/[Bmim][PF_6]微乳液中，咪唑与胰蛋白酶能有效协同催化4-硝基苯甲醛与丙酮间的Aldol反应，而单独的胰蛋白酶或咪唑不能催化该反应。因此，选胰蛋白酶作为最佳催化剂。

表13-1　W/IL微乳液中不同酶的催化活性

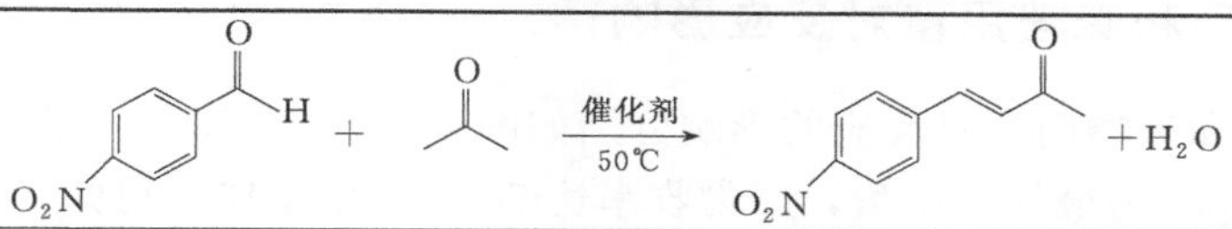

序号	酶	时间/h	产率/%
1	胰蛋白酶	50	58
2	氨基酰化酶	50	4
3	雪白根霉脂肪酶	50	5
4	褶皱假丝酵母脂肪酶	50	6
5	脂肪酶	50	3
6	胰脂肪酶	50	4
7	爪哇毛霉脂肪酶	50	4
8	洋葱假单胞菌脂肪酶	50	3
9	米曲霉天野酰化酶	50	3
10	α-糜蛋白酶	50	25
11	牛血清白蛋白	50	15
12	空白(无催化剂)	72	3
13	IL	72	—
14	W/IL	72	—
15	咪唑	72	2
16	空白(仅有原料)	72	—

（三）*N*-杂环化合物的筛选

因为该反应是由*N*-杂环化合物和胰蛋白酶协同催化的，因此接下来探索了不同*N*-杂环化合物的助催化效果，结果见表13-2。从表可知，*N*-甲基咪唑、4-硝基咪唑及苯并咪唑都表现出了一定的助催化效果，分别得到了22%、17%、20%的产率（表13-2，序号2，3和5），而2-甲基-5-硝基咪唑和吡啶则几乎无效果（表13-2，序号4和6）。因此，选咪唑作为助催化剂。

表 13-2　不同 *N*-杂环化合物的助催化效果

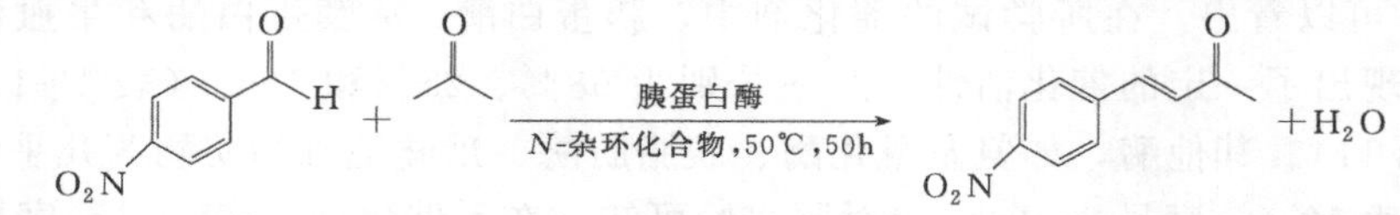

序号	*N*-杂环化合物	产率/%
1	咪唑	58
2	*N*-甲基咪唑	22
3	4-硝基咪唑	17
4	2-甲基-5-硝基咪唑	8
5	苯并咪唑	20
6	吡啶	6
7	空白(无 *N*-杂环化合物)	6

(四) 酶和咪唑用量对反应影响

酶用量和咪唑用量对反应的影响分别如图 13-3 和图 13-4 所示。从图 13-3 可以看出，50mg 为最佳酶用量，产物收率达 76%。由图 13-4 可知，在 50mg 胰蛋白酶为催化剂的基础上，咪唑用量对反应产率影响显著；产率随咪唑用量增加先升高后降低，无咪唑的情况下产率仅为 6%，加入 2mg 咪唑后产率可达 40%，咪唑用量为 5mg 时产率升至 76%，咪唑用量为 10mg 时产率升至最高的 80%；而咪唑用量超过 10mg 时，产率随咪唑用量的增加而降低，因此选择 10mg 为咪唑的最佳用量。

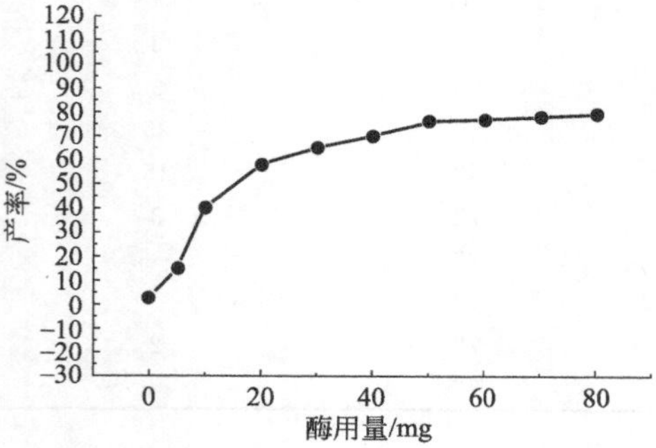

图 13-3　酶用量对反应的影响

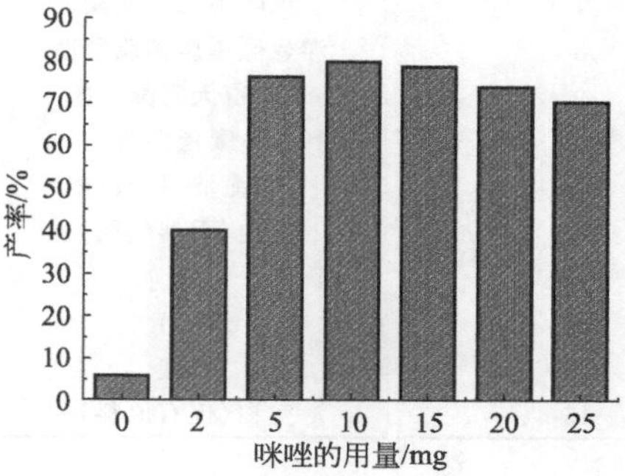

图 13-4　咪唑用量对反应的影响

(五) 温度对反应影响

温度是影响离子液体包水微乳液中酶促反应的重要因素，因为它可以影响酶的活性、稳定性及离子液体包水微乳液的状态。所以接下来我们考察了温度对反应的影响。将模板反应在 10 个不同的温度下进行，结果如图 13-5 所示。由图可知，在 10～50℃范围内，温度对反应效果的影响显著，产率可由 10℃的 7%升高至 50℃的 80%；而继续升高温度至 60℃时，产率则又降低至 54%。研究结果表明：过低的温度会抑制酶的活性，同时在低温下离子液体包水微乳液几乎呈“凝固”状，从而阻碍反应底物、酶和咪唑等的有效接触；而过高的温度又可能导致酶的变性失活，最终选择 50℃为最佳反应温度。

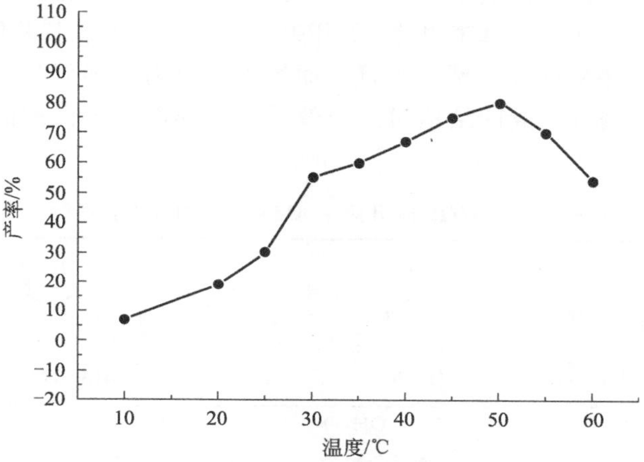

图 13-5　温度对反应影响

（六）底物摩尔比对反应影响

底物摩尔比是影响酶促反应的重要因素之一，最后我们又考察了底物摩尔比对反应的影响，结果如表 13-3 所示。在考察范围内，随着丙酮用量的增加产率一直增加，当 4-硝基苯甲醛与丙酮的摩尔比为 1∶5 时产率可达 80%，之后随底物摩尔比的变化产率变化不明显，因此最终选择 1∶5 为最佳底物摩尔比。

表 13-3　底物摩尔比对反应影响

序号	摩尔比(4-硝基苯甲醛∶丙酮)	产率/%
1	1∶1	23
2	1∶2	42
3	1∶3	55
4	1∶4	71
5	1∶5	80
6	1∶8	83
7	1∶10	86
8	1∶15	88

（七）底物拓展

在实验确定的最佳条件下，拓展了更多的底物以检验该方法的底物普适性。

由表 13-4 可知，在 TX-100/H_2O/［Bmim］［PF_6］微乳液中，咪唑和胰蛋白酶存在下反应 80h，一系列芳香醛与丙酮（或环己酮）能发生反应生成相应的 Aldol 产物，并取得了最高 92%的产率。而芳香醛的结构对产率有显著影响，总的来说，含有吸电子基团芳香醛的反应活性相对较强，产率也较高；且吸电子基团的吸电子能力越强产率越高，如吸电子能力 NO_2＞Cl＞Br，4-硝基苯甲醛、4-氯苯甲醛和 4-溴苯甲醛与丙酮反应的产率分别为 90%、79%和 68%。而含有给电子基团的芳香醛，如 4-甲基苯甲醛、2-甲基苯甲醛、4-甲氧基苯甲醛、4-羟基苯甲醛和 2-羟基苯甲醛的反应活性较低；而给电子能力的强弱与产率没有明显的相关性。除芳香醛外，酮的结构对反应效果也有影响，环己酮的反应活性低于丙酮。

表 13-4　W/IL 微乳液中 Aldol 反应的底物普适性

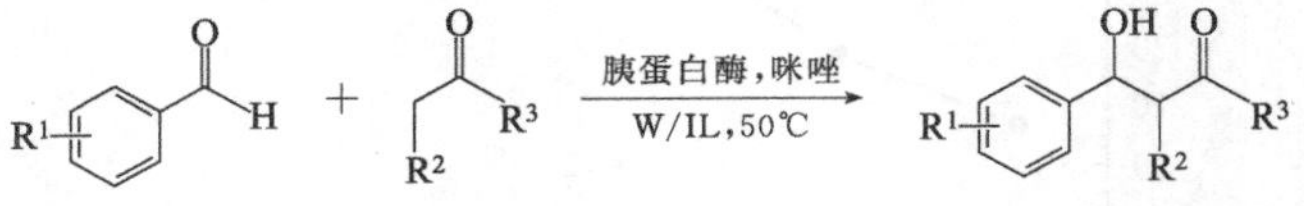

1(a～m)　　2(a～b)　　3(a～t)

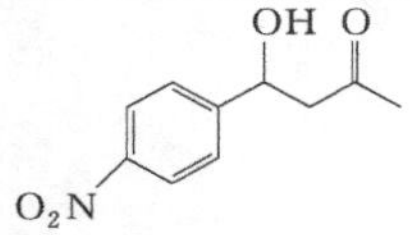
3a:90%

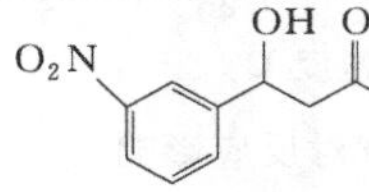
3b:86%

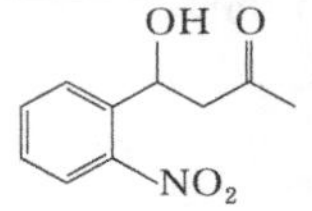
3c:84%

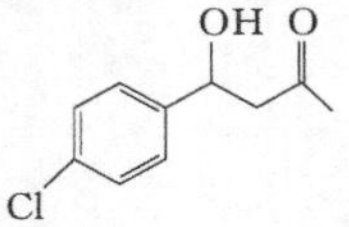
3d:79%

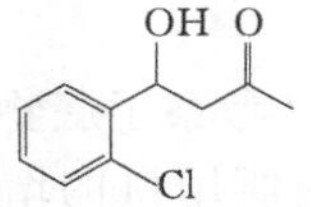
3e:75%

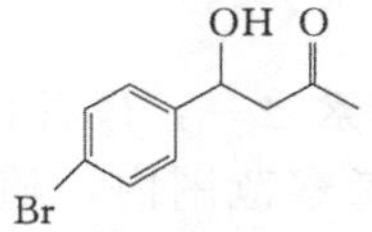
3f:68%

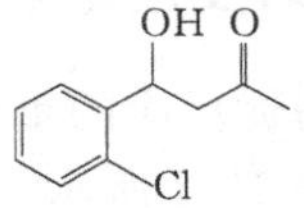
3g:70%

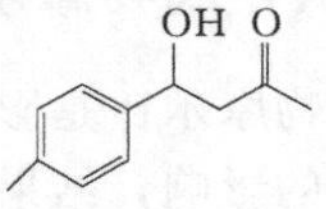
3h:44%

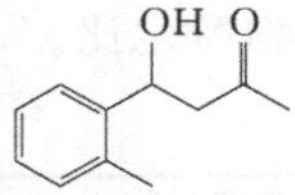
3i:35%

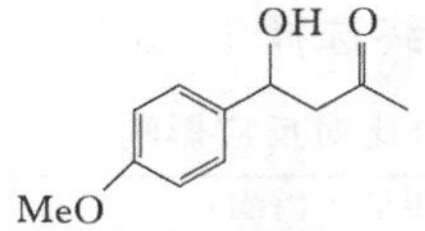
3j:65%

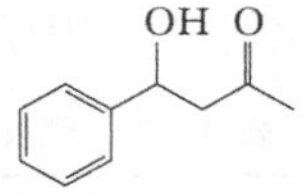
3k:53%

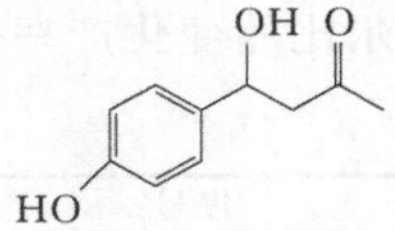
3l:20%

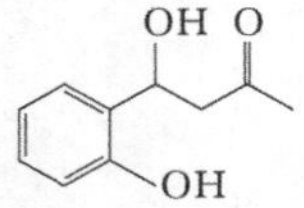
3m:12%

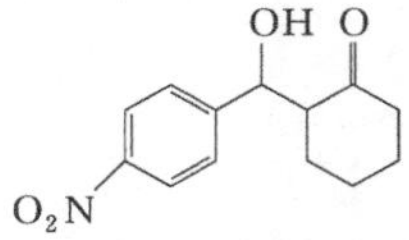
3n:92%

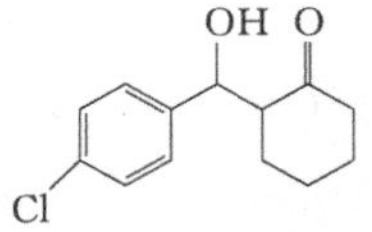
3o:85%

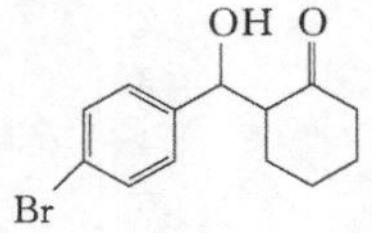
3p:70%

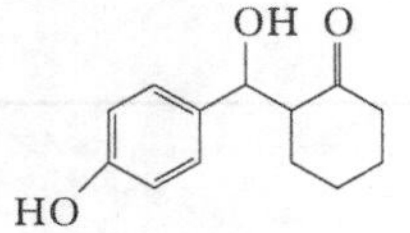
3q:24%

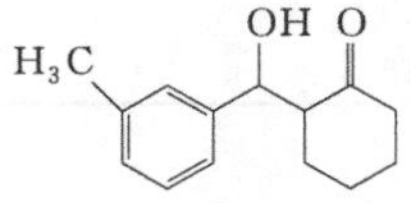
3r:35%

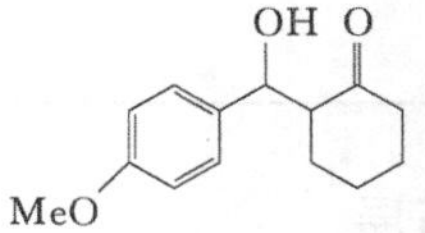
3s:46%

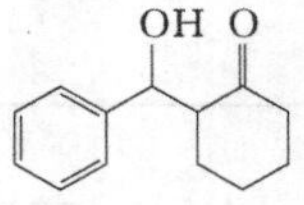
3t:67%

参考文献

[1] (a) Dalko P I, Lionel M. Angewandte Chemie International Edition, 2004, 43: 5138. (b) Hayashi Y, Aratake S, Okano T, et al. Angewandte Chemie International Edition, 2006, 45: 5527. (c) Machajewski T D, Wong C H. Angewandte Chemie International Edition, 2000, 39: 1352.

[2] (a) Northrup A B, Macmillan D W C. Journal of the American Chemical Society, 2002, 124: 6798. (b) Wolfgang N, Fujie T, Barbas C F. Accounts of Chemical Research, 2004, 37: 580. (c) Suri J T, Ramachary D B, Barbas C F. Organic Letters, 2005, 7: 1383.

[3] Tobias M, Kristina D, Arends I W C E, et al. Chemical Communications, 2013, 49: 361.

[4] (a) Denmark S E, Bui T. Journal of Organic Chemistry, 2005, 70: 10190. (b) Denmark S E, ShinjiF. Organic Letters, 2002, 4: 3473. (c) Guillaume P, Fabien L C, Luke H, et al. Organic Letters, 2010, 12: 3582. (d) Wang G W, Zhao J F, Zhou Y H, et al. Journal of Organic Chemistry, 2010, 75: 5326.

[5] (a) Jyoti A, Rama Krishna P. Journal of Organic Chemistry, 2011, 76: 3502. (b) Li H, Xu D Z, Wu L L, et al. Chemical Research in Chinese Universities, 2012, 28: 1003. (c) Luo S Z, Qiao Y P, Zhang L, et al. Journal of Organic Chemistry, 2009, 74: 9521. (d) Luo S Z, Xu H, Zhang L, et al. Organic Letters, 2008, 10: 653. (e) Yang Y, He Y H, Guan Z, et al. Advanced Synthesis & Catalysis, 2010, 352: 2579.

[6] (a) Ardao I S, Comenge J, Benaiges M D, et al. Langmuir, 2012, 28: 6461. (b) Chen X, Liu B K, Kang H, et al. Journal of Molecular Catalysis B: Enzymatic, 2011, 68: 71. (c) Li H H, He Y H, Yuan Y, et al. Green Chemistry, 2011, 13: 185. (d) Westermann B, Krebs B. Organic Letters, 2001, 3: 189. (e) Xie B H, Li W, Liu Y, et al. Tetrahedron, 2012, 68: 3160.

[7] Zhou G P, Zhang Y, Huang X R, et al. Colloids and Surfaces B: Biointerfaces, 2008, 66: 146.

[8] 朱朝俞，乐长高，谢宗波，等．中国化学会第十届全国有机合成 化学学术研讨会会议，长春，2012.

[9] Zhong C, Sasaki T, Tada M, et al. Journal of Catalysis, 2006, 242: 357.

[10] Li J, Zhang J, Gao H, et al. Colloid and Polymer Science, 2005, 283: 1371.

附录

附录1 实验用酶

序号	中文名称	英文名称	比活力	生产厂家
1	胰酶	Pancreatin		上海阿拉丁生化科技股份有限公司
2	碱性蛋白酶	Alkaline proteinase		江苏锐阳生物科技有限公司
3	猪胰蛋白酶	Trypsin		上海阿拉丁生化科技股份有限公司
4	牛胰蛋白酶	Trypsin	≥2500U/mg	上海阿拉丁生化科技股份有限公司
5	木瓜蛋白酶	Papain	800000U/g	江苏锐阳生物科技有限公司
6	β-葡聚糖酶	Dextranase	200000U/g	江苏锐阳生物科技有限公司
7	胰脂肪酶（来自牛胰腺）	Lipase	100000U/g	上海阿拉丁生化科技股份有限公司
8	果胶酶	Pectinase	100000U/g	江苏锐阳生物科技有限公司
9	纤维素酶	Cellulase	50000U/g	江苏锐阳生物科技有限公司
10	木聚糖酶	Xylanase	50000U/g	江苏锐阳生物科技有限公司
11	中温 α-淀粉酶	α-Amylase	10000U/g	江苏锐阳生物科技有限公司
12	脂肪酶	Lipase	100000U/g	上海阿拉丁生化科技股份有限公司
13	α-糜蛋白酶（来自猪胰脏）	α-Chymotrypsin	800U/mg	上海阿拉丁生化科技股份有限公司
14	胃蛋白酶(来自猪胃黏膜)	Pepsin from porcine gastric mucosa	601U/mg	Sigma Aldrich Co. USA
15	猪胰脂肪酶	Lipase from porcine pancreas	30～90U/mg	Sigma Aldrich Co. USA
16	蜂蜜曲霉蛋白酶	Proteinase from *Aspergillus melleus*	3.3U/mg	Sigma Aldrich Co. USA

续表

序号	中文名称	英文名称	比活力	生产厂家
17	木瓜乳蛋白酶	Papain from papayalatex	1.5～10U/mg	Sigma Aldrich Co. USA
18	黑曲霉脂肪酶 A	Amano lipase A from *Aspergillus niger*	300000U/g	上海阿拉丁生化科技股份有限公司
19	洋葱假单胞菌脂肪酶	Amano lipase ps from *Burkholderia cepacia*	≥30000U/g	Sigma Aldrich Co. USA
20	氨基酰化酶	Amino acylase	≥30000U/g	Sigma Aldrich Co. USA
21	佐氏曲霉蛋白酶	Protease from *Aspergillus saitoi*	≥0.6U/mg	Sigma Aldrich Co. USA
22	荧光假单胞菌脂肪酶	Amano lipase from *Pseudomonas fluorescens*	≥20000U/g	Sigma Aldrich Co. USA
23	爪哇毛霉脂肪酶 M	Amano lipase M from *Mucor javanicus*	≥10000U/g	Sigma Aldrich Co. USA
24	地衣芽孢杆菌蛋白酶	Protease from *Bacillus licheniformis*	≥2.4U/g	Sigma Aldrich Co. USA
25	蜂蜜曲霉淀粉酶	Amylase from *Aspergillus melleus*	2.49U/mg	Sigma Aldrich Co. USA
26	褶皱假丝酵母脂肪酶	Lipase from *Candida rugosa*	1176U/mg	Sigma Aldrich Co. USA
27	雪白根霉脂肪酶	Lipase from *Rhizopus niveus*	3.6U/mg	Sigma Aldrich Co. USA
28	南极假丝酵母脂肪酶 B	Lipase B from *Candida antarctica*	2000U/g	Sigma Aldrich Co. USA

附录 2　部分代表性产物的结构表征数据

第三章部分产物的结构表征数据

3a：黄色油状液体；^{1}H NMR(400MHz，$CDCl_3$)：δ 7.98～8.03(m，2H)，7.72(t，J=7.6Hz，1H)，7.55(t，J=7.6Hz，1H)，4.48(q，J=7.1Hz，2H)，2.71(s，3H)，2.66(s，3H)，1.44(t，J=7.1Hz，3H)；^{13}C NMR(100MHz，$CDCl_3$)：δ 169.2，154.3，147.1，141.5，130.0，129.2，128.0，126.3，125.8，124.0，61.7，23.8，15.7，14.2。

3b：黄色油状液体；^{1}H NMR(400MHz，$CDCl_3$)：δ 8.10～7.95(m，2H)，7.74(t，J=7.6Hz，1H)，7.56(t，J=7.6Hz，1H)，4.00(s，3H)，2.70(s，3H)，2.65(s，3H)；^{13}C NMR(100MHz，$CDCl_3$)：δ 169.7，154.4，147.1，141.7，130.1，129.3，127.7，126.3，125.7，124.0，52.5，23.8，15.8。

3c：黄色油状液体；^{1}H NMR(400MHz，$CDCl_3$)：δ 8.11～7.89(m，2H)，7.70(t，J=7.6Hz，1H)，7.53(t，J=7.6Hz，1H)，2.63(s，3H)，2.58(d，J=3.3Hz，6H)；^{13}C NMR(100MHz，$CDCl_3$)：δ 206.7，152.6，146.9，138.7，135.7，129.9，129.2，126.4，126.0，123.7，32.7，23.5，15.3。

3d:白色固体,熔点:60℃;^{1}H NMR(400MHz,$CDCl_3$):δ 8.07～7.90(m,2H),7.62(t,J=7.6Hz,1H),7.50(t,J=7.6Hz,1H),3.18(t,J=7.7Hz,2H),3.07(t,J=7.3Hz,2H),2.59(s,3H),2.28～2.14(m,2H);^{13}C NMR(100MHz,$CDCl_3$):δ 166.9,147.4,138.1,134.0,129.1,128.0,127.1,125.3,123.3,35.1,29.6,23.0,14.9。

3f:黄色油状液体;^{1}H NMR(400MHz,$CDCl_3$):δ 8.53～7.39(m,10H),2.79(s,3H);^{13}C NMR(100MHz,$CDCl_3$):δ 157.0,147.8,145.3,139.5,130.0,129.5,129.4,128.8,127.7,127.3,126.2,123.7,119.9,19.1。

3h:白色固体,熔点:99～100℃;^{1}H NMR(400MHz,$CDCl_3$):δ 8.09(d,J=8.4Hz,1H),7.73(t,J=7.6Hz,1H),7.59(d,J=8.3Hz,1H),7.52～7.33(m,6H),3.58(s,3H),2.78(s,3H);^{13}C NMR(100MHz,$CDCl_3$):δ 169.0,154.6,147.8,146.4,135.7,130.4,129.3,128.9,128.6,128.3,127.3,126.6,126.5,125.1,52.2,23.9。

3i:白色固体,熔点:114～115℃;^{1}H NMR(400MHz,$CDCl_3$):δ 8.08(d,J=8.4Hz,1H),7.73(t,J=7.6Hz,1H),7.62(d,J=8.3Hz,1H),7.55～7.32(m,6H),2.70(s,3H),2.00(s,3H);^{13}C NMR(100MHz,$CDCl_3$):δ 205.7,153.6,147.5,143.9,135.2,134.8,130.1,130.1,128.9,128.9,128.7,126.6,126.2,125.1,31.9,23.9。

3k:白色固体,熔点:140～141℃;^{1}H NMR(400MHz,$CDCl_3$):δ 8.04(d,J=8.3Hz,1H),7.66～7.56(m,1H),7.56～7.44(m,3H),7.32(d,J=3.9Hz,2H),7.23(d,J=7.1Hz,2H),3.21(t,J=6.5Hz,2H),2.61(t,J=6.4Hz,2H),2.02～1.92(m,2H),1.84～1.74(m,2H);^{13}C NMR(100MHz,$CDCl_3$):δ 159.1,146.6,146.3,137.2,129.1,128.6,128.4,128.4,127.8,126.7,125.8,125.4,34.3,28.1,23.0,22.9。

3l:白色固体,熔点:62～65℃;^{1}H NMR(500MHz,$CDCl_3$):δ 8.21(d,J=8.5Hz,1H),8.02(d,J=8.3Hz,1H),7.78(t,J=7.5Hz,1H),7.57(t,J=7.6Hz,1H),3.28(t,J=5.9Hz,2H),3.05(s,3H),2.81(t,J=6.4Hz,2H),2.26～2.18(m,2H);^{13}C NMR(100MHz,$CDCl_3$):δ 199.96,161.54,149.46,147.24,130.99,128.54,127.13,125.83,124.92,124.81,40.54,34.17,20.79,15.51。

3m:白色固体,熔点:154～156℃;^{1}H NMR(500MHz,$CDCl_3$):δ 8.08(d,J=8.4Hz,1H),7.77(t,J=7.5Hz,1H),7.54～7.44(m,4H),7.41(t,J=7.5Hz,1H),7.18(d,J=6.6Hz,2H),3.39(t,J=5.9Hz,2H),2.71(t,J=6.3Hz,2H),2.30～2.22(m,2H);^{13}C NMR(100MHz,$CDCl_3$):δ 197.35,161.76,150.88,148.15,137.17,131.24,128.02,127.72,127.61,127.06,126.99,125.95,123.37,40.15,34.13,20.90。

3n:白色固体,熔点:136～138℃;^{1}H NMR(500MHz,$CDCl_3$):δ 8.15(d,J=

8.4Hz,1H),7.76(t,J=7.5Hz,1H),7.60(d,J=7.6Hz,3H),7.46(t,J=7.5Hz,2H),7.33～7.15(m,7H),2.64(s,3H);^{13}C NMR(100MHz,$CDCl_3$):δ 197.24,154.17,147.26,145.20,136.70,134.33,133.07,132.01,129.68,129.54,128.77,128.36,127.99,127.83,127.56,126.08,125.78,124.82,23.52。

第四章第二节部分产物的结构表征数据

4a:白色固体;^{1}H NMR(500MHz,DMSO-d_6):δ 8.95(s,1H),7.35(s,1H),4.52～3.71(m,3H),2.16(s,3H),1.44～1.25(m,4H),1.19(t,J=7.1Hz,3H),0.85(t,J=7.0Hz,3H);^{13}C NMR(125MHz,DMSO-d_6):δ 165.92,153.27,148.77,99.86,59.52,50.25,18.17,17.47,14.69,14.23。

4b:白色固体;^{1}H NMR(500MHz,DMSO-d_6):δ 8.95(s,1H),7.34(s,1H),4.12～3.98(m,3H),2.15(s,3H),1.46～1.20(m,6H),1.18(t,J=7.0Hz,3H),0.84(t,J=6.1Hz,3H);^{13}C NMR(125MHz,DMSO-d_6):δ 165.48,152.81,148.35,99.39,59.07,49.99,36.52,25.91,21.95,17.82,14.26,14.01。

4g:黄色固体;^{1}H NMR(500MHz,DMSO-d_6):δ 8.96(s,1H),7.44(s,1H),4.10(dd,J=7.4,3.5Hz,1H),2.19(s,3H),2.17(s,3H),1.49～1.28(m,2H),1.24(ddd,J=19.3,9.9,4.3Hz,2H),0.85(t,J=6.9Hz,3H);^{13}C NMR(125MHz,DMSO-d_6):δ 194.57,153.32,147.91,111.13,50.47,39.34,30.69,19.33,17.68,14.24。

4m:白色固体;^{1}H NMR(600MHz,DMSO-d_6):δ 8.94(s,1H),7.31(s,1H),4.04(dt,J=6.8,3.2Hz,1H),3.60(s,3H),2.15(s,3H),1.43～1.32(m,2H),1.32～1.16(m,2H),0.84(t,J=7.0Hz,3H);^{13}C NMR(151MHz,DMSO-d_6):δ 165.92,152.73,148.44,99.20,50.69,49.82,39.05,17.71,16.94,13.75。

4q:白色固体;^{1}H NMR(500MHz,DMSO-d_6):δ 8.92(s,1H),7.34(s,1H),4.91(dt,J=12.4,6.2Hz,1H),4.08～3.97(m,1H),2.16(s,3H),1.47～1.22(m,4H),1.18(dd,J=6.0,4.4Hz,6H),0.85(t,J=6.9Hz,3H);^{13}C NMR(125MHz,DMSO-d_6):δ 165.39,153.30,148.55,100.16,66.53,50.15,39.54,22.29,22.16,18.11,17.49,14.20。

4u:黄色固体;^{1}H NMR(500MHz,DMSO-d_6):δ 9.00(s,1H),7.57～7.52(m,3H),7.50～7.42(m,3H),4.19～4.14(m,1H),1.63(s,3H),1.43～1.35(m,2H),1.31～1.20(m,2H),0.80(t,J=7.2Hz,3H);^{13}C NMR(125MHz,DMSO-d_6):δ 194.94,153.26,146.20,141.57,131.82,129.06,128.26,110.22,51.75,18.84,17.66,14.23。

4y:黄色固体;^{1}H NMR(500MHz,DMSO-d_6):δ 9.65(s,1H),8.1(s,1H),4.51～3.72(m,3H),2.16(s,3H),1.46～1.23(m,4H),1.19(t,J=7.1Hz,3H),0.85(t,J=7.0Hz,3H);^{13}C NMR(125MHz,DMSO-d_6):δ 174.35,162.66,136.288,99.86,59.52,50.25,18.17,17.47,14.69,14.23。

4z:黄色固体;^{1}H NMR(500MHz,DMSO-d_6):δ 9.75(s,1H),8.23(s,1H),4.11～3.88(m,3H),2.15(s,3H),1.46～1.21(m,6H),1.18(t,J=7.0Hz,3H),0.84(t,J=6.1Hz,3H);^{13}C NMR(125MHz,DMSO-d_6):δ 177.38,160.83,136.40,99.39,59.07,49.99,36.52,25.91,21.95,17.82,14.26,14.01。

第四章第三节部分产物的结构表征数据

4a:白色固体;^{1}H NMR(500MHz,DMSO-d_6):δ 9.25(s,1H),7.77(s,1H),7.31～7.23(m,2H),7.20～7.10(m,2H),5.15(s,1H),3.98(qd,J=7.1,1.7Hz,2H),2.25(s,3H),1.09(t,J=7.1Hz,3H);^{13}C NMR(125MHz,DMSO-d_6):δ 165.66,152.41,149.25,144.66,131.81,129.03,120.79,99.17,59.75,53.93,18.29,14.55。

4b:白色固体;^{1}H NMR(500MHz,DMSO-d_6):δ 9.26(s,1H),7.78(s,1H),7.53(d,J=8.5Hz,2H),7.19(d,J=8.4Hz,2H),5.14(s,1H),3.98(q,J=7.1Hz,2H),2.25(s,3H),1.10(t,J=7.1Hz,3H);^{13}C NMR(125MHz,DMSO-d_6):δ 165.66,150.41,149.25,144.66,131.81,129.03,120.79,99.17,59.75,53.93,18.29,14.54。

4c:白色固体;^{1}H NMR(500MHz,DMSO-d_6):δ 9.27(s,1H),7.79(s,1H),7.53(d,J=8.5Hz,2H),7.19(d,J=8.4Hz,2H),5.13(s,1H),3.98(q,J=7.1Hz,2H),2.25(s,3H),1.10(t,J=7.1Hz,3H);^{13}C NMR(125MHz,DMSO-d_6):δ 165.66,149.38,149.25,144.66,131.81,129.03,120.79,99.17,59.75,53.93,18.33,14.54。

4f:黄色固体;^{1}H NMR(500MHz,DMSO-d_6):δ 9.39(s,1H),8.22(d,J=8.7Hz,2H),8.02(s,1H),7.67～7.22(m,7H),5.43(s,1H),1.66(s,3H);^{13}C NMR(125MHz,DMSO-d_6):δ 194.51,152.37,151.92,147.60,147.15,141.49,131.99,129.10,128.23,128.10,124.33,108.91,55.16,19.33。

4g:白色固体;^{1}H NMR(500MHz,DMSO-d_6):δ 9.38(s,1H),8.23(d,J=8.2Hz,2H),7.92(s,1H),7.51(d,J=8.5Hz,2H),5.27(s,1H),3.99(q,J=7.0Hz,2H),2.27(s,3H),1.10(t,J=6.9Hz,3H);^{13}C NMR(125MHz,DMSO-d_6):δ 165.66,152.41,149.25,144.66,131.81,129.03,120.79,99.17,59.75,53.93,18.29,14.55。

4i:白色固体;^{1}H NMR(500MHz,DMSO-d_6):δ 9.35(s,1H),9.14(s,1H),7.64(s,1H),7.02(d,J=8.5Hz,2H),6.69(d,J=8.5Hz,2H),5.03(s,1H),3.97(q,J=7.1Hz,2H),2.23(s,3H),1.10(t,J=7.1Hz,3H);^{13}C NMR(125MHz,DMSO-d_6):δ 165.88,157.00,152.64,148.26,135.90,127.88,115.44,100.15,59.58,53.88,18.22,14.58。

4j:黄色固体;^{1}H NMR(500MHz,DMSO-d_6):δ 9.12(s,1H),7.61(s,1H),7.03(d,J=8.6Hz,2H),6.66(d,J=8.5Hz,2H),5.03(s,1H),3.97(dd,J=

7.0,3.4Hz,2H),2.85(s,6H),2.23(s,3H),1.11(t,J=7.1Hz,3H);^{13}C NMR(125MHz,DMSO-d_6):δ 165.94,152.77,150.20,148.05,133.12,127.35,112.69,100.32,59.57,53.75,40.68,18.20,14.61。

4k:黄色固体;^{1}H NMR(500MHz,DMSO-d_6):δ 9.17(s,1H),7.70(s,1H),7.12(s,4H),5.10(s,1H),3.97(q,J=7.1Hz,2H),2.26(s,3H),2.24(s,3H),1.10(t,J=7.1Hz,3H);^{13}C NMR(125MHz,DMSO-d_6):δ 165.71,162.75,160.82,152.51,149.01,141.61,128.76,128.69,115.67,115.50,99.56,59.69,53.82,18.25,14.49。

4n:白色固体;^{1}H NMR(500MHz,DMSO-d_6):δ 10.33(s,1H),9.63(s,1H),7.14(d,J=8.6Hz,2H),6.91(d,J=8.7Hz,2H),5.12(s,1H),4.00(q,J=7.1Hz,2H),3.72(s,3H),2.30(s,3H),1.11(t,J=7.1Hz,3H);^{13}C NMR(125MHz,DMSO-d_6):δ 194.51,152.37,151.92,147.60,147.15,141.49,131.99,129.10,128.23,128.10,124.33,108.91,55.86,55.16,19.33。

4o:黄色固体;^{1}H NMR(500MHz,DMSO-d_6):δ 10.33(s,1H),9.63(s,1H),7.14(d,J=8.6Hz,2H),6.91(d,J=8.7Hz,2H),5.12(s,1H),4.00(q,J=7.1Hz,2H),3.72(s,3H),2.30(s,3H),1.11(t,J=7.1Hz,3H);^{13}C NMR(125MHz,DMSO-d_6):δ 174.45,165.62,159.19,145.24,136.17,128.09,114.33,101.39,60.02,55.54,53.91,17.61,14.50。

第五章部分产物的结构表征数据

3a:白色固体;熔点:225~226℃;^{1}H NMR(400MHz,DMSO-d_6):δ 8.30(s,1H),7.61(d,J=7.4Hz,1H),7.49(d,J=7.0Hz,2H),7.43~7.31(m,3H),7.24(t,J=7.6Hz,1H),7.12(s,1H),6.74(d,J=8.1Hz,1H),6.67(t,J=7.4Hz,1H),5.75(s,1H);^{13}C NMR(100MHz,DMSO-d_6):δ 164.15,148.30,142.09,133.86,128.93,128.81,127.84,127.28,117.64,115.36,114.89,66.97。

3b:白色固体;熔点:227~228℃;^{1}H NMR(400MHz,DMSO-d_6):δ 8.23(s,1H),7.60(d,J=7.7Hz,1H),7.37(d,J=8.0Hz,2H),7.29~7.14(m,3H),7.05(s,1H),6.73(d,J=8.1Hz,1H),6.66(t,J=7.4Hz,1H),5.70(s,1H),2.29(s,3H);^{13}C NMR(100MHz,DMSO-d_6):δ 164.12,148.38,139.13,138.19,133.73,129.28,127.81,127.26,117.54,115.47,114.88,66.85,21.19。

3d:白色固体;熔点:202~203℃;^{1}H NMR(400MHz,DMSO-d_6):δ 8.35(s,1H),7.60(d,J=7.6Hz,1H),7.51(d,J=8.5Hz,2H),7.46(d,J=8.5Hz,2H),7.25(t,J=7.6Hz,1H),7.15(s,1H),6.74(d,J=8.1Hz,1H),6.68(t,J=7.5Hz,1H),5.77(s,1H);^{13}C NMR(100MHz,DMSO-d_6):δ 163.97,148.12,141.15,133.87,133.45,129.22,128.78,127.84,117.76,115.42,114.94,66.24。

3f:白色固体;熔点:190~191℃;^{1}H NMR(400MHz,DMSO-d_6):δ 8.40(s,1H),7.67(s,1H),7.60(d,J=7.7Hz,1H),7.54(d,J=7.9Hz,1H),7.48(d,J=

7.7Hz,1H),7.35(t,J=7.8Hz,1H),7.28～7.19(m,2H),6.75(d,J=8.1Hz,1H),6.68(t,J=7.5Hz,1H),5.77(s,1H);^{13}C NMR(100MHz,DMSO-d_6):δ 163.89,147.96,145.10,133.95,131.64,131.06,130.12,127.84,126.25,122.07,117.81,115.36,114.94,65.99。

3h:白色固体;熔点:188～189℃;^{1}H NMR(400MHz,DMSO-d_6):δ 8.19(s,1H),7.60(d,J=7.6Hz,1H),7.41(d,J=8.6Hz,2H),7.25～7.21(m,1H),7.01(s,1H),6.94(d,J=8.6Hz,2H),6.73(d,J=8.1Hz,1H),6.67(t,J=7.4Hz,1H),5.70(s,1H),3.74(s,3H);^{13}C NMR(100MHz,DMSO-d_6):δ 164.17,159.91,148.48,133.94,133.71,128.68,127.82,117.56,115.47,114.88,114.11,66.77,55.64。

3i:白色固体;熔点:206～207℃;^{1}H NMR(400MHz,DMSO-d_6):δ 9.50(s,1H),8.24(s,1H),7.61(d,J=7.6Hz,1H),7.28～7.20(m,1H),7.20～7.12(m,1H),7.08(s,1H),6.89(d,J=8.0Hz,2H),6.72(dd,J=12.3,8.8Hz,2H),6.66(t,J=7.4Hz,1H),5.65(s,1H);^{13}C NMR(100MHz,DMSO-d_6):δ 163.99,157.82,148.28,143.69,133.75,129.79,127.81,117.91,117.46,115.81,115.33,114.81,114.12,66.94。

3k:白色固体;熔点:224～225℃;^{1}H NMR(400MHz,DMSO-d_6):δ 9.09(s,1H),8.11(s,1H),7.61(d,J=7.7Hz,1H),7.24(t,J=7.7Hz,1H),7.09(s,1H),6.96(s,1H),6.88(d,J=8.1Hz,1H),6.77～6.72(m,2H),6.67(t,J=7.4Hz,1H),5.65(s,1H),3.76(s,3H);^{13}C NMR(100MHz,DMSO-d_6):δ 164.28,148.66,147.88,147.37,133.68,132.39,127.82,120.10,117.58,115.49,115.38,114.89,111.58,67.30,56.07。

3l:白色固体;熔点:173～175℃;^{1}H NMR(400MHz,DMSO-d_6):δ 8.15(d,J=6.3Hz,1H),7.64(d,J=7.6Hz,1H),7.45(d,J=7.4Hz,2H),7.34(t,J=7.4Hz,2H),7.30～7.22(m,2H),6.90(s,1H),6.77(d,J=8.1Hz,1H),6.72～6.64(m,2H),6.41～6.35(m,1H),5.32(d,J=6.7Hz,1H);^{13}C NMR(100MHz,DMSO-d_6):δ 163.86,148.26,136.18,133.71,132.12,129.55,129.20,128.82,128.61,128.11,127.85,127.12,117.61,115.34,115.01,66.30。

3m:白色固体;熔点:154～155℃;^{1}H NMR(400MHz,DMSO-d_6):δ 7.89(s,1H),7.57(d,J=7.6Hz,1H),7.22(t,J=7.6Hz,1H),6.72(d,J=8.1Hz,1H),6.65(t,J=7.4Hz,1H),6.56(s,1H),4.68(t,J=5.1Hz,1H),1.66～1.55(m,2H),1.46～1.36(m,2H),1.33～1.19(m,4H),0.87(t,J=6.9Hz,3H);^{13}C NMR(100MHz,DMSO-d_6):δ 164.42,148.99,133.49,127.81,117.32,115.48,114.83,64.91,35.46,31.65,23.39,22.55,14.36。

3n:白色固体;熔点:158～159℃;^{1}H NMR(400MHz,DMSO-d_6):δ 7.89(s,1H),7.57(d,J=7.6Hz,1H),7.22(t,J=7.1Hz,1H),6.72(d,J=8.1Hz,1H),

6.65(t,J=7.4Hz,1H),6.56(s,1H),4.67(t,J=5.1Hz,1H),1.66～1.56(m,2H),1.40(s,2H),1.26(s,8H),0.86(t,J=6.5Hz,3H);^{13}C NMR(100MHz,DMSO-d_6):δ 164.41,148.98,133.48,127.81,117.32,115.48,114.82,64.90,35.50,31.66,29.37,29.13,23.70,22.56,14.41。

第六章第二节部分产物的结构表征数据

3a:红色固体;熔点:219～220℃;IRν(cm^{-1})(KBr):3455,1637,1506,1456,1414,1341,1101,744;^{1}H NMR(400MHz,DMSO-d_6):δ 10.95(s,2H),8.15(d,J=8.7Hz,2H),7.61(d,J=8.7Hz,2H),7.38(d,J=8.1Hz,2H),7.30(d,J=7.9Hz,2H),7.06(t,J=7.5Hz,2H),6.96～6.78(m,4H),6.04(s,1H);^{13}C NMR(100MHz,DMSO-d_6):δ 153.61,146.26,137.10,129.93,124.35,123.87,121.58,119.39,118.91,112.07,40.66,40.45,40.24,40.03,39.83,39.62,39.41;HRMS:m/z,$C_{23}H_{16}O_2N_3$[M-H]$^-$计算值 366.12480,测定值 366.12896。

3d:红色固体;熔点:75～76℃;IR ν(cm^{-1})(KBr):3417,1637,1486,1455,1416,1338,1092,743;^{1}H-NMR(400MHz,DMSO-d_6):δ 10.86(s,2H),7.39～7.33(m,4H),7.31(d,J=8.5Hz,2H),7.27(d,J=7.9Hz,2H),7.04(t,J=7.5Hz,2H),6.87(t,J=7.5Hz,2H),6.83(s,2H),5.87(s,1H)。

3f:红色固体;熔点:104～106℃;IR ν(cm^{-1})(KBr):3440,1636,1454,1416,1342,1096,742;^{1}H NMR(400MHz,$CDCl_3$):δ 7.97(s,2H),7.49(s,1H),7.41～7.34(m,5H),7.31(d,J=21.5Hz,1H),7.22～7.11(m,3H),7.02(t,J=7.5Hz,2H),6.65(s,2H),5.85(s,1H)。

3h:红色固体;熔点:99～101℃;IR ν(cm^{-1})(KBr):3421,1635,1512,1454,1416,1339,1095,742;^{1}H NMR(400MHz,$CDCl_3$):δ 7.91(s,2H),7.39(d,J=8.0Hz,2H),7.35(d,J=8.1Hz,2H),7.22(d,J=7.9Hz,2H),7.16(t,J=7.5Hz,2H),7.08(d,J=7.7Hz,2H),7.00(t,J=7.5Hz,2H),6.66(s,2H),5.85(s,1H),2.31(s,3H)。

3i:红色固体;熔点:189～191℃;IR ν(cm^{-1})(KBr):3412,1636,1564,1509,1455,1417,1340,1250,1175,1095,1027,744;^{1}H NMR(400MHz,$CDCl_3$):δ 7.90(s,2H),7.38(d,J=8.0Hz,2H),7.34(d,J=8.1Hz,2H),7.24(d,J=7.9Hz,2H),7.16(t,J=7.4Hz,2H),7.00(t,J=7.3Hz,2H),6.81(d,J=8.6Hz,2H),6.63(s,2H),5.83(s,1H),3.77(s,3H)。

3j:红色固体;熔点:123～125℃;IR ν(cm^{-1})(KBr):3428,1635,1511,1456,1418,1128,744;^{1}H NMR(400MHz,$CDCl_3$):δ 7.85(s,2H),7.38(d,J=7.9Hz,2H),7.30(d,J=8.1Hz,2H),7.15(t,J=7.6Hz,2H),6.99(t,J=7.5Hz,2H),6.87(s,1H),6.83～6.74(m,2H),6.58(s,2H),5.79(s,1H),3.72(s,3H)。

第六章第三节部分产物的结构表征数据

3a:^{1}H NMR(600MHz,$CDCl_3$):δ 7.84(dd,J=7.8,1.5Hz,1H),7.70(s,

1H),7.28(ddd,J=8.1,7.3,1.6Hz,1H),6.82～6.78(m,1H),6.66～6.64(m,1H),5.32(s,1H),4.16～4.07(m,2H),2.85(dd,J=163.4,15.8Hz,2H),1.63(s,3H),1.23(t,J=7.2Hz,3H);^{13}C NMR(151MHz,$CDCl_3$):δ 173.1,164.4,147.3,132.9,128.3,117.2,116.7,113.6,71.2,61.3,46.4,25.8,14.1。

3c:^{1}H NMR(600MHz,$CDCl_3$):δ 7.85(d,J=7.7Hz,1H),7.29(t,J=7.7Hz,1H),7.14(s,1H),6.80(t,J=7.5Hz,1H),6.64(t,J=7.7Hz,1H),5.14(s,1H),4.17～4.09(m,2H),3.01～2.67(m,2H),1.92～1.74(m,2H),1.58～1.46(m,2H),1.26～1.23(m,3H),0.94(t,J=7.3Hz,3H);^{13}C NMR(151MHz,$CDCl_3$):δ 173.1,164.4,148.1,132.9,128.3,117.2,116.5,113.5,72.1,61.3,44.2,43.1,14.9,13.8,12.1。

3d:^{1}H NMR(600MHz,$CDCl_3$):δ 7.79(dd,J=7.8,1.5Hz,1H),7.60(s,1H),7.28(dd,J=8.1,7.3Hz,1H),6.82～6.78(m,1H),5.32(s,1H),4.16～4.07(m,2H),2.68(dd,J=163.4,15.8Hz,2H),1.86(s,3H),1.07(t,J=7.2Hz,3H);^{13}C NMR(151MHz,$CDCl_3$):δ 174.5,164.4,145.5,129.8,125.6,122.8,116.5,115.0,71.2,61.3,46.4,25.8,14.1。

3e:^{1}H NMR(600MHz,$CDCl_3$):δ 7.82(d,J=2.3Hz,1H),7.24(s,1H),6.86(d,J=11.3Hz,1H),6.62(d,J=8.6Hz,1H),5.08(s,1H),3.68(s,3H),2.84(dd,J=153.9,15.8Hz,2H),1.97～1.80(m,2H),1.03(t,J=7.4Hz,3H);^{13}C NMR(151MHz,$CDCl_3$):δ 170.1,164.4,145.5,129.8,125.6,122.8,116.5,115.0,74.1,51.9,43.6,35.4,8.8。

3f:^{1}H NMR(600MHz,$CDCl_3$):δ 7.81(d,J=2.4Hz,1H),7.41(s,1H),7.23(dd,J=8.6,2.5Hz,1H),6.61(d,J=8.6Hz,1H),5.24(s,1H),4.19～4.10(m,2H),2.98～2.66(m,2H),1.91～1.72(m,2H),1.57～1.45(m,2H),1.26(t,J=7.1Hz,3H),0.94(t,J=7.3Hz,3H);^{13}C NMR(151MHz,$CDCl_3$):δ 174.9,164.4,146.4,129.8,125.6,122.8,116.5,115.0,75.1,61.3,45.1,43.2,14.1,13.8,11.6。

3h:^{1}H NMR(600MHz,$CDCl_3$):δ 7.73(d,J=7.9Hz,1H),7.01(s,1H),6.62(d,J=8.1Hz,1H),6.47(d,J=7.7Hz,1H),5.02(s,1H),3.66(s,3H),3.00～2.68(m,2H),2.28(s,3H),1.88(dd,J=69.4,14.7Hz,2H),1.03(t,J=7.4Hz,3H);^{13}C NMR(151MHz,$CDCl_3$):δ 169.7,165.1,147.4,142.6,128.2,117.5,114.1,112.9,71.2,51.9,46.4,33.3,21.3,8.1。

第七章部分产物的结构表征数据

3a:熔点:174～175℃;^{1}H NMR(600MHz,$CDCl_3$):δ 8.63(s,1H),7.56(dd,J=5.9,3.2Hz,2H,),7.22(dd,J=6.0,3.1Hz,2H,),2.66(s,3H,);^{13}C NMR(151MHz,$CDCl_3$):δ 152.9,138.9(2C),123.0(2C),115.2(2C),14.0。

3d:熔点:177～179℃;^{1}H NMR(600MHz,$CDCl_3$):δ 7.44(dd,J=8.8,

4.7Hz,1H),7.21(d,J=8.9,2.4Hz,1H),6.97(ddd,J=9.5,8.8,2.5Hz,1H),6.57(s,1H),2.63(s,3H);^{13}C NMR(151MHz,$CDCl_3$):δ 156.5,152.9,140.5,134.5,116.8,109.9,102.4,14.0。

3e:熔点:213～215℃;^{1}H NMR(600MHz,$CDCl_3$):δ 7.83(s,1H),7.60(s,1H),7.50(s,1H),5.36(s,1H),2.69(s,3H);^{13}C NMR(151MHz,$CDCl_3$):δ 152.9,140.3,137.0,129.2,124.1,116.6,115.0,14.0。

3f:熔点:194～195℃;^{1}H NMR(600MHz,$CDCl_3$)δ 7.83(s,1H),7.60(s,1H),7.49(s,1H),7.26(s,1H),2.69(s,3H);^{13}C NMR(151MHz,$CDCl_3$):δ 152.9,142.2,139.2,125.4,124.1,121.9,115.5,111.4,14.0。

3g:熔点:193～194℃;^{1}H NMR(600MHz,$CDCl_3$):δ 8.08(d,J=2.0Hz,1H),7.78(dd,J=8.8,2.1Hz,1H),7.70(s,1H),7.27(dd,J=8.8,3.8Hz,1H),2.33(s,3H);^{13}C NMR(151MHz,$CDCl_3$):δ 152.9,144.3,142.5,138.8,118.6,116.1,112.9,14.0。

3h:熔点:259～260℃;^{1}H NMR(600MHz,$CDCl_3$):δ 7.62(s,2H),5.35(s,1H),2.62(s,3H);^{13}C NMR(151MHz,$CDCl_3$):δ 152.9,138.3(2C),128.4(2C),117.2(2C),14.0。

3i:熔点:178～179℃;^{1}H NMR(600MHz,$CDCl_3$):δ 7.86(s,1H),7.56(dd,J=6.0,3.2Hz,2H),7.22(dd,J=6.0,3.1Hz,2H),3.01(q,J=7.6Hz,2H),1.44(t,J=7.6Hz,3H);^{13}C NMR(151MHz,$CDCl_3$):δ 162.0,138.9(2C),123.0(2C),115.2(2C),22.5,11.8。

3j:熔点:218～219℃;^{1}H NMR(600MHz,$CDCl_3$):δ 7.43(d,J=8.2Hz,1H),7.33(s,1H),7.03(d,J=8.2Hz,1H),6.58(s,1H),2.96(q,J=7.6Hz,2H),2.44(s,3H),1.41(t,J=7.6Hz,3H);^{13}C NMR(151MHz,$CDCl_3$):δ 163.4,138.8,135.9,132.7,125.8,115.3(2C),22.5,21.3,11.8。

3l:熔点:105～106℃;^{1}H NMR(600MHz,$CDCl_3$):δ 7.45(dd,J=8.8,4.7Hz,1H),7.21(dd,J=9.0,2.4Hz,1H),6.96(ddd,J=9.5,8.9,2.4Hz,1H),5.88(s,1H),2.96(q,J=7.6Hz,2H),1.43(t,J=7.6Hz,3H);^{13}C NMR(151MHz,$CDCl_3$):δ 164.1,156.5,140.5,134.5,116.8,109.9,102.4,22.5,11.8。

3m:熔点:161～162℃;^{1}H NMR(600MHz,$CDCl_3$):δ 7.52(d,J=1.6Hz,1H),7.44(d,J=8.5Hz,1H),7.19(dd,J=8.5,1.6Hz,1H),5.18(s,1H),2.97(q,J=7.6Hz,2H),1.43(t,J=7.6Hz,3H);^{13}C NMR(151MHz,$CDCl_3$):δ 163.0,140.3,137.1,129.3,124.1,116.8,115.8,24.1,10.9。

3n:熔点:161～162℃;^{1}H NMR(600MHz,$CDCl_3$):δ 7.83(s,1 H),7.60(d,J=8.4Hz,1H),7.48(d,J=8.4Hz,1H),5.34(s,1H),3.01(q,J=7.6Hz,2H),

1.46(t, J = 7.6Hz, 3H); ^{13}C NMR(151MHz, $CDCl_3$): δ 161.9, 142.2, 139.2, 125.4, 124.1, 121.9, 115.5, 111.4, 22.5, 10.9。

3o:熔点:151～153℃; ^{1}H NMR(600MHz, $CDCl_3$): δ 8.49(d, J = 1.6Hz, 1H), 8.18(dd, J = 8.8, 2.0Hz, 1H), 7.60(d, J = 8.8Hz, 1H), 5.35(s, 1H), 3.04(q, J = 7.6Hz, 2H), 1.49(t, J = 7.6Hz, 3H); ^{13}C NMR(151MHz, $CDCl_3$): δ 162.0, 144.3, 142.8, 138.7, 118.6, 116.1, 112.9, 22.5, 12.3。

3p:熔点:230～231℃; ^{1}H NMR(600MHz, $CDCl_3$): δ 7.64(s, 2H), 5.34(s, 1H), 2.97(q, J = 7.6Hz, 2H), 1.44(t, J = 7.6Hz, 3H); ^{13}C NMR(151MHz, $CDCl_3$): δ 158.9, 138.8(2C), 128.7(2C), 115.9(2C), 22.5, 13.1。

第八章部分产物的结构表征数据

3a:黄色固体; ^{1}H NMR(600MHz, $CDCl_3$): δ 8.21(d, J = 8.6Hz, 2H), 8.13(d, J = 8.3Hz, 1H), 8.06(d, J = 8.4Hz, 1H), 7.81(d, J = 8.1Hz, 1H), 7.74(t, J = 7.5Hz, 1H), 7.64(d, J = 8.5Hz, 2H), 7.54(d, J = 7.5Hz, 1H), 7.21(d, J = 8.4Hz, 1H), 6.80(s, 1H), 5.45(dd, J = 8.6, 2.2Hz, 1H), 3.31(ddd, J = 24.8, 15.7, 5.9Hz, 2H); ^{13}C NMR(151MHz, $CDCl_3$): δ 159.64, 151.45, 147.19, 146.89, 137.22, 130.12, 128.61, 127.70, 126.95, 126.67, 123.64, 121.92, 72.17, 45.33。

3d:黄色固体; ^{1}H NMR(600MHz, $CDCl_3$): δ 8.03(d, J = 8.2Hz, 1H), 7.98(d, J = 8.2Hz, 1H), 7.73(d, J = 7.5Hz, 1H), 7.68～7.63(m, 1H), 7.49～7.44(m, 1H), 7.33(d, J = 8.1Hz, 2H), 7.24(d, J = 8.3Hz, 2H), 7.13(d, J = 8.3Hz, 1H), 6.38(s, 1H), 5.29～5.19(m, 1H), 3.20(d, J = 5.8Hz, 2H); ^{13}C NMR(151MHz, $CDCl_3$): δ 160.12, 146.88, 142.55, 137.07, 132.93, 130.00, 128.57, 128.48, 127.64, 127.30, 126.92, 126.41, 122.07, 72.35, 45.89。

3e:白色固体; ^{1}H NMR(600MHz, $CDCl_3$): δ 8.21(d, J = 7.5Hz, 1H), 7.99(d, J = 8.1Hz, 1H), 7.89(d, J = 8.5Hz, 1H), 7.72(t, J = 7.5Hz, 1H), 7.69(d, J = 7.5Hz, 2H), 7.59(d, J = 7.5Hz, 2H), 7.54(t, J = 7.3Hz, 1H), 7.40(d, J = 8.5Hz, 1H), 5.79(br, 1H), 5.27(t, J = 6.5Hz, 1H), 3.27(d, J = 6.3Hz, 2H); ^{13}C NMR(151MHz, $CDCl_3$): δ 157.5, 149.1, 145.1, 134.5, 130.0, 127.6, 126.3, 125.9, 125.0, 124.9, 124.1, 120.8, 116.9, 108.2, 70.2, 45.8。

3g:黄色固体; ^{1}H NMR(600MHz, DMSO-d_6): δ 8.09(dd, J = 26.6, 8.1Hz, 2H), 7.81(d, J = 8.2Hz, 1H), 7.74(t, J = 7.6Hz, 1H), 7.65～7.50(m, 5H), 7.22(d, J = 8.1Hz, 1H), 5.39(dd, J = 8.2, 3.2Hz, 1H), 3.35～3.22(m, 2H); ^{13}C NMR(151MHz, $CDCl_3$): δ 159.94, 147.94, 146.81, 137.14, 130.04, 129.55, 129.34, 128.52, 127.64, 126.90, 126.44, 126.15, 125.12, 121.97, 72.37, 45.60。

3h:黄色固体; ^{1}H NMR(600MHz, DMSO-d_6): δ 8.27～8.17(m, 2H), 8.14(dd, J = 23.9, 8.5Hz, 2H), 8.03～7.97(m, 2H), 7.71(dd, J = 9.3, 2.2Hz, 2H),

7.68～7.63(m,2H),7.57～7.46(m,2H),7.46～7.38(m,1H),7.28～7.22(m,1H),5.46(dd,J=9.0,2.9Hz,1H),3.36(dd,J=15.7,3.0Hz,1H),3.29(dd,J=15.7,9.0Hz,1H);^{13}C NMR(151MHz,$CDCl_3$):δ 159.54,151.39,147.19,146.25,140.09,139.39,137.35,130.88,129.85,129.01,127.85,127.41,127.13,126.65,125.33,123.63,122.28,72.17,45.31。

3i:黄色固体;^{1}H NMR(600MHz,$CDCl_3$):δ 8.24～8.10(m,5H),7.91(dd,J=8.8,2.6Hz,1H),7.65(d,J=8.5Hz,2H),7.34(d,J=8.3Hz,1H),5.48(dd,J=8.9,2.9Hz,1H),3.37(ddd,J=24.9,15.9,6.0Hz,2H);^{13}C NMR(151MHz,$CDCl_3$):δ 162.12,151.07,147.97,147.32,137.88,129.87,126.67,125.96,125.85,125.83,125.73,125.71,123.71,123.29,71.97,45.73。

3k:黄色固体;^{1}H NMR(600MHz,$CDCl_3$):δ 8.16(dd,J=27.9,8.5Hz,3H),7.85(dd,J=7.5,3.1Hz,1H),7.74(dd,J=8.1,1.8 H z,1H),7.71～7.65(m,2H),7.47(t,J=7.8Hz,1H),7.30(d,J=8.4Hz,1H),5.49(dd,J=8.8,2.7Hz,1H),3.40(dd,J=16.3,2.8Hz,1H),3.33(dd,J=16.3,8.8Hz,1H);^{13}C NMR(151MHz,$CDCl_3$):δ 160.59,151.38,147.16,142.94,137.59,132.79,130.04,128.14,126.72,126.71,126.55,123.59,122.67,71.98,44.77。

3n:黄色固体;^{1}H NMR(600MHz,$CDCl_3$):δ 8.21(d,J=8.7Hz,2H),8.02(d,J=8.4Hz,1H),7.98～7.90(m,1H),7.60(dd,J=36.4,7.6Hz,4H),7.16(d,J=8.3Hz,1H),5.43(dd,J=9.0,3.8Hz,1H),3.29(ddd,J=24.7,15.7,6.0Hz,2H),2.55(s,3H);^{13}C NMR(151MHz,$CDCl_3$):δ 158.62,151.53,147.18,145.47,136.57,136.48,132.39,128.26,127.00,126.67,126.54,123.62,121.86,72.25,45.15,21.54。

3o:黄色固体;^{1}H NMR(600MHz,$CDCl_3$):δ 8.02(d,J=8.2Hz,1H),7.94～7.90(m,1H),7.64～7.59(m,2H),7.59～7.52(m,4H),7.15(d,J=8.4Hz,1H),5.35(dd,J=9.0,3.0Hz,1H),3.25(ddd,J=24.6,15.6,6.0Hz,2H),2.54(s,3H);^{13}C NMR(151MHz,$CDCl_3$):δ 158.67,149.49,145.47,136.45,136.38,132.29,132.16,128.23,126.95,126.58,126.50,121.86,118.93,110.93,72.35,45.24,21.49。

3s:黄色固体;^{1}H NMR(600MHz,$CDCl_3$):δ 8.42(d,J=5.6Hz,1H),8.21(d,J=8.5Hz,2H),8.02(d,J=8.5Hz,1H),7.85(d,J=8.2Hz,1H),7.75～7.66(m,3H),7.63～7.58(m,2H),5.54(dd,J=9.6,2.0Hz,1H),3.72(dd,J=16.6,2.3Hz,1H),3.47(dd,J=16.5,9.7Hz,1H);^{13}C NMR(151MHz,$CDCl_3$):δ 159.02,151.52,147.17,140.52,136.18,130.58,127.73,127.57,127.13,126.75,124.45,123.64,120.20,71.58,41.06。

3t:白色固体;^{1}H NMR(600MHz,$CDCl_3$):δ 8.41(d,J=5.6Hz,1H),8.02(d,J=8.4Hz,1H),7.84(d,J=8.2Hz,1H),7.71(t,J=7.5Hz,1H),7.68～

7.54(m,6H),5.48(dd,J=9.7,2.0Hz,1H),3.68(dd,J=16.5,2.2Hz,1H),3.44(dd,J=16.5,9.7Hz,1H);^{13}C NMR(151MHz,$CDCl_3$):δ 159.09,149.53,140.58,136.19,132.19,130.50,127.65,127.53,127.17,126.67,124.48,120.11,118.88,111.03,71.72,41.15。

3v:黄色固体;^{1}H NMR(600MHz,$CDCl_3$):δ 8.41(d,J=5.6Hz,1H),8.03(d,J=8.6Hz,1H),7.83(d,J=8.5Hz,1H),7.69(t,J=7.5Hz,1H),7.65～7.61(m,4H),7.58(t,J=6.9Hz,2H),5.49(dd,J=9.8,2.0Hz,1H),3.69(dd,J=16.5,2.3Hz,1H),3.46(dd,J=16.5,9.8Hz,1H);^{13}C NMR(151MHz,$CDCl_3$):δ 159.39,148.13,140.61,136.15,130.45,127.60,127.51,127.18,126.27,125.67,125.34,124.56,120.04,119.45,71.80,41.47。

3w:黄色固体;^{1}H NMR(600MHz,$CDCl_3$):δ 8.02(d,J=8.5Hz,1H),7.97～7.91(m,1H),7.58(dt,J=12.5,7.5Hz,6H),7.16(d,J=8.4Hz,1H),5.37(dd,J=8.6,3.4Hz,1H),3.34～3.21(m,2H),2.54(s,3H);^{13}C NMR(151MHz,$CDCl_3$):δ 159.03,148.12,145.57,136.42,136.33,132.27,129.57,129.36,128.34,126.98,126.51,126.19,125.32,121.94,72.48,45.54,21.53。

3x:黄色固体;^{1}H NMR(600MHz,$CDCl_3$):δ 8.20(d,J=8.5Hz,2H),8.12～8.00(m,2H),7.64(d,J=8.5Hz,2H),7.51(td,J=8.7,2.8Hz,1H),7.43(dd,J=8.6,2.7Hz,1H),7.30～7.21(m,1H),5.44(dd,J=9.0,2.9Hz,1H),3.31(ddd,J=24.8,15.8,6.0Hz,2H);^{13}C NMR(151MHz,$CDCl_3$):δ 161.17,159.52,158.94,151.25,147.20,143.99,136.52,130.99,126.62,123.62,122.69,120.33,110.68,72.08,45.29。

第九章部分产物的结构表征数据

3a:白色固体;^{1}H NMR(600MHz,DMSO-d_6):δ 10.14(s,1H),6.80(s,2H),4.75(s,1H),4.06(q,J=7.1Hz,2H),2.24(s,3H),1.18(t,J=7.1Hz,3H);HRMS:m/z,[$C_7H_{12}N_2O_3$+H]$^+$计算值 173.0848,测定值 173.0913。

3b:白色固体;^{1}H NMR(600MHz,DMSO-d_6):δ 11.09(s,1H),6.90(s,2H),5.45(s,1H),4.06(q,J=7.1Hz,2H),2.24(s,3H),1.18(t,J=7.1Hz,3H);HRMS:m/z,[$C_7H_{12}N_2O_2S$+H]$^+$计算值 187.0619,测定值 187.0530。

3c$_1$:白色固体;^{1}H NMR(600MHz,DMSO-d_6):δ10.87(s,1H),7.73(s,1H),4.77(s,1H),4.06(q,J=7.1Hz,2H),2.77(s,3H),2.30(s,3H),1.19(t,J=7.1Hz,3H);HRMS:m/z,[$C_8H_{14}N_2O_3$+H]$^+$计算值 187.1004,测定值 187.1076。

3d:白色固体;^{1}H NMR(600MHz,DMSO-d_6):δ 10.13(s,1H),6.80(s,2H),4.75(s,1H),3.79(s,3H),2.84(q,J=7.1Hz,2H),1.20(t,J=7.1Hz,3H);HRMS:m/z,[$C_7H_{12}N_2O_3$+H]$^+$计算值 173.0848,测定值 173.0917。

3e:白色固体;^{1}H NMR(600MHz,DMSO-d_6):δ 11.13(s,1H),7.10(s,2H),4.75(s,1H),3.79(s,3H),2.84(q,J=7.1Hz,2H),1.19(t,J=7.1Hz,3H);HRMS:m/z,$[C_7H_{12}N_2O_2S+H]^+$计算值188.0619,测定值188.0591。

3f$_1$:白色固体;^{1}H NMR(600MHz,DMSO-d_6):δ 10.65(s,1H),6.95(s,1H),4.75(s,1H),3.79(s,3H),2.84(q,J=7.1Hz,2H),2.75(s,3H),1.20(t,J=7.1Hz,3H);HRMS:m/z,$[C_8H_{14}N_2O_3+H]^+$计算值187.1004,测定值187.1072。

3g:白色固体;^{1}H NMR(600MHz,DMSO-d_6):δ 10.14(s,1H),6.80(s,2H),4.75(s,1H),4.05(q,J=7.1Hz,2H),2.01(t,J=7.2Hz,2H),1.36(m,2H),1.18(t,J=7.1Hz,3H),0.93(t,J=7.4Hz,3H);HRMS:m/z,$[C_9H_{16}N_2O_3+H]^+$计算值201.1161,测定值201.1231。

3h:白色固体;^{1}H NMR(600MHz,DMSO-d_6):δ 11.14(s,1H),7.10(s,2H),4.75(s,1H),4.05(q,J=7.1Hz,2H),2.01(t,J=7.2Hz,2H),1.36(m,2H),1.18(t,J=7.1Hz,3H),0.93(t,J=7.4Hz,3H);HRMS:m/z,$[C_9H_{16}N_2O_2S+H]^+$计算值215.0932,测定值215.0335。

3i$_1$:白色固体;^{1}H NMR(600MHz,DMSO-d_6):δ 10.25(s,1H),6.91(s,1H),4.75(s,1H),4.05(q,J=7.1Hz,2H),2.76(s,3H),2.01(t,J=7.2Hz,2H),1.36(m,2H),1.18(t,J=7.1Hz,3H),0.93(t,J=7.4Hz,3H);HRMS:m/z,$[C_{10}H_{18}N_2O_3+H]^+$计算值215.1317,测定值215.1391。

第十章第二节部分产物的结构表征数据

3a:白色固体;^{1}H NMR(400MHz,DMSO-d_6):δ 8.33(s,1H),7.62(t,J=8.5Hz,1H),7.55~7.45(m,2H),7.36(ddd,J=10.7,9.9,5.3Hz,3H),7.30~7.20(m,1H),7.14(s,1H),6.76(d,J=8.1Hz,1H),6.69(t,J=7.5Hz,1H),5.76(d,J=6.9Hz,1H);^{13}C NMR(100MHz,DMSO-d_6):δ 164.15,148.30,142.09,133.86,128.93,128.81,127.84,127.28,117.64,115.36,114.89,66.97。

3b:白色固体;^{1}H NMR(400MHz,DMSO-d_6):δ 8.24(s,1H),7.61(d,J=7.7Hz,1H),7.37(d,J=8.0Hz,2H),7.28~7.14(m,3H),7.06(s,1H),6.74(d,J=8.1Hz,1H),6.66(t,J=7.5Hz,1H),5.71(s,1H),2.29(s,3H);13C NMR(100MHz,DMSO-d_6):δ 164.12,148.38,139.13,138.19,133.73,129.28,127.81,127.26,117.54,115.47,114.88,66.85,21.19。

3d:白色固体;^{1}H NMR(400MHz,DMSO-d_6):δ 8.35(s,1H),7.62(t,J=8.4Hz,1H),7.51(d,J=8.5Hz,2H),7.46(d,J=8.5Hz,2H),7.29~7.21(m,1H),7.15(s,1H),6.75(d,J=8.1Hz,1H),6.68(t,J=7.5Hz,1H),5.78(s,1H);^{13}C NMR(100MHz,DMSO-d_6):δ 163.97,148.12,141.15,133.87,133.45,129.22,128.78,127.84,117.76,115.42,114.94,66.24。

3f:白色固体;^{1}H NMR(400MHz,DMSO-d_6):δ 8.39(s,1H),7.68(s,1H),7.61(d,J=7.7Hz,1H),7.54(d,J=8.2Hz,1H),7.49(d,J=7.8Hz,1H),7.35(t,J=7.8Hz,1H),7.30～7.16(m,2H),6.76(d,J=8.1Hz,1H),6.69(t,J=7.5Hz,1H),5.78(s,1H);^{13}C NMR(100MHz,DMSO-d_6):δ 163.89,147.96,145.10,133.95,131.64,131.06,130.12,127.84,126.25,122.07,117.81,115.36,114.94,65.99。

3h:白色固体;^{1}H NMR(400MHz,DMSO-d_6):δ 8.17(d,J=18.3Hz,1H),7.66～7.57(m,1H),7.42(d,J=8.6Hz,2H),7.28～7.19(m,1H),6.99(d,J=18.9Hz,1H),6.94(d,J=8.7Hz,2H),6.74(d,J=8.1Hz,1H),6.67(t,J=7.3Hz,1H),5.70(s,1H),3.74(s,3H);^{13}C NMR(100MHz,DMSO-d_6):δ 164.17,159.91,148.48,133.94,133.71,128.68,127.82,117.56,115.47,114.88,114.11,66.77,55.64。

3i:白色固体;^{1}H NMR(400MHz,DMSO-d_6):δ 9.50(s,1H),8.24(s,1H),7.61(d,J=7.6Hz,1H),7.28～7.20(m,1H),7.20～7.12(m,1H),7.08(s,1H),6.89(d,J=8.0Hz,2H),6.72(dd,J=12.3,8.8Hz,2H),6.66(t,J=7.4Hz,1H),5.65(s,1H);^{13}C NMR(100MHz,DMSO-d_6):δ 163.99,157.82,148.28,143.69,133.75,129.79,127.81,117.91,117.46,115.81,115.33,114.81,114.12,66.94。

3k:白色固体:^{1}H NMR(400MHz,DMSO-d_6):δ 8.09(d,J=14.2Hz,1H),7.61(d,J=6.9Hz,1H),7.30(d,J=8.7Hz,2H),7.26～7.18(m,1H),6.92(s,1H),6.75～6.69(m,3H),6.66(t,J=7.4Hz,1H),5.63(s,1H),2.88(s,6H);^{13}C NMR(100MHz,DMSO-d_6):δ 164.30,151.18,148.68,133.60,129.12,128.17,127.80,117.41,115.51,114.85,112.40,67.11。

3l:白色固体;^{1}H NMR(400MHz,DMSO-d_6):δ 9.09(s,1H),8.11(s,1H),7.62(d,J=7.7Hz,1H),7.29～7.20(m,1H),7.10(d,J=1.7Hz,1H),6.98～6.93(m,1H),6.89(dd,J=8.1,1.7Hz,1H),6.76(dd,J=8.0,5.5Hz,2H),6.68(t,J=7.5Hz,1H),5.66(s,1H),3.76(s,3H);^{13}C NMR(100MHz,DMSO-d_6):δ 164.28,148.66,147.88,147.37,133.68,132.39,127.82,120.10,117.58,115.49,115.38,114.89,111.58,67.30,56.07。

3m:白色固体;^{1}H NMR(400MHz,DMSO-d_6):δ 8.15(d,J=6.3Hz,1H),7.64(d,J=7.6Hz,1H),7.45(d,J=7.4Hz,2H),7.34(t,J=7.4Hz,2H),7.30～7.22(m,2H),6.90(s,1H),6.77(d,J=8.1Hz,1H),6.72～6.64(m,2H),6.38(dd,J=15.8,6.8Hz,1H),5.32(d,J=6.7Hz,1H);^{13}C NMR(100MHz,DMSO-d_6):δ 163.86,148.26,136.18,133.71,132.12,129.55,129.20,128.82,128.61,128.11,127.85,127.12,117.61,115.34,115.01,66.30。

3n:白色固体;^{1}H NMR(400MHz,DMSO-d_6):δ 7.90(s,1H),7.62～7.54

(m,1H),7.27～7.15(m,1H),6.74(d,J=8.1Hz,1H),6.65(t,J=7.4Hz,1H),6.57(s,1H),4.69(t,J=5.1Hz,1H),1.70～1.55(m,2H),1.50～1.36(m,2H),1.35～1.14(m,5H),0.93～0.76(m,3H);^{13}C NMR(100MHz,DMSO-d_6):δ 164.42,148.99,133.49,127.81,117.32,115.48,114.83,64.91,35.46,31.65,23.39,22.55,14.36。

第十章第三节部分产物的结构表征数据

3a:白色固体;^{1}H NMR(600MHz,$CDCl_3$):δ 8.08(d,J=8.4Hz,1H),7.87(d,J=8.4Hz,1H),7.77(d,J=7.7Hz,1H),7.63(t,J=7.0Hz,1H),7.51～7.45(m,3H),7.40～7.27(m,4H),3.72(dd,J=17.2,6.8Hz,1H),3.55～3.49(m,2H),3.06(dd,J=18.2,9.3Hz,1H),2.97(dd,J=18.3,5.0Hz,1H);^{13}C NMR(151MHz,$CDCl_3$):δ 179.28,176.53,157.61,147.39,136.50,132.68,129.69,129.14,128.87,128.37,127.61,126.82,126.60,126.18,121.63,38.28,37.13,34.07。

3b:白色固体;^{1}H NMR(600MHz,$CDCl_3$):δ 8.30(d,J=5.7Hz,1H),8.03(d,J=8.4Hz,1H),7.74(d,J=8.1Hz,1H),7.60(t,J=7.3Hz,1H),7.53(t,J=7.5Hz,1H),7.45(t,J=7.6Hz,3H),7.39～7.32(m,3H),3.91～3.80(m,2H),3.51(td,J=9.8,5.1Hz,1H),3.00(dd,J=18.2,9.5Hz,1H),2.79(dd,J=18.2,5.2Hz,1H);^{13}C NMR(151MHz,$CDCl_3$):δ 178.55,175.48,155.26,140.06,134.90,131.76,129.02,128.01,127.26,126.39,126.06,125.60,123.19,118.78,36.61,33.39,32.68。

3d:白色固体;^{1}H NMR(600MHz,$CDCl_3$):δ 8.15(d,J=8.5Hz,1H),7.96(d,J=7.6Hz,2H),7.53(t,J=7.8Hz,1H),7.44(dd,J=15.3,7.9Hz,3H),7.34(dd,J=12.6,7.8Hz,3H),3.73～3.64(m,2H),3.49(dd,J=17.5,9.2Hz,1H),3.21(dd,J=18.3,9.0Hz,1H),3.01(dd,J=18.4,5.6Hz,1H);^{13}C NMR(151MHz,$CDCl_3$):δ 178.75,175.77,160.68,147.77,138.72,136.48,132.27,131.73,129.03,128.40,127.62,126.55,125.01,123.91,123.53,38.49,37.60,34.75。

3e:白色固体;^{1}H NMR(600MHz,$CDCl_3$):δ 8.14(d,J=8.3Hz,1H),7.85(d,J=8.4Hz,1H),7.66(t,J=7.6Hz,1H),7.58～7.54(m,1H),7.46(t,J=7.7Hz,2H),7.36(dd,J=15.0,9.4Hz,4H),3.66(dd,J=17.6,6.7Hz,1H),3.45(d,J=13.7Hz,2H),2.97(ddd,J=23.1,18.0,6.9Hz,2H);^{13}C NMR(151MHz,$CDCl_3$):δ 179.00,176.34,157.45,148.19,142.89,132.50,130.68,129.26,129.17,128.45,127.32,126.50,125.07,123.99,121.55,38.08,36.90,34.17。

3h:白色固体;^{1}H NMR(600MHz,DMSO-d_6):δ 8.50(d,J=4.6Hz,1H),7.65(t,J=7.6Hz,1H),7.47(t,J=7.6Hz,2H),7.39(t,J=7.4Hz,1H),7.28

(d,J=7.7Hz,2H),7.22(d,J=7.8Hz,1H),7.19～7.15(m,1H),3.49～3.43(m,2H),3.37(d,J=10.7Hz,1H),2.77(dd,J=18.3,4.4Hz,2H);^{13}C NMR(151MHz,$CDCl_3$):δ 179.07,175.98,157.02,149.08,136.75,132.39,129.08,128.45,126.56,123.80,121.93,42.65,38.88,37.22,33.74。

3i:白色固体;^{1}H NMR(600MHz,$CDCl_3$):δ 7.49(dt,J=30.5,7.8Hz,3H),7.40～7.36(m,1H),7.30(d,J=9.6Hz,2H),7.01(d,J=7.6Hz,2H),3.47～3.41(m,2H),3.32(dd,J=17.5,6.7Hz,1H),2.99～2.93(m,2H),2.44(s,3H);^{13}C NMR(151MHz,$CDCl_3$):δ 178.81,176.02,157.83,156.22,136.81,132.34,128.91,128.29,126.36,121.23,120.45,42.60,40.91,38.82,36.84,33.76,24.41。

3l:白色固体;^{1}H NMR(600MHz,$CDCl_3$):δ 7.95(d,J=8.3Hz,1H),7.79(d,J=8.3Hz,1H),7.62(t,J=8.2Hz,1H),7.52(t,J=7.6Hz,1H),7.47～7.42(m,2H),7.39～7.34(m,3H),3.57(dd,J=17.2,5.5Hz,1H),3.47(td,J=9.4,5.2Hz,1H),3.37(dd,J=17.2,3.9Hz,1H),3.05(dd,J=18.1,9.5Hz,1H),2.94(dd,J=18.1,5.3Hz,1H),2.60(s,3H),2.56(s,3H);^{13}C NMR(151MHz,$CDCl_3$):δ 206.29,179.14,176.52,151.35,146.33,139.14,135.37,132.61,130.03,129.63,129.01,128.27,126.98,126.42,126.11,123.61,37.67,34.52,34.31,32.89,15.39;HRMS:m/z,$[C_{23}H_{20}N_2O_3+H]^+$计算值 373.1552,测定值 373.1609。

3m:白色固体;^{1}H NMR(600MHz,$CDCl_3$):δ 7.87(d,J=8.4Hz,1H),7.65(t,J=7.6Hz,1H),7.58(d,J=8.2Hz,1H),7.49～7.47(m,4H),7.44～7.35(m,5H),4.05(q,J=7.1Hz,2H),3.81(dd,J=17.6,5.9Hz,1H),3.66(dd,J=17.6,3.9Hz,1H),3.56(td,J=9.5,5.4Hz,1H),3.13(dd,J=18.2,9.5Hz,1H),3.04(dd,J=18.2,5.3Hz,1H),0.92(t,J=7.1Hz,3H);^{13}C NMR(151MHz,$CDCl_3$):δ 179.19,176.61,167.90,153.11,135.61,132.66,130.51,129.41,129.20,129.08,128.55,128.29,128.27,128.25,126.96,126.96,126.56,126.50,125.38,61.56,37.77,34.89,34.27,13.48;HRMS:m/z,$[C_{28}H_{22}N_2O_3+H]^+$计算值 435.1709,测定值 435.1785。

3o:白色固体;^{1}H NMR(600MHz,$CDCl_3$):δ 7.87(d,J=8.1Hz,1H),7.65(t,J=8.7Hz,2H),7.54～7.46(m,5H),7.42～7.37(m,4H),7.33(dd,J=5.6,2.9Hz,1H),3.66(dd,J=18.1,5.9Hz,1H),3.58～3.50(m,2H),3.11(qd,J=18.2,7.3Hz,2H),2.04(s,1H),1.98(s,3H),1.25(dd,J=9.2,5.0Hz,2H);^{13}C NMR(151MHz,$CDCl_3$):δ 205.36,179.33,176.63,152.20,135.02,134.37,132.64,130.40,130.10,129.92,129.13,129.08,128.97,128.71,128.29,127.08,126.50,126.20,125.16,37.76,34.75,34.39,31.97,31.88,29.62;HRMS:m/z,$[C_{29}H_{24}N_2O_4+H]^+$计算值 465.1814,测定值 465.1870。

3p:白色固体;^{1}H NMR(600MHz,$CDCl_3$):δ 8.01(d,J=8.4Hz,1H),7.84(d,J=8.4Hz,1H),7.72(d,J=8.1Hz,1H),7.63(t,J=7.6Hz,1H),7.45(t,J=7.4Hz,1H),7.21(d,J=8.4Hz,1H),3.46(d,J=5.6Hz,2H),3.36(dq,J=10.5,5.3Hz,1H),3.04(s,3H),2.86(dd,J=18.2,9.2Hz,1H),2.70(dd,J=18.2,4.8Hz,1H);^{13}C NMR(151MHz,$CDCl_3$):δ 180.09,177.44,157.56,147.53,136.45,129.56,128.85,127.49,126.62,126.18,121.59,38.52,37.61,34.06,24.89。

3q:白色固体;^{1}H NMR(600MHz,$CDCl_3$):δ 7.93(d,J=8.4Hz,1H),7.68(d,J=8.3Hz,1H),7.58~7.51(m,2H),7.42(t,J=7.1Hz,1H),7.39~7.35(m,2H),7.26~7.21(m,3H),7.14(d,J=8.4Hz,1H),4.69(q,J=14.0Hz,2H),3.43(qd,J=16.0,5.6Hz,2H),3.35~3.28(m,1H),2.79(qd,J=18.2,7.1Hz,2H);^{13}C NMR(151MHz,$CDCl_3$):δ 179.73,176.83,157.45,147.48,136.48,136.04,129.52,128.99,128.57,127.82,127.43,126.76,126.25,121.53,42.52,38.67,37.30,33.90。

3r:黑色固体;^{1}H NMR(600MHz,$CDCl_3$):δ8.04(dd,J=20.1,8.4Hz,2H),7.76(d,J=8.1Hz,1H),7.70(t,J=8.2Hz,1H),7.51(t,J=7.5Hz,1H),7.29~7.22(m,5H),7.13(d,J=8.4Hz,1H),4.84(dd,J=12.7,5.6Hz,1H),4.78~4.71(m,1H),4.25~4.15(m,1H),3.36(d,J=7.6Hz,2H);^{13}C NMR(151MHz,$CDCl_3$):δ 158.47,147.77,139.36,136.73,129.80,128.96,128.91,127.76,127.63,127.55,126.85,126.37,121.75,79.68,43.93,42.42。

3s:橙色黏稠状液体;^{1}H NMR(600MHz,$CDCl_3$):δ 8.04(d,J=8.2Hz,2H),7.77(d,J=8.1Hz,1H),7.71(t,J=7.7Hz,1H),7.51(t,J=7.5Hz,1H),7.46(d,J=7.3Hz,2H),7.36(dt,J=26.2,7.2Hz,3H),7.19(d,J=8.4Hz,1H),5.11(d,J=5.0Hz,1H),4.10(dt,J=9.8,4.9Hz,1H),3.67(dd,J=16.0,9.9Hz,1H),3.48(dd,J=16.0,4.8Hz,1H);^{13}C NMR(151MHz,$CDCl_3$):δ 157.39,147.69,137.24,137.07,130.02,129.19,128.96,128.21,127.76,127.05,126.67,121.92,112.64,112.12,44.49,39.64,28.67。

第十章第四节部分产物的结构表征数据

3aa:白色固体;^{1}H NMR(500MHz,$CDCl_3$):δ 7.32(dd,J=10.6,5.1Hz,2H),7.20~7.10(m,4H),6.96(d,J=7.5Hz,1H),6.64(t,J=7.5Hz,1H),6.54(d,J=8.1Hz,1H),4.64(dd,J=8.3,5.3Hz,1H),4.39(d,J=14.9Hz,1H),4.13~4.11(m,1H),3.46(td,J=8.7,3.0Hz,1H),3.38(dd,J=16.5,8.2Hz,1H),2.08(dd,J=8.6,3.6Hz,1H),1.98(ddd,J=9.9,5.3,2.3Hz,1H),1.95~1.87(m,1H),1.73(ddd,J=16.5,10.1,5.5Hz,1H);^{13}C NMR(125MHz,$CDCl_3$):δ 150.28,143.47,128.99,127.82,125.97,125.22,124.81,120.84,116.18,111.36,76.72,57.37,47.10,32.00,22.29。

3ab:白色固体;^{1}H NMR(500MHz,$CDCl_3$):δ 7.17～7.05(m,5H),6.95(d,J=7.5Hz,1H),6.62(t,J=7.3Hz,1H),6.52(d,J=8.0Hz,1H),4.60(dd,J=8.3,5.2Hz,1H),4.35(d,J=14.9Hz,1H),4.06(d,J=14.9Hz,1H),3.52～3.29(m,2H),2.32(s,3H),2.04～1.87(m,3H),1.71(ddd,J=11.5,9.9,5.7Hz,1H);^{13}C NMR(125MHz,$CDCl_3$):δ 147.70,143.42,134.62,129.65,127.81,126.03,125.26,120.84,116.08,111.29,76.93,57.62,47.14,32.09,22.34,20.96。

3ae:白色固体;^{1}H NMR(500MHz,$CDCl_3$):δ 7.16～7.08(m,3H),6.95(d,J=7.2Hz,1H),6.88～6.82(m,2H),6.63(t,J=7.1Hz,1H),6.52(d,J=8.0Hz,1H),4.56(dd,J=8.3,5.5Hz,1H),4.36(d,J=14.9Hz,1H),4.01(d,J=14.9Hz,1H),3.79(s,3H),3.46(td,J=8.6,2.6Hz,1H),3.36(dd,J=15.9,8.6Hz,1H),2.01～1.82(m,3H),1.69(ddd,J=11.2,8.3,3.6Hz,1H);^{13}C NMR(125MHz,$CDCl_3$):δ 157.13,143.39,143.09,127.80,126.80,126.07,120.82,116.02,114.18,111.23,77.27,57.63,55.44,47.13,32.01,22.33。

3af:白色固体;^{1}H NMR(500MHz,$CDCl_3$):δ 7.53(d,J=8.5Hz,2H),7.16(d,J=8.4Hz,3H),6.98(d,J=7.3Hz,1H),6.70(t,J=7.4Hz,1H),6.57(d,J=8.0Hz,1H),4.65(dd,J=8.3,5.4Hz,1H),4.42(d,J=15.0Hz,1H),4.21(d,J=15.0Hz,1H),3.48～3.32(m,2H),2.22(tdd,J=7.7,5.5,2.7Hz,1H),2.08～1.87(m,2H),1.74(ddd,J=18.9,12.0,8.6Hz,1H);^{13}C NMR(125MHz,$CDCl_3$):δ 153.01,143.78,128.07,126.14,126.05,125.86,123.24,120.93,116.99,111.73,75.88,55.69,46.75,31.62,22.01。

3aj:白色固体;^{1}H NMR(500MHz,$CDCl_3$):δ 7.53(d,J=8.8Hz,2H),7.20(t,J=7.4Hz,1H),7.03(dd,J=17.1,8.2Hz,3H),6.77(t,J=7.4Hz,1H),6.64(d,J=8.0Hz,1H),4.58(dd,J=8.3,5.5Hz,1H),4.46(d,J=14.7Hz,1H),4.29(d,J=14.7Hz,1H),3.44(td,J=8.3,6.4Hz,1H),3.33(td,J=8.8,5.3Hz,1H),2.37(tdd,J=8.4,5.5,3.3Hz,1H),2.14～1.92(m,2H),1.77(ddd,J=18.0,12.2,9.1Hz,1H);^{13}C NMR(125MHz,$CDCl_3$):δ 152.86,144.28,133.13,128.25,125.69,122.16,120.08,119.73,118.09,112.23,103.30,75.02,52.64,46.16,31.29,21.52。

3ak:黄色油状液体;^{1}H NMR(500MHz,$CDCl_3$):δ 8.18～8.11(m,2H),7.24(t,J=7.5Hz,1H),7.10(d,J=7.3Hz,1H),6.93～6.86(m,2H),6.83(t,J=7.3Hz,1H),6.71(d,J=7.9Hz,1H),4.59～4.49(m,2H),4.36(d,J=14.3Hz,1H),3.51(td,J=8.7,4.8Hz,1H),3.29(td,J=8.9,6.6Hz,1H),2.59～2.46(m,1H),2.17～1.95(m,2H),1.82(ddt,J=12.3,10.0,8.2Hz,1H);^{13}C NMR(125MHz,$CDCl_3$):δ 153.74,144.60,139.39,128.39,125.59,125.47,123.36,118.98,116.16,112.57,74.53,50.45,45.61,31.16,21.10。

3al:白色固体;^{1}H NMR(500MHz,$CDCl_3$):δ 7.13(t,J=7.5Hz,1H),6.95(d,J=7.1Hz,1H),6.87～6.69(m,3H),6.64(t,J=7.3Hz,1H),6.52(d,J=8.0Hz,1H),4.59(dd,J=7.9,5.1Hz,1H),4.37(d,J=14.8Hz,1H),4.04(d,J=14.8Hz,1H),3.85(d,J=22.8Hz,6H),3.57～3.29(m,2H),2.12～1.81(m,3H),1.71(dt,J=19.4,8.4Hz,1H);^{13}C NMR(125MHz,$CDCl_3$):δ 148.93,146.70,143.22,127.83,126.05,120.59,116.67,116.02,111.20,111.05,110.22,57.71,55.96,55.82,47.16,31.98,22.32。

3an:白色固体;^{1}H NMR(500MHz,$CDCl_3$):δ 7.53(d,J=8.5Hz,2H),7.15(d,J=8.3Hz,3H),6.99(d,J=7.3Hz,1H),6.70(t,J=7.4Hz,1H),6.57(d,J=8.0Hz,1H),4.65(dd,J=8.3,5.4Hz,1H),4.42(d,J=15.0Hz,1H),4.21(d,J=15.0Hz,1H),3.48～3.32(m,2H),2.22(tdd,J=7.7,5.5,2.7Hz,1H),2.08～1.87(m,2H),1.74(ddd,J=18.9,12.0,8.6Hz,1H);^{13}C NMR(125MHz,$CDCl_3$):δ 153.01,143.78,128.07,126.14,126.05,125.86,123.24,120.93,116.99,111.73,75.88,55.69,46.75,31.62,22.01。

3ba:白色固体;^{1}H NMR(500MHz,$CDCl_3$):δ 7.24～7.20(m,2H),7.09(t,J=7.4Hz,1H),7.01(d,J=7.5Hz,1H),6.95(d,J=7.9Hz,2H),6.83(t,J=7.3Hz,1H),6.64～6.55(m,2H),4.88(dd,J=9.9,4.2Hz,1H),4.58(d,J=16.1Hz,1H),4.38(d,J=16.1Hz,1H),3.88(ddd,J=15.0,6.3,3.2Hz,1H),3.28～3.18(m,1H),2.18～2.09(m,1H),1.97～1.84(m,2H),1.68～1.58(m,3H),1.48(ddd,J=17.2,9.6,4.0Hz,1H),1.35(ddd,J=13.6,8.8,4.5Hz,1H);^{13}C NMR(125MHz,$CDCl_3$):δ 149.75,142.61,129.26,129.17,127.75,126.53,117.82,117.38,115.56,110.05,75.08,47.12,46.31,32.95,26.42,26.03,24.77。

3bb:白色固体;^{1}H NMR(500MHz,$CDCl_3$):δ 7.11～6.95(m,4H),6.86(d,J=8.5Hz,2H),6.64～6.53(m,2H),4.80(dd,J=10.1,4.0Hz,1H),4.56(d,J=16.2Hz,1H),4.31(d,J=16.2Hz,1H),3.85(ddd,J=15.0,6.3,3.3Hz,1H),3.27～3.13(m,1H),2.24(s,3H),2.13(dtd,J=16.2,10.8,5.4Hz,1H),1.96～1.78(m,2H),1.72～1.56(m,3H),1.54～1.41(m,1H),1.40～1.28(m,1H);^{13}C NMR(125MHz,$CDCl_3$):δ 147.70,142.67,129.71,129.53,127.73,126.55,117.93,117.85,115.48,109.97,75.74,47.11,46.54,33.14,26.37,26.13,24.80,20.56。

3bd:白色固体;^{1}H NMR(500MHz,$CDCl_3$):δ 7.07(t,J=7.5Hz,1H),6.94(dd,J=24.2,8.1Hz,3H),6.82～6.71(m,2H),6.65～6.52(m,2H),4.72～4.53(m,2H),4.23(d,J=16.3Hz,1H),3.88～3.76(m,1H),3.72(s,3H),3.16(ddd,J=15.4,10.2,5.6Hz,1H),2.16～2.05(m,1H),1.95(d,J=6.1Hz,1H),1.86(dtd,J=13.5,10.1,3.6Hz,1H),1.74～1.54(m,3H),1.53～1.41(m,

1H), 1.34 (dtd, J = 14.1, 9.8, 4.4Hz, 1H); ^{13}C NMR (125MHz, $CDCl_3$): δ 154.07,144.36,142.81,127.73,126.49,120.30,117.83,115.44,114.35,109.87, 76.79,55.51,47.25,47.02,33.87,26.35,26.21,24.79。

3be:白色固体;^{1}H NMR(500MHz,$CDCl_3$):δ 7.47(d,J=8.7Hz,2H),7.10 (t,J=7.8Hz,1H),7.02(d,J=7.4Hz,1H),6.94(d,J=8.7Hz,2H),6.69～6.60(m,2H),4.96(dd,J=9.3,5.0Hz,1H),4.51(dd,J=45.7,16.0Hz,2H), 3.91(ddd,J=15.1,6.6,3.0Hz,1H),3.3～3.19(m,1H),2.17(ddt,J=20.3, 10.4,6.2Hz,1H),1.91～1.83(m,2H),1.71～1.62(m,3H),1.54～1.47(m, 1H),1.39～1.33(m,1H); ^{13}C NMR (125MHz, $CDCl_3$): δ 151.50, 142.35, 128.03,126.70,126.59,126.50,125.82,117.45,116.13,115.34,110.50,73.78, 47.31,45.90,32.35,26.59,25.82,24.67。

3bf:白色固体;^{1}H NMR(500MHz,$CDCl_3$):δ 7.50(d,J=8.9Hz,2H),7.12 (t,J=7.4Hz,1H),7.03(d,J=7.3Hz,1H),6.87(d,J=8.9Hz,2H),6.73～6.61(m,2H),5.07～4.93(m,1H),4.57～4.42(m,2H),3.92(ddd,J=15.1, 6.6,2.7Hz,1H),3.35～3.21(m,1H),2.25～2.12(m,1H),1.86(dd,J=12.7, 6.9Hz,2H),1.76～1.56(m,3H),1.56～1.45(m,1H),1.45～1.33(m,1H);^{13}C NMR(125MHz, $CDCl_3$): δ 151.29, 142.23, 133.64, 128.17, 126.58, 120.14, 117.40, 116.56, 114.55, 110.86, 100.23, 72.77, 47.51, 45.52, 31.82, 26.85, 25.63,24.61。

3bg:白色固体;^{1}H NMR(500MHz,$CDCl_3$):δ 7.22～7.14(m,2H),7.09(t, J=7.5Hz,1H),6.98(d,J=7.2Hz,1H),6.90～6.83(m,2H),6.66～6.56(m, 2H),4.79(dd,J=10.0,4.2Hz,1H),4.56(d,J=16.2Hz,1H),4.31(d,J= 16.2Hz,1H),3.87(ddd,J=15.0,6.3,3.3Hz,1H),3.25～3.14(m,1H),2.20～2.09(m,1H),1.96～1.81(m,2H),1.67(dddd,J=27.8,13.9,8.7,4.8Hz,3H), 1.54～1.43(m,1H),1.40～1.30(m,1H); ^{13}C NMR (125MHz, $CDCl_3$): δ 148.45, 1 42.48, 129.04, 127.91, 126.54, 124.81, 118.77, 117.41, 115.78, 110.16,75.25,47.12,46.50,33.15,26.37,26.01,24.72。

3bj:黄色油状液体;^{1}H NMR(500MHz,$CDCl_3$):δ 8.14(d,J=9.3Hz,2H), 7.15(t,J=7.5Hz,1H),7.05(d,J=7.3Hz,1H),6.82(d,J=9.3Hz,2H),6.78～6.64(m,2H),5.09(t,J=7.3Hz,1H),4.54(q,J=15.9Hz,2H),3.93(ddd,J= 15.3,6.4,2.4Hz,1H),3.38～3.23(m,1H),2.25～2.13(m,1H),1.87(dd,J= 12.9,6.9Hz,2H),1.78～1.66(m,2H),1.66～1.48(m,2H),1.47～1.35(m, 1H); ^{13}C NMR (125MHz, $CDCl_3$): δ 152.47, 142.18, 138.32, 128.30, 126.60, 126.14, 117.47, 116.93, 112.62, 111.16, 72.44, 47.71, 45.58, 31.44, 27.13, 25.49,24.60。

3bk:白色固体;^{1}H NMR(500MHz,$CDCl_3$):δ 7.09(t,J=7.5Hz,1H),6.98

(d,J=7.5Hz,1H),6.72(d,J=8.7Hz,1H),6.60(dd,J=17.2,8.6Hz,3H),6.49(dd,J=8.6,2.3Hz,1H),4.74～4.55(m,2H),4.24(d,J=16.0Hz,1H),3.83(t,J=13.5Hz,7H),3.19(ddd,J=15.4,10.1,5.6Hz,1H),2.12(qd,J=10.7,5.5Hz,1H),2.03～1.82(m,2H),1.77～1.56(m,3H),1.54～1.44(m,1H),1.41～1.31(m,1H);^{13}C NMR(125MHz,$CDCl_3$):δ 149.27,144.88,143.77,142.67,127.78,126.43,117.75,115.50,111.75,110.43,109.88,104.59,76.88,56.16,55.85,47.49,46.99,33.89,26.31,26.20,24.76。

3bn:白色固体;^{1}H NMR(500MHz,$CDCl_3$):δ 8.52(d,J=8.2Hz,1H),8.10(d,J=8.4Hz,1H),7.80(d,J=8.6Hz,1H),7.47(d,J=8.6Hz,2H),7.08(t,J=7.5Hz,1H),6.96(d,J=7.3Hz,1H),6.77-6.53(m,4H),4.81(dd,J=9.9,4.1Hz,1H),4.53(d,J=16.1Hz,1H),4.32(d,J=16.1Hz,1H),3.87(ddd,J=14.8,6.2,3.0Hz,1H),3.34-3.05(m,1H),2.21-2.08(m,1H),1.95-1.78(m,2H),1.77-1.58(m,3H),1.47(ddd,J=18.4,11.9,3.8Hz,1H),1.40-1.29(m,1H);^{13}C NMR(125MHz,$CDCl_3$):δ 149.11,142.97,134.81,129.56,128.60,127.81,126.34,126.18,125.79,125.65,123.85,123.76,118.26,117.55,115.40,109.71,77.90,60.58,48.70,46.90,26.42,26.15,24.86,17.88。

3ca:白色固体;^{1}H NMR(500MHz,$CDCl_3$):δ 7.60(d,J=7.4Hz,1H),7.32～7.11(m,6H),7.08(t,J=7.5Hz,1H),7.02(d,J=7.2Hz,1H),6.95(d,J=8.2Hz,1H),6.88(t,J=6.6Hz,2H),6.66(t,J=7.3Hz,1H),6.03(s,1H),4.40(d,J=16.6Hz,1H),4.32(d,J=16.6Hz,1H),4.22(dd,J=14.4,5.2Hz,1H),3.45(td,J=14.2,3.8Hz,1H),3.22～3.02(m,1H),2.62～2.42(m,1H);^{13}C NMR(125MHz,$CDCl_3$):δ 150.86,143.84,137.40,136.66,129.32,129.03,127.70,127.59,126.96,126.43,125.99,122.15,120.81,118.54,118.14,113.72,73.90,46.52,45.33,24.96。

3cb:白色固体;^{1}H NMR(500MHz,$CDCl_3$):δ 7.71(d,J=7.5Hz,1H),7.34～7.23(m,2H),7.20～7.06(m,6H),7.02(d,J=8.1Hz,1H),6.96(d,J=7.0Hz,1H),6.73(t,J=7.1Hz,1H),6.05(s,1H),4.47(d,J=16.7Hz,1H),4.31(dd,J=26.7,11.2Hz,2H),3.51(t,J=11.9Hz,1H),3.19(t,J=11.8Hz,1H),2.59(d,J=16.3Hz,1H),2.32(s,3H);^{13}C NMR(125MHz,$CDCl_3$):δ 148.62,143.89,137.51,136.66,130.37,129.79,128.94,127.60,127.51,126.92,126.37,126.03,122.20,118.99,118.03,113.62,74.45,46.69,45.27,25.02,20.66。

3cf:白色固体;^{1}H NMR(500MHz,$CDCl_3$):δ 7.65(d,J=7.6Hz,1H),7.27～7.14(m,2H),7.14～7.05(m,3H),7.03(d,J=7.4Hz,1H),6.99～6.82(m,4H),6.67(t,J=7.3Hz,1H),5.87(s,1H),4.40(d,J=16.8Hz,1H),4.27～4.15(m,2H),3.52～3.31(m,1H),3.19～2.97(m,1H),2.52(dd,J=16.5,3.2Hz,1H);^{13}C NMR(125MHz,$CDCl_3$):δ 158.84,156.93,147.29,143.94,

137.11,136.63,128.97,127.79,126.99,126.41,126.08,121.88,121.18,121.12,118.23,115.73,115.56,113.65,74.78,47.67,45.13,25.19。

3cn:白色固体;^{1}H NMR(500MHz,$CDCl_3$):δ 7.54～7.39(m,3H),7.25～7.08(m,5H),7.07～7.01(m,1H),6.98(d,J=8.2Hz,1H),6.90(d,J=7.3Hz,1H),6.69(t,J=7.3Hz,1H),6.12(s,1H),4.50～4.33(m,2H),4.26(dd,J=14.5,5.3Hz,1H),3.50(td,J=14.3,4.0Hz,1H),3.22～3.03(m,1H),2.56(dd,J=16.7,3.3Hz,1H);^{13}C NMR(125MHz,$CDCl_3$):δ 153.04,143.46,136.52,136.48,129.21,127.99,127.83,127.00,126.66,126.63,126.50,125.65,121.56,118.56,116.87,114.01,72.82,46.25,45.48,24.75。

3cj:白色固体;^{1}H NMR(500MHz,$CDCl_3$):δ 7.53(d,J=8.5Hz,2H),7.31(d,J=6.4Hz,1H),7.12(ddd,J=36.9,18.5,9.3Hz,6H),7.01(d,J=8.2Hz,1H),6.92(d,J=7.3Hz,1H),6.72(t,J=7.3Hz,1H),6.17(s,1H),4.52～4.36(m,2H),4.29(dd,J=14.4,5.3Hz,1H),3.61～3.46(m,1H),3.23～3.07(m,1H),2.67～2.51(m,1H);^{13}C NMR(125MHz,$CDCl_3$):δ 153.29,143.16,136.36,135.85,133.72,129.32,128.10,127.96,126.96,126.48,125.42,121.20,119.90,118.77,116.32,114.15,101.74,71.96,45.92,45.57,24.55。

第十一章部分产物的结构表征数据

A:^{1}H NMR(400MHz,DMSO-d_6):δ 7.51-7.40(m,3H),7.22(d,J=7.9Hz,2H),5.66(d,J=3.8Hz,1H),4.77(s,1H),4.59(d,J=8.9Hz,1H),3.66(dd,J=8.8,5.2Hz,1H),3.21(dd,J=11.5,2.5Hz,1H),2.92(d,J=11.6Hz,1H);^{13}C NMR(100MHz,DMSO-d_6)δ 175.63,173.16,132.48,128.87,128.31,126.98,74.23,54.83,48.14,42.41;MS:m/z,$[C_{12}H_{11}NO_3S+Na]^+$计算值 272.04;测定值,272.13。

B:^{1}H NMR(400MHz,DMSO-d_6):δ 7.49-7.38(m,3H),7.24(d,J=7.5Hz,2H),5.58(d,J=3.9Hz,1H),4.77(s,1H),4.37(d,J=7.7Hz,1H),3.69(d,J=7.6Hz,1H),3.06(dd,J=12.3,3.2Hz,1H),2.89(d,J=12.3Hz,1H);^{13}C NMR(100MHz,DMSO-d_6):δ 176.46,174.82,132.54,129.41,129.01,127.45,76.64,58.09,47.55,42.94;MS:m/z,$[C_{12}H_{11}NO_3S+Na]^+$计算值 272.04;测定值 274.36。

3a:^{1}H NMR(600MHz,$CDCl_3$):δ 7.84(dd,J=7.8,1.5Hz,1H),7.70(s,1H),7.28(ddd,J=8.1,7.3,1.6Hz,1H),6.82～6.78(m,1H),6.66～6.64(m,1H),5.32(s,1H),4.16～4.07(m,2H),2.85(dd,J=163.4,15.8Hz,2H),1.63(s,3H),1.23(t,J=7.2Hz,3H);^{13}C NMR(151MHz,$CDCl_3$):δ 173.1,164.4,147.3,132.9,128.3,117.2,116.7,113.6,71.2,61.3,46.4,25.8,14.1。

3b:^{1}H NMR(600MHz,$CDCl_3$):δ 7.85(d,J=7.7Hz,1H),7.38(s,1H),7.29(dd,J=13.4,6.2Hz,1H),6.80(t,J=7.5Hz,1H),6.66(t,J=8.4Hz,

1H),5.13(s,1H),3.66(s,3H),2.86(dd,J=156.0,15.6Hz,2H),1.90(dd,J=65.7,14.6Hz,2H),1.04(t,J=7.4Hz,3H);^{13}C NMR(151MHz,$CDCl_3$):δ 169.7,164.4,148.1,130.2,128.0,117.1,116.5,113.6,70.9,51.9,43.6,33.3,8.1。

3d:^{1}H NMR(600MHz,$CDCl_3$):δ 7.79(dd,J=7.8,1.5Hz,1H),7.60(s,1H),7.28(dd,J=8.1,7.3Hz,1H),6.82～6.78(m,1H),5.32(s,1H),4.16～4.07(m,2H),2.68(dd,J=163.4,15.8Hz,2H),1.86(s,3H),1.07(t,J=7.2Hz,3H);^{13}C NMR(151MHz,$CDCl_3$):δ 174.5,164.4,145.5,129.8,125.6,122.8,116.5,115.0,71.2,61.3,46.4,25.8,14.1。

3g:^{1}H NMR(600MHz,$CDCl_3$):δ 7.74(d,J=7.9Hz,1H),7.38(s,1H),6.64(d,J=7.9Hz,1H),6.47(s,1H),5.22(s,1H),4.18～4.10(m,2H),2.85(dd,J=175.7,15.8Hz,2H),2.28(s,3H),1.63(s,3H),1.25(t,J=7.1Hz,3H);^{13}C NMR(151MHz,$CDCl_3$):δ 173.1,164.4,147.2,142.6,128.2,117.5,113.7,113.3,71.2,61.6,46.4,25.8,21.3,14.1。

3h:^{1}H NMR(600MHz,$CDCl_3$):δ 7.73(d,J=7.9Hz,1H),7.01(s,1H),6.62(d,J=8.1Hz,1H),6.47(d,J=7.7Hz,1H),5.02(s,1H),3.66(s,3H),3.00～2.68(m,2H),2.28(s,3H),1.88(dd,J=69.4,14.7Hz,2H),1.03(t,J=7.4Hz,3H);^{13}C NMR(151MHz,$CDCl_3$):δ 169.7,165.1,147.4,142.6,128.2,117.5,114.1,112.9,71.2,51.9,46.4,33.3,21.3,8.1。

3j:^{1}H NMR(600MHz,$CDCl_3$):δ 8.27(d,J=7.9Hz,1H),7.92～7.88(m,1H),7.79～7.74(m,1H),7.68(d,J=8.1Hz,1H),7.46(t,J=7.5Hz,1H),7.30(d,J=7.9Hz,1H),7.12(s,1H),6.83(t,J=7.5Hz,1H),6.63(d,J=8.1Hz,1H),4.22(s,1H),1.58(s,6H);^{13}C NMR(151MHz,$CDCl_3$):δ 167.7,161.0,156.4,154.3,148.8,146.9,135.3,133.4,128.0,127.3,127.2,126.7,126.4,121.1,120.8,114.5,25.0,15.4。

第十二章部分产物的结构表征数据

3a:^{1}H NMR(400MHz,$CDCl_3$):δ 8.09(dd,J=13.7,8.5Hz,2H),7.81(d,J=8.1Hz,1H),7.73(t,J=7.6Hz,1H),7.54(t,J=7.4Hz,1H),7.33(s,1H),7.25(t,J=8.0Hz,4H),7.11(d,J=4.3Hz,1H),6.21(s,1H),5.30(dd,J=8.9,3.2Hz,1H),3.31(dd,J=8.6,6.2Hz,2H),2.38(s,3H)。

3b:^{1}H NMR(400MHz,$CDCl_3$):δ 9.42(s,1H),8.16(d,J=8.3Hz,1H),8.05(d,J=8.3Hz,1H),7.84(d,J=8.1Hz,1H),7.80～7.71(m,1H),7.62～7.52(m,1H),7.29(s,1H),7.21(t,J=7.8Hz,1H),7.07(d,J=7.1Hz,1H),6.94(d,J=8.1Hz,1H),6.86(t,J=7.5Hz,1H),5.55(d,J=11.6Hz,1H),3.64(dd,J=16.5,10.3Hz,1H),3.23(d,J=16.5Hz,1H);^{13}C NMR(100MHz,$CDCl_3$):δ 159.27,147.70,147.18,140.01,135.96,133.18,129.32,128.51,

128.43,128.20,127.71,126.56,125.84,123.65,122.29,67.64,47.17;HRMS:m/z,[$C_{17}H_{14}N_2O_3+H$]$^+$计算值295.1077,测定值295.1143。

3d:^{1}H NMR(400MHz,$CDCl_3$):δ 8.22(d,J=8.6Hz,2H),8.13(d,J=8.4Hz,1H),8.07(d,J=8.4Hz,1H),7.83(d,J=8.1Hz,1H),7.80~7.72(m,1H),7.66(d,J=8.5Hz,2H),7.57(t,J=7.4Hz,1H),7.22(d,J=8.4Hz,1H),5.56~5.38(m,1H),3.46~3.19(m,2H)。

3e:^{1}H NMR(400MHz,$CDCl_3$):δ 8.09(dd,J=16.4,8.4Hz,2H),7.82(d,J=8.1Hz,1H),7.74(t,J=7.6Hz,1H),7.55(t,J=7.5Hz,1H),7.45(dd,J=8.2,5.6Hz,2H),7.22(d,J=8.4Hz,1H),7.05(t,J=8.6Hz,2H),5.32(dd,J=7.8,4.1Hz,1H),3.40~3.19(m,2H)。

3f:^{1}H NMR(400MHz,$CDCl_3$):δ 8.09(dd,J=19.5,8.4Hz,2H),7.93~7.67(m,2H),7.66~7.51(m,1H),7.41(d,J=8.1Hz,2H),7.33(d,J=8.2Hz,2H),7.22(d,J=8.3Hz,1H),5.31(t,J=5.8Hz,1H),3.28(d,J=5.9Hz,2H)。

3g:^{1}H NMR(400MHz,$CDCl_3$):δ 8.09(dd,J=20.6,8.4Hz,2H),7.81(d,J=8.1Hz,1H),7.78~7.70(m,1H),7.65~7.45(m,3H),7.36(d,J=8.2Hz,2H),7.21(d,J=8.4Hz,1H),5.30(t,J=5.9Hz,1H),3.28(d,J=5.9Hz,2H)。

3h:^{1}H NMR(400MHz,$CDCl_3$):δ 8.22(d,J=8.6Hz,2H),8.15(dd,J=16.3,8.5Hz,2H),8.05~7.97(m,2H),7.72(d,J=8.2Hz,2H),7.66(d,J=8.6Hz,2H),7.51(t,J=7.6Hz,2H),7.42(t,J=7.8Hz,1H),7.24(d,J=8.4Hz,1H),5.46(dd,J=8.6,2.7Hz,1H),3.33(qd,J=15.7,5.9Hz,2H);^{13}C NMR(100MHz,$CDCl_3$):δ 159.55,151.41,140.10,139.38,137.45,129.90,128.97,127.90,127.44,127.16,126.68,125.36,123.67,122.33,72.21,45.33;HRMS:m/z,[$C_{23}H_{18}N_2O_3+H$]$^+$计算值371.1390,测定值370.9586。

3i:^{1}H NMR(400MHz,$CDCl_3$):δ 8.81(d,J=2.3Hz,1H),8.53(dd,J=9.2,2.4Hz,1H),8.33(d,J=8.5Hz,1H),8.25(s,1H),8.24~8.18(m,2H),7.66(d,J=8.7Hz,2H),7.42(d,J=8.5Hz,1H),5.88(s,1H),5.51(dd,J=8.4,3.2Hz,1H),3.51~3.29(m,2H);^{13}C NMR(100MHz,$CDCl_3$):δ 160.11,151.16,147.26,145.53,136.15,133.58,130.33,129.75,128.05,126.64,123.68,122.82,120.39,72.02,45.45;HRMS:m/z,[$C_{17}H_{13}BrN_2O_3+H$]$^+$计算值373.0182,测定值372.8162。

3j:^{1}H NMR(400MHz,$CDCl_3$):δ 8.19(d,J=8.6Hz,2H),7.98(dd,J=26.4,8.8Hz,2H),7.63(d,J=8.6Hz,2H),7.39(dd,J=9.2,2.7Hz,1H),7.16(d,J=8.4Hz,1H),7.07(d,J=2.6Hz,1H),5.41(dd,J=8.7,2.9Hz,1H),3.94(s,3H),3.27(qd,J=15.6,6.0Hz,2H);^{13}C NMR(100MHz,$CDCl_3$):δ 157.81,156.87,151.53,147.15,142.90,136.00,129.90,127.97,126.66,123.61,

122.82,122.15,105.20,72.33,55.61,45.01;HRMS:m/z,[$C_{18}H_{16}N_2O_4+H$]$^+$计算值325.1183,测定值324.9548。

3k:^{1}H NMR(400MHz,$CDCl_3$):δ 8.22(dd,J=5.3,3.5Hz,3H),8.07~7.94(m,2H),7.80(d,J=8.8Hz,1H),7.64(d,J=8.9Hz,2H),7.23(d,J=8.5Hz,1H),5.45(dd,J=8.8,3.1Hz,1H),3.31(qd,J=16.0,6.0Hz,2H);^{13}C NMR(100MHz,$CDCl_3$):δ 160.23,151.13,147.26,145.79,138.88,136.44,136.00,130.19,129.26,128.77,127.63,123.17,122.33,72.01,45.44;HRMS:m/z,[$C_{17}H_{13}IN_2O_3+H$]$^+$计算值421.0044,测定值420.7971。

3l:^{1}H NMR(400MHz,$CDCl_3$):δ 8.19(d,J=8.7Hz,2H),8.03(d,J=8.4Hz,1H),7.94(d,J=9.1Hz,1H),7.63(d,J=8.7Hz,2H),7.60~7.55(m,2H),7.17(d,J=8.4Hz,1H),5.42(dd,J=8.8,3.0Hz,1H),3.29(qd,J=15.7,5.9Hz,2H),2.55(s,3H);^{13}C NMR(100MHz,$CDCl_3$):δ 158.56,151.50,147.15,145.37,136.64,136.52,132.43,128.15,127.00,126.67,126.55,123.62,121.89,72.26,45.14,21.55;HRMS:m/z,[$C_{18}H_{16}N_2O_3+H$]$^+$计算值309.1234,测定值308.9306。

3m:^{1}H NMR(400MHz,$CDCl_3$):δ 8.81(d,J=2.3Hz,1H),8.53(dd,J=9.2,2.4Hz,1H),8.33(d,J=8.5Hz,1H),8.25(s,1H),8.24~8.18(m,2H),7.66(d,J=8.7Hz,2H),7.42(d,J=8.5Hz,1H),5.88(s,1H),5.51(dd,J=8.4,3.2Hz,1H),3.51~3.29(m,2H);^{13}C NMR(100MHz,$CDCl_3$):δ 163.70,153.23,150.74,147.36,138.76,132.90,130.46,126.64,125.76,124.48,123.97,123.78,123.66,71.80,45.99;HRMS:m/z,[$C_{17}H_{13}N_3O_5+H$]$^+$计算值340.0928,测定值339.95。

3o:^{1}H NMR(400MHz,$CDCl_3$):δ 8.21(d,J=8.7Hz,2H),8.16(d,J=8.4Hz,1H),7.87(d,J=7.5Hz,1H),7.76(d,J=8.2Hz,1H),7.69(d,J=8.7Hz,2H),7.49(t,J=7.8Hz,1H),7.31(d,J=8.4Hz,1H),5.50(dd,J=8.4,2.8Hz,1H),3.38(qd,J=16.3,5.8Hz,2H);^{13}C NMR(100MHz,$CDCl_3$):δ 160.58,151.35,142.89,137.61,132.78,131.62,130.07,128.18,126.71,126.57,123.62,123.59,122.66,71.99,44.73。

第十三章部分产物的结构表征数据

3a:淡黄色固体;^{1}H NMR(400MHz,$CDCl_3$):δ 8.23(d,J=8.8Hz,2H),7.68(d,J=8.8Hz,2H),5.53-5.30(m,1H),3.81(s,1H),3.04-2.85(m,2H),2.41(s,3H)。

3d:淡黄色固体;^{1}H NMR(400MHz,$CDCl_3$):δ 7.45(d,J=8.0Hz,2H),7.35(d,J=8.0Hz,2H),4.67(d,J=8.0Hz,1H),3.71(s,1H),3.08-2.85(m,2H),2.36(s,3H)。

3j:橙黄色油状液体;^{1}H NMR(400MHz,$CDCl_3$):δ 7.48(d,J=8.4Hz,2H),

7.16(d,J=8.4Hz,2H),4.69(d,J=8.8Hz,1H),3.83(s,3H),3.65(s,1H),3.09(d,J=8.0Hz,2H),2.35(s,3H)。

3k:橙黄色固体;^{1}H NMR(400MHz,$CDCl_3$):δ 7.55(d,J=8.0Hz,2H),7.53(s,1H),7.51(d,J=8.0Hz,2H),4.71(d,J=8.0Hz,1H),3.65(s,1H),3.39(d,J=6.4,Hz,2H),2.38(s,3H)。

3l:淡黄色固体;^{1}H NMR(400MHz,$CDCl_3$):δ 7.26(d,J=8.6Hz,2H),7.03(d,J=8.6Hz,2H),5.58(s,1H),4.77(d,J=8.8Hz,1H),3.93(s,1H),3.14(d,J=8.4Hz,2H),2.20(s,3H)。

3n:白色固体;^{1}H NMR(400MHz,$CDCl_3$):δ 8.21(d,J=8.4Hz,2H),7.51(d,J=8.4Hz,2H),5.49(s,0.28H),4.90(d,J=8.3Hz,0.84H),4.09(s,0.75H),3.20(s,0.30H),2.67~2.46(m,2H),2.36(dd,J=16.7,10.0Hz,1H),2.10(m,1H),1.83(d,J=10.0Hz,1H),1.77~1.52(m,3H),1.52~1.30(m,1H)。

3o:白色固体;^{1}H NMR(400MHz,$CDCl_3$):δ 7.38~7.15(m,4H),5.36(s,0.20H),4.77(d,J=8.5Hz,0.89H),4.00(s,0.78H),3.07(s,0.18H),2.61~2.26(m,3H),2.13(m,1H),1.91~1.41(m,4H),1.41~1.26(m,1H)。

3p:白色固体;^{1}H NMR(400MHz,$CDCl_3$):δ 7.48(d,J=8.4Hz,2H),7.20(d,J=8.1Hz,2H),5.34(s,0.16H),4.76(d,J=8.2Hz,0.98H),3.99(s,0.82H),3.07(s,0.14H),2.56~2.46(m,2H),2.40~2.32(m,1H),2.17~2.08(m,1H),1.83~1.57(m,4H),1.36~1.27(m,1H)。

3r:红棕色油状液体;^{1}H NMR(400MHz,$CDCl_3$):δ 8.23(d,J=8.8Hz,2H),7.43(d,J=8.4Hz,2H),6.03(s,1H),3.47(m,1H),2.71-2.56(m,4H),2.05(s,3H)。

3t:黄色油状液体;^{1}H NMR(400MHz,$CDCl_3$):δ 7.32-7.25(m,5H),5.39(s,0.35H),4.79(d,J=8.7Hz,0.70H),3.96(s,0.68H),3.03(s,0.33H),2.69~2.55(m,1H),2.53~2.28(m,2H),2.07(m,1H),1.89~1.67(m,1H),1.67~1.47(m,3H),1.38~1.18(m,1H)。